Professionelle Kompetenz von Biologielehrkräften

Marvin Milius

Professionelle Kompetenz von Biologielehrkräften

Eine Studie zu Berufswahlmotiven, motivationaler Orientierung, Wohlbefinden und Unterrichtsqualität

Marvin Milius
Institut für naturwissenschaftliche
Bildung | AG Biologiedidaktik
Universität Koblenz-Landau
Landau, Deutschland

Diese Arbeit ist zugleich eine Dissertation am Fachbereich 7: Natur- und Umweltwissenschaften der Universität Koblenz-Landau.

ISBN 978-3-658-37589-8 ISBN 978-3-658-37590-4 (eBook)
https://doi.org/10.1007/978-3-658-37590-4

Die Deutsche Nationalbibliothek verzeichnet diese Publikation in der Deutschen Nationalbibliografie; detaillierte bibliografische Daten sind im Internet über http://dnb.d-nb.de abrufbar.

Planung/Lektorat: Marija Kojic
Springer Spektrum ist ein Imprint der eingetragenen Gesellschaft Springer Fachmedien Wiesbaden GmbH und ist ein Teil von Springer Nature.
Die Anschrift der Gesellschaft ist: Abraham-Lincoln-Str. 46, 65189 Wiesbaden, Germany

Danksagung

Nach rund 1278 abwechslungsreichen Tagen und einer dazwischenliegenden unvergesslichen Elternzeit von sieben Monaten ist es geschafft. Doch eine solche Arbeit wäre ohne die Unterstützung vieler Personen nicht möglich gewesen. Ich möchte mich deshalb an dieser Stelle bei allen bedanken, die mich auf unterschiedliche Weise beim Gelingen dieser Arbeit begleitet und unterstützt haben.

Ein besonderer Dank gilt Frau Prof. Dr. Sandra Nitz. Du hast mir die Chance für diese Arbeit erst ermöglicht und mich dabei stets unterstützt und gefördert. Die kritischen und anregenden wissenschaftlichen Diskussionen, das konstruktive Feedback und deine stets offene Tür haben maßgeblich zum Gelingen dieser Arbeit beigetragen. Ebenso möchte ich mich bei Frau Prof. Dr. Annette Upmeier zu Belzen als Zweitgutachterin für deine wertvollen Anregungen und Vorschläge sowie deine Unterstützung bedanken.

Bei unserem Team (Prof. Dr. Sandra Nitz, Prof. Dr. Annekatrin Hoppe, Elisa Lopper) des DFG-Projekts ResohlUt (Forschungsprojekt zu persönlichen und arbeitsbezogenen **Res**sourcen, W**ohl**befinden und **U**n**t**errichtsqualität bei Biologie- und Mathematiklehrkräften) möchte ich mich für die gute Zusammenarbeit bedanken. Ein besonderer Dank gilt hierbei Elisa Lopper für deine ständige Hilfsbereitschaft und das offene Ohr insbesondere bei statistischen Fragen jeglicher Art. Ebenso für die statistische Beratung und die zahlreichen Ratschläge während der Auswertungsphase bedanken möchte ich mich bei Frau Dr. Susanne Weis vom Methodenzentrum, bei Dr. Dorota Reis und bei Lea Schwarz. Bedanken möchte ich mich auch bei unseren Projekt-HiWis Maya, Melina, Josephine, Caroline und Lea für eure kostbare Hilfe bei den Hospitationen, den Erhebungen und der Aufbereitung der Daten sowie der Literaturverwaltung. Mein Dank gilt außerdem allen Biologielehrkräften, die an dieser Studie teilgenommen haben und ohne die die vorliegende Arbeit nicht hätte zustande kommen können.

Bei den Kolleginnen und Kollegen des Instituts für naturwissenschaftliche Bildung (InB) möchte ich mich herzlich für die erkenntnisreichen Stunden im InB-Kolloquium, die schönen Begegnungen zwischen den Bürotüren sowie die tollen Aktionen fernab des Arbeitsplatzes bedanken. Besonders bedanken möchte ich mich bei Christoph, Robin, Romina, Alex, Phine und Ana für die unvergessliche gemeinsame Zeit in der AG Biologiedidaktik. Für die vielen unterhaltsamen Kaffeepausen im ‚Projektraum', unsere gemeinsamen Kochabende außerhalb der Uni, die unzähligen Übernachtungsmöglichkeiten und die aufbauenden Worte während kleinerer Blockaden rund um diese Arbeit. Bei meinen Freunden Helena Wolf, Romina Posch, Johann Horras sowie Daniel Jurk bedanke ich mich vielmals für euer emsiges und kritisches Korrekturlesen dieser Arbeit.

Weiterhin danke ich der Deutschen Forschungsgemeinschaft (DFG) sowie der Universität Koblenz-Landau für die finanzielle Förderung und strukturelle Unterstützung des Forschungsprojektes ResohlUt.

Besonders bedanken möchte ich mich auch bei Christine Lambrecht. Du hast mich seit dem Beginn meines Studiums unterstützt und gefördert. Durch die Arbeit bei dir habe ich unheimlich viel gelernt, Unvergessliches erlebt sowie die Möglichkeit und Freiheit gehabt, vieles anzupacken und zu tun, das mein Leben bereichert hat und ohne deine Unterstützung nicht möglich gewesen wäre.

Mein persönlicher Dank gilt meiner Familie und meinen Freunden für ihren ununter-brochenen Rückhalt und ihre Unterstützung. Ohne den hilfreichen Austausch mit Freunden und ohne die wohltuende Ablenkung mit euch wäre die Arbeit nicht gelungen. Die bedingungslose Unterstützung meiner Familie von Anfang an, die aufmunternden Worte, die motivierenden Gespräche und die zeitweisen ‚Schreibherbergen' haben maßgeblich zum Erfolg dieser Arbeit beigetragen. Insbesondere die unendliche Geduld, das Verständnis und das Mitgefühl meiner lieben Elli. Du hast mir vor allem während der aufreibenden Zeit der Corona-Pandemie den Rücken gestärkt, mir Freiräume zum Schreiben geschaffen und mich immer unterstützt. Außerdem waren und sind die liebenswerten und kraftschöpfenden Momente mit unseren zwei kleinen Wirbelwinden Magnus und Zelda unersetzlich und kostbar. Vielen Dank dafür.

Zusammenfassung

Professionelle Handlungskompetenzen von Lehrkräften gelten als wichtige Voraussetzung für erfolgreichen Unterricht und das eigene Wohlbefinden im schulischen Arbeitskontext. In diesem Zusammenhang spielt vor allem die motivationale Orientierung, als ein Teilaspekt der Lehrerkompetenz, eine signifikante Rolle dabei, inwiefern bestimmte Verhaltensweisen und Anstrengungen beim Unterrichten zum Tragen kommen. Motivationale Orientierung umfasst die Aspekte der Selbstwirksamkeitserwartungen sowie den Lehrerenthusiasmus. Darüberhinaus belegen Studien, dass das lehramtsbezogene Berufswahlmotiv als motivationaler Faktor für die Wahl des Lehrerberufs ein wichtiger Prädiktor für die Performanz und die Resilienz von Lehrkräften ist und demnach in der Betrachtung der motivationalen Kompetenzen berücksichtigt werden sollte. Vor diesem Hintergrund ist das Ziel der vorliegenden Dissertation zum einen die Aufklärung des Verhältnisses zwischen Berufswahlmotiv und motivationaler Orientierung und zum anderen die Prüfung des Einflusses motivationaler Kompetenzen auf die Unterrichtsqualität und das arbeitsbezogene Wohlbefinden bei Biologielehrkräften. Im Rahmen des DFG-Projektes ‚ResohlUt' wurden 111 Biologielehrkräfte über einen Zeitraum von acht Wochen zu ihrer motivationalen Orientierung, ihrem lehramtsbezogenen Berufswahlmotiv sowie ihrem arbeitsbezogenen Wohlbefinden und ihrer Unterrichtsqualität befragt. Korrelative Analysen und konfirmatorische Faktorenanalysen zeigen einen signifikant positiven Zusammenhang zwischen dem Berufswahlmotiv und den Aspekten Selbstwirksamkeitserwartungen und Lehrerenthusiasmus der motivationalen Orientierung. Damit wird die Zugehörigkeit des lehramtsbezogenen Berufswahlmotivs im motivationalen Kompetenzcluster von Lehrkräften prinzipiell bestätigt. Jedoch zeigen Strukturgleichungsanalysen und multiple Regressionen nur einen signifikant positiven Wirkungszusammenhang zwischen dem Lehrerenthusiasmus und der Unterrichtsqualität. Hinsichtlich des Wohlbefindens konnten sowohl beim Lehrenthusiasmus als auch den Selbstwirksamkeitserwartungen signifikant positive Effekte festgestellt werden. Das Berufswahlmotiv zeigt hingegen keine signifikanten Assoziationen mit der Unterrichtsqualität und dem Wohlbefinden. Nichtsdestotrotz verdeutlichen die Ergebnisse zumindest partiell die positive Bedeutung motivationaler Kompetenzen und bekräftigen die Wichtigkeit der Förderung eben dieser während der Lehrerausbildung und darüber hinaus. Die vorliegende Forschungsarbeit liefert hierzu theoretische und empirische Ansatzpunkte.

Abstract

Teachers professional skills are an important premise for successful teaching and their own well-being in the school context. In this context, the motivational orientation, as a part of teacher competence, plays a significant role how certain behaviors and efforts come into play in teaching. Motivational orientation encompasses the aspects of self-efficacy expectations as well as teacher enthusiasm. Furthermore, studies show that the motive for choosing a teaching career is an important predictor for the performance and resilience of teachers and should therefore be taken into account when considering motivational orientation. Against this background, the aim of the present dissertation is on the one hand to clarify the relationship bet-ween the motive for choosing a teaching career and motivational orientation and on the other hand to examine the influence of motivational competencies on the quality of teaching and work-related well-being by biology teachers.

As part of the ResohlUt project, 111 biology teachers were surveyed over a period of eight weeks about their motivational orientation, their motive for teaching profession as well as their work-related well-being and the quality of their teaching. Correlative analyzes and confirmatory factor analyzes show a significantly positive relationship between the motive for choosing a career and the aspects of motivational orientation. This basically affirm the affiliation of the motive for choosing a teaching career in the motivational competence cluster of teachers. However, structural equation analyzes and multiple regressions only show a significantly positive effect between teacher enthusiasm and instructional quality. With regard to well-being, teaching enthusiasm and self-efficacy show significantly positive effects. Whereas the motive for choosing a teaching career does not show any significant associations with the instructional quality and well-being. Nevertheless, the results illustrate partially the positive importance of motivational skills and confirm the importance of promoting these skills during teacher training and beyond. The research at hand provides theoretical and empirical approaches.

Inhaltsverzeichnis

Abkürzungsverzeichnis

Terminologie

AB	Absorption (Absorption), *Subskala des Arbeitsengagements*
Abb.	Abbildung
aSWE	allgemeine Selbstwirksamkeitserwartungen, *Subskala der Selbstwirksamkeitserwartungen*
AV	Abhängige Variable
AVEM	Arbeitsbezogenes Verhaltens- und Erlebensmuster
BE	Berufserfahrung
BilWiss	Studie zum bildungswissenschaftlichen Wissen und dem Erwerb professioneller Kompetenz in der Lehramtsausbildung, *Studie*
BMBF	Bundesministerium für Bildung und Forschung
BWM	lehramtsbezogenes Berufswahlmotiv
bzw.	beziehungsweise
CLO	Herausfordernde Lernangebote (Challenging Learning Opportunities), *Subskala der kognitiven Aktivierung*
CM	Klassenführung (Classroom Management), *Subskala der Unterrichts- qualität*
COACTIV	Cognitive Activation in the Classroom: The Orchestration of Learning Opportunities for the Enhancement of Insightful Learning in Mathematics, *Studie*
COACTIV-International	Ergänzungsstudie COACTIV in Taipeh, *Studie*
COACTIV-KL	Ergänzungsstudie COACTIV mit Lernenden, *Studie*

COACTIV-R	Ergänzungsstudie COACTIV-Referendariat, *Studie*
COR-Theorie	Conservation of Resources-Theorie
data.table	Zusatzpaket der Statistiksoftware R
DE	Hingabe (Dedication), *Subskala des Arbeitsengagements*
DFG	Deutsche Forschungsgemeinschaft
DSC	Umgang mit Schülervorstellungen (Dealing with Students Conceptions), *Subskala der kognitiven Aktivierung*
dSWE	domänenspezifische Selbstwirksamkeitserwartungen, *Subskala der Selbstwirksamkeitserwartungen*
EMW	Entwicklung von berufsspezifischer Motivation und pädagogischem Wissen in der Lehrerausbildung, *Studie*
ESPC	Erkunden des Schülervorwissens und der Vorstellungen (Exploration of Students Preknowledge and Conceptions), *Subskala der kognitiven Aktivierung*
ESWT	Verstehen der Schülerdenkweisen (Exploration of Students Way of Thinking), *Subskala der kognitiven Aktivierung*
EU-DSGVO	Europäische Datenschutz-Grundverordnung
f.	folgende/fortfolgende
FE	Fachenthusiasmus, *Subskala des Lehrerenthusiasmus*
FEMOLA	Fragebogen zur Erfassung der Motivation für die Wahl des Lehramtsstudiums
FI	Fachliches Interesse, *Subskala des Berufswahlmotivs*
FIT-Choice-Modell	Factors Influencing Teaching Choice-Modell
FT	berufliche Ermüdung (Fatigue)
FU	Fähigkeitsüberzeugung, *Subskala des Berufswahlmotivs*
Gesch	Geschlecht
Hmisc	Zusatzpaket der Statistiksoftware R
JD-R-Modell	Job Demands-Resources-Modell
lavaan	Zusatzpaket der Statistiksoftware R
LE	Lehrerenthusiasmus
MBSR-Programm	Mindfulness-Based Stress Reduction-Programm
mediation	Zusatzpaket der Statistiksoftware R
MotOr	Motivationale Orientierung, *Studie*
multilevel	Zusatzpaket der Statistiksoftware R

MVN	Zusatzpaket der Statistiksoftware R
NA	Keine Angabe (No Answer)
NEO-FFI-Instrument	NEO-Five Factory Inventory-Instrument
NK	Nützlichkeit, *Subskala des Berufswahlmotivs*
PERMA-Ansatz	Positive Emotions, Engagement, Relationships, Meaning and Achievement-Ansatz
PI	Pädagogisches Interesse, *Subskala des Berufswahlmotivs*
PISA	Programme for International Student Assessment, *Studie*
POMS-Instrument	Profile of Mood States-Instrument
ProwiN	Professionswissen in den Naturwissenschaften, *Studie*
psych	Zusatzpaket der Statistiksoftware R
R	Software zur statistischen Datenanalyse
ResohlUt	Ressourcen, Wohlbefinden und Unterrichtsqualität bei Biologie- und Mathematiklehrkräften, *Studie*
Schw	Geringe Schwierigkeit des Lehramts-Studiums, *Subskala des Berufswahlmotivs*
SE	Soziale Einflüsse, *Subskala des Berufswahlmotivs*
semplot	Zusatzpaket der Statistiksoftware R
SKL	Unterstützung der Wissensverknüpfung (Supporting Knowledge Linking), *Subskala der kognitiven Aktivierung*
SMS	Short Message Service
SoSci Survey	Web-Applikation zum Erstellen von Online-Fragebögen
STEBI	Science Teacher Efficacy Belief Instrument
SuS	Schülerinnen und Schüler
SWE	Selbstwirksamkeitserwartungen
Tab.	Tabelle
TEDS-M	The Teacher Education and Development Study in Mathematics, *Studie*
TIMSS	Third International Mathematics and Science Study, *Studie*
TM	Lehrperson als Vermittler (Teacher as a Mediator), *Subskala der kognitiven Aktivierung*
TRUT	Unterrichtsverständnis der Lehrkraft (Teachers Receptive Understanding of Teaching), *Subskala der kognitiven Aktivierung*

UE	Unterrichtsenthusiasmus, *Subskala des Lehrerenthusiasmus*
UL	lernförderliches Unterrichtsklima, *Subskala der Unterrichtsqualität*
UQ	Unterrichtsqualität
USA	United States of America
UWES	Utrecht Work Engagement Scale
vgl.	vergleiche/siehe
VI	Vitalität (Vigour), *Subskala des Arbeitsengagements*
WB	arbeitsbezogenes Wohlbefinden
WE	Arbeitsengagement (Work Engagement)

Statistische Symbole

α	Reliabilitätskoeffizient Cronbachs Alpha
CFI	Comparative-Fit-Index
f	Effektstärke
F	F-Statistik, *multiple Regression*
FL	Faktorladung, *konfirmatorische Faktorenanalyse*
df	Anzahl der Freiheitsgrade (Degrees of Freedom)
M	Mittelwert
Max	Maximum
Min	Minimum
MI	Modifikationsindizes, *konfirmatorische Faktorenanalyse*
MLR	Maximum-Likelihood-Robust, *statistische Schätzungsmethode*
N	Stichprobengröße oder Anzahl
p	Signifikanzwert
r	Korrelationskoeffizient
R^2	Bestimmtheitsmaß/Determinationskoeffizient
r_{it}	Item-Trennschärfekoeffizient
RMSEA	Root-Mean-Square-Error
SD	Standardabweichung
SRMR	Standardized-Root-Mean-Residual
$t_0 - t_7$	Messzeitpunkte ResohlUt-Studie
$\chi 2$	Chi-Quadrat-Test-Statistik
z	z-Wert zur Signifikanzbestimmung des Sobel-Test (< 1.96)
$1 - \beta$	Statistische Post-Hoc-Power

Abbildungsverzeichnis

Tabellenverzeichnis

1 Einleitung

> *„The most valuable and most costly part of an educational system are the people who teach. Maintaining their well-being and their contribution to student education should be a primary objective of educational leaders“* (Maslach & Leiter, 1999, S. 303).

Maslach und Leiter (1999) betonen die Bedeutung der Lehrkräfte als zentrale Akteure im Bildungssystem. Die Kernaufgabe einer Lehrkraft ist die kontinuierliche Schaffung eines schülerorientierten Unterrichtsangebots mit kognitiv anspruchsvollen Elementen in einer lernförderlichen Atmosphäre. Durch das Handeln der Lehrperson und die Ausgestaltung jenes Lernangebots wird die Rolle der Lehrkraft als Determinante für den Lernerfolg der Schülerinnen und Schüler[1] bekräftigt (Baumert & Kunter, 2006; Hattie, 2009).

Doch was charakterisiert eine ‚ideale Lehrperson', die die Lernenden zum schulischen Erfolg führt? Das öffentliche Narrativ der idealen Lehrkraft zeichnet eine Lehrperson, die begeistert für das eigene Fach sowie motiviert für das Unterrichten und zugleich ein Experte für die didaktische Vermittlung von Lerninhalten und das Lösen von Schülerproblemen ist (Norddeutscher Rundfunk, 2018). Die empirische Lehr- und Lernforschung zeigt jedoch, dass es keine ideale ‚Regieanweisung' für das Lehrerhandeln oder den Instruktionsprozess gibt (Helmke, 2009; Terhart, 2007). Bei der Bewältigung arbeitsbezogener Anforderungen im Lehrerberuf spielen persönliche Ressourcen eine wichtige Rolle. Als solch persönliche

[1] Hinsichtlich des geschlechtergerechten Schreibens werden in dieser Arbeit möglichst geschlechtsneutrale bzw. geschlechterübergreifende Formulierungen verwendet. An Stellen, an denen auf ein generisches Maskulinum zurückgegriffen wird, gilt dieser für alle Geschlechter gleichermaßen.

M. Milius, *Professionelle Kompetenz von Biologielehrkräften*,
https://doi.org/10.1007/978-3-658-37590-4_1

Ressourcen gelten vornehmlich die professionellen Handlungskompetenzen von Lehrkräften (Milius & Nitz, 2018). Kompetenztheoretische Annahmen gehen davon aus, dass professionelle Kompetenzen einen nicht unerheblichen Einfluss auf das Instruktionsgeschehen und damit auf die Leistungsentwicklung und den Lernerfolg der Schülerinnen und Schüler haben (Baumert & Kunter, 2011b; Kunter, Baumert et al., 2011; Kunter, Klusmann et al., 2013; Richter et al., 2014; Weschenfelder, 2014).

Lehrerkompetenz. Baumert und Kunter (2006) haben basierend auf dem kompetenztheoretischen Diskurs und mithilfe von Erkenntnissen aus der kognitionspsychologischen Expertiseforschung ein generisches Modell professioneller Handlungskompetenz von Lehrkräften entwickelt und dieses im mathematikdidaktischen Kontext empirisch, durch das Forschungsprogramm COACTIV[2], überprüft (Kunter, Baumert et al., 2011). Demnach wird professionelle Lehrerkompetenz durch vier Kompetenzaspekte abgebildet: das Professionswissen, die selbstregulativen Fähigkeiten, die Überzeugungen und Werthaltungen sowie die motivationale Orientierung einer Lehrkraft (Baumert & Kunter, 2006). Mittlerweile wurde dieses Modell auch von anderen Fachdidaktiken domänenspezifisch adaptiert und kontextbezogen empirisch überprüft (u. a. Mahler, 2017; Reichhart, 2018; Vogelsang, 2014; Weschenfelder, 2014).

Motivation und Kompetenzen. Das Verhalten und die Handlungen von Lehrkräften sowie deren Intensität und Ausdauer im schulischen und unterrichtlichen Kontext werden maßgeblich durch den Kompetenzaspekt der motivationalen Orientierung bestimmt (Holzberger et al., 2016; Schiefele & Schaffner, 2015). Motivationstheoretisch begründet liegt jedem Verhalten ein Streben nach Befriedigung bestimmter Bedürfnisse (z. B. Autonomie, Selbstbestimmungstheorie, Deci & Ryan, 1985), ein gewisses Interesse am Kontext des Handlungslocus (z. B. Biologieunterricht, Interessentheorie, Krapp, 1992b) sowie ein evaluiertes Ziel, dessen probabilistisches und erwartungsbezogenes Erreichen unser Handeln bestimmt (Wert-Erwartungstheorie, Wigfield & Eccles, 2000), zugrunde. Motivationale Orientierung im Kontext professioneller Handlungskompetenz von Lehrkräften umfasst in erster Linie die Selbstwirksamkeitserwartungen sowie den Enthusiasmus einer Lehrperson (Kunter, 2011). Der Forschungskorpus dazu zeigt, dass sich beide Konstrukte positiv auf den Instruktionsprozess (u. a. Bleck, 2019; Holzberger et al., 2014; Künsting et al., 2016), die Jobzufriedenheit (u. a.

[2] COACTIV steht für **Co**gnitive **Activ**ation in the Classroom: The Orchestration of Learning Opportunities for the Enhancement of Insightful Learning in Mathematics; im Deutschen wird es jedoch mit „Professionelle Kompetenz von Lehrkräften, kognitiv aktivierender Unterricht und die mathematische Kompetenz von Schülerinnen und Schülern" betitelt.

Caprara et al., 2003) sowie das arbeitsbezogene Wohlbefinden bzw. eine reduzierte Stresswahrnehmung (u. a. Bleck, 2019; Brouwers & Tomic, 2000; Kunter, Frenzel et al., 2011) auswirken. Weitere Studien im Kontext von Lehrermotivation weisen darauf hin, dass das lehramtsbezogene Berufswahlmotiv als motivationales Konstrukt prädiktive Wirkung auf die Lehrerperformanz (u. a. Cramer, 2012; Künsting & Lipowsky, 2011; Pohlmann & Möller, 2010) und gesundheits- (z. B. Stressempfinden, u. a. Rothland, 2013; Schüle et al., 2014) sowie personenbezogene Merkmale (z. B. Selbstwirksamkeitserwartungen, u. a. Bleck, 2019; König & Rothland, 2012) hat. Es erscheint daher von Relevanz, das Berufswahlmotiv in der Auseinandersetzung mit motivationaler Orientierung von Lehrkräften miteinzuschließen und dessen Verhältnis dazu bei Biologielehrkräften aufzuklären.

Domänenspezifität von Lehrerkompetenz. Die Forschung zu motivationalen Kompetenzen von Lehrkräften zeigt auch, dass die Konstrukte der Selbstwirksamkeitserwartungen, des Lehrerenthusiasmus oder des Berufswahlmotivs nicht rein generischer Natur sind. In ihrer Komplexität weisen sie durchaus einen kontext- und fachspezifischen Charakter auf, der für eine valide Erfassung der Konstrukte nicht nur theoretisch, sondern auch methodisch berücksichtig werden muss (Handtke & Bögeholz, 2019; Klassen & Chiu, 2011; Mahler, 2017; Schwarzer & Jerusalem, 2002). Mit Blick auf die Domäne der Biologiedidaktik zeigt sich, dass die Studienlage bis auf wenige Ausnahmen (z. B. Mahler, 2017) begrenzt ist. Es besteht der Bedarf die Wirkungsweise motivationaler Orientierung und die Bedeutung des lehramtsbezogenen Berufswahlmotivs domänenspezifisch bei Biologielehrkräften eingehender zu untersuchen.

Gesunde und erfolgreiche Lehrkräfte. Um den Lernerfolg der Lernenden positiv und nachhaltig zu fördern, benötigt es ein Unterrichtsangebot, das problemlösendes Denken und kognitive Aktivierung fokussiert sowie ein lernförderliches Unterrichtsklima und eine inhaltliche Struktur aufweist und sich durch eine kompetente Klassenführung der Lehrperson auszeichnet (Klieme et al., 2001; Kunter & Voss, 2011; Lipowsky et al., 2009). Anknüpfend an dieser anspruchsvollen Aufgabe der Lehrpersonen erscheint es einleuchtend, dass solche „Tätigkeiten nur von gesunden und engagierten Lehrkräften erfolgreich zu bewältigen sind. Ist die Gesundheit der Lehrkraft beeinträchtig, hat dies aufgrund ihrer zentralen Stellung im Schulsystem vielfältige persönliche sowie berufsbezogene Konsequenzen“ (Klusmann & Waschke, 2018, S. 12). Betrachtet man den Zustand der psychischen Lehrergesundheit aus einer defizitorientierten Perspektive ist salient, dass sich rund 20 % der Lehrkräfte krank und erschöpft fühlen (u. a. Krause & Dorsemagen, 2011; Letzel et al., 2019). Indessen aus einer salutogenen Perspektive sich umgekehrt rund 80 % der Lehrkräfte gesund fühlen und engagiert bei der Arbeit sind (Bakker & Bal, 2010). Es ist im gesamtgesellschaftlichen Interesse, dass die Lehrkräfte möglichst physisch und psychisch gesund sind, um die positiven Effekte auf das Instruktionsgeschehen und den Lernerfolg der Lernenden zu erhalten. Ein wichtiger Parameter hierbei ist das arbeitsbezogene Wohlbefinden von Lehrkräften. Da die Ausprägung, inwiefern man sich im Beruf wohlfühlt, unmittelbaren Einfluss auf die eigene Performanz (u. a. Goddard et al., 2006; Klusmann et al., 2006; Maslach & Leiter, 1999), das Arbeitsengagement (u. a. Bakker et al., 2007; González-Romá et al., 2006), die Jobzufriedenheit (u. a. Caprara et al., 2006; Skaalvik & Skaalvik, 2011) und letztlich, im Kontext des Lehrerberufes, auch Konsequenzen für die psychosoziale und kognitive Entwicklung der Lernenden (u. a. Harding et al., 2019; Klusmann & Waschke, 2018; Turner & Thielking, 2019) hat. Die Lehrerkompetenzforschung zeigt, dass unter anderem motivationale Kompetenzen wie Selbstwirksamkeitserwartungen, Enthusiasmus oder das lehramtsbezogene Berufswahlmotiv wohlbefindensförderliche bzw. stressresiliente Wirkung haben können (Bleck, 2019; Brouwers & Tomic, 2000; Schüle et al., 2014). Inwiefern sich diese Effekte auch bei der ‚Teilpopulation' der Biologielehrkräfte nachweisen lassen und wie deren arbeitsbezogenes Wohlbefinden zum Status quo gestaltet ist, bedarf weiterer Forschung.

Aufbau der Arbeit. Diese Arbeit verfolgt das Ziel, einen theoretischen und empirischen Beitrag zum aktuellen Forschungsdiskurs professioneller Lehrerkompetenzen und deren Relevanz im unterrichtlichen und lehrergesundheitsbezogenen Gefüge in der Biologiedidaktik zu leisten. Zu diesem Zweck wird das Verhältnis zwischen dem Berufswahlmotiv und der motivationalen Orientierung aufgeklärt sowie die Bedeutung motivationaler Kompetenzen in Bezug zur Unterrichtsqualität und dem Wohlbefinden bei Biologielehrkräften untersucht. Hierzu gliedert sich die Arbeit in einen theoretischen und einen empirischen Teil.

Zu Beginn werden die kompetenztheoretischen Annahmen und die Domänenspezifität von (Lehrer-)Kompetenz begründet, um im Anschluss das Modell der professionellen Handlungskompetenz von Lehrkräften einzuführen und die einzelnen Kompetenzaspekte darzulegen (Abschnitt 2.1). Mit Abschnitt 2.2 erfolgt eine Fokussierung auf den Kompetenzaspekt der motivationalen Orientierung. Zur theoretischen Fundierung der Konstrukte Selbstwirksamkeitserwartungen und Enthusiasmus wird zuerst in ausgewählte motivationstheoretische Ansätze eingeführt (Abschnitt 2.2.1), um in einem nächsten Schritt die beiden Kompetenzbereiche der motivationalen Orientierung adäquat darstellen und einordnen zu können (Abschnitt 2.2.2 und 2.2.3). Anschließend wird sich mit einem weiteren motivationalen Konstrukt in Form des lehramtsbezogenen Berufswahlmotivs auseinandergesetzt und dessen Struktur und Funktion erläutert (Abschnitt 2.3).

Im darauffolgenden Abschnitt 2.4 werden für die zuvor theoretisch dargelegten Konstrukte relevante Studien aus dem Korpus der Lehrerkompetenzforschung aufgeführt und die kompetenztheoretischen Erkenntnisse anderer Domänen und Didaktiken miteinander vernetzt. Anschließend erfolgt eine Abhandlung zum arbeitsbezogenen Wohlbefinden als ein Teil von (Lehrer-)Gesundheit (Kapitel 3). Das Wohlbefinden wird zuerst allgemein aus einer arbeitsbezogenen Perspektive analysiert (Abschnitt 3.1) und darauffolgend im Kontext des Lehrerberufs beleuchtet (Abschnitt 3.2). In Abschnitt 3.3 wird ein Überblick über den Stand der Wohlbefindensforschung im Kontext des Lehrerberufes gegeben. Der Strukturanalogie folgend wird sich in Kapitel 4 sowohl mit generischen (Abschnitt 4.1) als auch mit fachspezifischen Merkmalen (Abschnitt 4.2) von Unterrichtsqualität beschäftigt und anschließend ein aktueller und studienrelevanter Auszug aus dem Forschungskorpus der Instruktionsforschung aufgezeigt (Abschnitt 4.3). Anhand der dargelegten Theorien und Forschungsstände wird in Kapitel 5 das Studienziel in Form von vier Forschungsfragen mit entsprechenden Hypothesen konkretisiert und ausformuliert.

Diese Arbeit fand im Rahmen der DFG-geförderten Längsschnittstudie ResohlUt[3] statt. Im ersten Abschnitt des empirischen Teils werden das Studiendesign sowie die methodischen Grundlagen thematisiert. Nach der Darlegung des Projektverlaufs (Abschnitt 6.1), werden die Stichproben charakterisiert (Abschnitt 6.2) und die Auswertungsverfahren erläutert (Abschnitt 6.3). Daran anschließend wird in Abschnitt 6.4 auf die jeweilige Operationalisierung der theoretischen Konstrukte in Form der Messinstrumente eingegangen. Der Ergebnisteil strukturiert sich eingangs in eine Überprüfung der Messmodelle (Abschnitt 7.1) und daran anschließend in einen deskriptiven (Abschnitt 7.2) sowie einen hypothesenprüfenden Teil (Abschnitt 7.3). Letzterer ist basierend auf den Forschungsfragen in zwei Abschnitte gegliedert (Abschnitt 7.3.1 und 7.3.2). In Kapitel 8 werden die Ergebnisse zusammengefasst, bewertet und in den Forschungsdiskurs eingeordnet. Neben dem Aufzeigen möglicher Limitationen (Abschnitt 8.3) wird in diesem Abschnitt ein besonderes Augenmerk auf die Implikationen für die wissenschaftliche und unterrichtsbezogene Praxis gelegt (Abschnitt 8.4). Die Arbeit schließt mit einem konkludierenden Ausblick auf das künftige Forschungspotential motivationaler Kompetenzen von Biologielehrkräften und deren Relevanz im schulischen Kontext ab (Kapitel 9).

---

[3] Forschungsprojekt zu persönlichen und arbeitsbezogenen **Res**sourcen, W**ohl**befinden und **U**n**t**errichtsqualität bei Biologie- und Mathematiklehrkräften (ResohlUt).

2 Professionelle Handlungskompetenz von Lehrkräften

Im Fokus dieser Arbeit steht das lehramtsbezogene Berufswahlmotiv sowie die motivationale Orientierung und deren Einfluss auf das arbeitsbezogene Wohlbefinden und die Unterrichtsqualität von Biologielehrkräften. Motivationale Orientierung wird hierbei als ein Kompetenzaspekt professioneller Handlungskompetenz von Lehrkräften betrachtet (Baumert & Kunter, 2006). Eingangs sollen kompetenztheoretische Annahmen dargelegt, die Domänenspezifität von Lehrerkompetenz begründet und anhand dessen die Entstehung des Modells professioneller Lehrerkompetenzen skizziert werden. Darauf aufbauend werden die Kompetenzaspekte des herangezogenen Modells professioneller Handlungskompetenz von Lehrkräften dargelegt und anschließend ein Schwerpunkt auf die motivationale Orientierung gelegt. Im Anschluss wird das Berufswahlmotiv als ein weiterer motivationaler Faktor vorgestellt und eine theoretische Integration in das Modell der motivationalen Orientierung versucht. Abschließend soll ein Überblick über den derzeitigen Forschungsstand zur Lehrerkompetenz dieses Kapitel beenden.

Kompetenztheoretische Annahmen und Domänenspezifität von (Lehrer-) Kompetenz. Das Modell professioneller Handlungskompetenz von Lehrkräften nach Baumert und Kunter (2006) fußt auf einem historisch gewachsenen Diskurs innerhalb der Bildungsforschung zum Lehrerberuf (Terhart, 2011). Eine definitorische Grundlage für ein breiteres Lehrerkompetenzverständnis bietet Weinert (2001b) im Kontext eines psychologischen Kompetenzbegriffes an. Er versteht unter Kompetenzen,

M. Milius, *Professionelle Kompetenz von Biologielehrkräften*,
https://doi.org/10.1007/978-3-658-37590-4_2

„die bei Individuen verfügbaren oder durch sie erlernbaren kognitiven Fähigkeiten und Fertigkeiten, um bestimmte Probleme zu lösen, sowie die damit verbundenen motivationalen, volitionalen und sozialen Bereitschaften und Fähigkeiten, um die Problemlösungen in variablen Situationen erfolgreich und verantwortungsvoll nutzen zu können“ (Weinert, 2001b, S. 27 f.).

Weinert betont zwar die kognitive Dimension von Kompetenz, fasst den Kompetenzbegriff jedoch weiter und schließt auch motivational-affektive Aspekte zur erfolgreichen Problemlösung ein. Erweitert wird dieser Ansatz durch das Kompetenzverständnis nach Klieme und Leutner (2006), die Kompetenzen als „kontextspezifische kognitive Leistungsdispositionen, die sich funktional auf Situationen und Anforderungen in bestimmten Domänen beziehen“ (Klieme & Leutner, 2006, S. 879) definieren. Demnach sind Kompetenzen immer kontextspezifisch und durch Erfahrung in den entsprechenden Domänen erwerb- und veränderbar (Weinert, 2001a). Damit grenzt sich dieser Kompetenzbegriff deutlich von generischen und leistungsbezogenen Termini, die allgemeine Fähigkeiten a priori voraussetzen und häufig beispielsweise in der Forschung zur Intelligenz eingesetzt werden, ab (Klieme et al., 2007). Domänenspezifität ist folglich Kompetenzen inhärent und steht somit in einem unzertrennlichen Verhältnis zur Fachlichkeit. Bezogen auf das generisch konstruierte Modell zur professionellen Handlungskompetenz von Lehrkräften nach Baumert und Kunter (2006) verdeutlicht sich, dass die Kompetenzaspekte des Modells einer Kontextspezifität unterliegen, da das jeweilige Fach einer Lehrkraft die Gestaltung, die Struktur und die Durchführung von Unterricht maßgeblich beeinflusst und determiniert (Baumert & Kunter, 2006; Oser & Baeriswyl, 2001; Rabe et al., 2012). Besonders salient wird dies zum Beispiel beim Professionswissen, welches in seinen Subdimensionen mit dem Fachwissen und dem fachdidaktischen Wissen unweigerlich Kontextspezifität einschließt (Preisfeld, 2019). Aber auch motivationale Faktoren wie die Selbstwirksamkeitserwartungen oder der Enthusiasmus einer Lehrperson weisen fachspezifische Komponenten auf. Die Selbstwirksamkeitserwartungen von Lehrkräften umfassen neben einer allgemeinen auch eine situations- und domänenspezifische Dimension (vgl. u. a. Handtke & Bögeholz, 2019; Schwarzer & Jerusalem, 2002). Der Lehrerenthusiasmus schließt neben einer tätigkeitsbezogenen Dimension auch eine fachspezifische in Form des sogenannten Fachenthusiasmus ein (Kunter et al., 2008; Kunter, Frenzel et al., 2011). Folglich sollten neben allgemeinen Komponenten dieser Konstrukte auch domänenspezifische betrachtet werden. Neben diesen theoretischen Argumenten zur Domänenspezifität von Lehrerkompetenz steht auch eine nicht unerhebliche methodische Relevanz im Raum. Schließlich erfordert die Erfassung von kontextspezifischen Kompetenzen unterschiedliche Messinstrumente und -methoden, die jeweils zu unterschiedlichen Ergebnissen in empirischen Erhebungen führen können (Klieme et al., 2007). Diverse Studien haben bereits belegt, dass neben einer Erfassung von allgemeinen Kompetenzaspekten, insbesondere auch fachspezifische Erhebungen zu valideren Ergebnissen und einer höheren statistischen Prädiktivität in der Forschung führen (Borowski et al., 2010; Künsting et al., 2016; Kunter, Baumert et al., 2011; Laschke & Blömeke, 2014; Mahler et al., 2017a, 2018).

Grundstein Lehrerkompetenzforschung. Innerhalb der Expertiseforschung hat Shulman (1986) einen wichtigen Grundstein für die Lehrerkompetenzforschung gelegt. Indem er eine Taxonomie für das Wissen von Lehrkräften postulierte, formte er maßgeblich das gegenwärtige ‚Professionswissen' als einen kognitiven Kompetenzaspekt des heutigen Modells professioneller Handlungskompetenz von Lehrkräften (Baumert et al., 2011). Er kategorisierte das Wissen der Lehrkräfte in drei Dimensionen: das ‚Fachwissen', das ‚fachdidaktische Wissen' und das ‚curriculare Wissen'. Darauf aufbauend konzeptualisierte Bromme (1992) das professionelle Wissen der Lehrkräfte als ‚tätigkeitsweisendes Wissen', das sowohl die Wahrnehmungs- und Denkprozesse als auch die Handlungen von Lehrkräften beeinflusst (Bromme, 1992). Nach diesem Ansatz dient das Professionswissen der Lehrkraft zur Bewältigung von Aufgaben und Problemen im schulischen Kontext. Bromme (1992) schaffte damit eine Verbindung zwischen Lehrerwissen und Lehrerhandeln. Ergänzt man die kognitive Kompetenz des Professionswissens um den eingangs erwähnten Kompetenzbegriff nach Weinert (2001b) und Klieme und Leutner (2006), so entsteht eine fundierte Basis zur Modellierung von Lehrerkompetenzen, die auf kognitiven, motivationalen, selbstregulativen sowie wertbezogenen Fähigkeiten und auf Wissen beruht (Baumert & Kunter, 2006). Auf diesem Fundament unter Hinzuziehung von Anforderungen an den Lehrerberuf haben Baumert und Kunter (2006) ein Modell zur professionellen Handlungskompetenz von Lehrkräften konstruiert. Dabei wird unter Professionalisierung die Ausbildung von diversen Kompetenzen verstanden, „die für eine erfolgreiche Berufsausübung als Lehrkraft notwendig sind" (Klusmann et al., 2012, S. 275). Zu diesem Modell zählen sie vier Kompetenzaspekte: das ‚Professionswissen', die ‚motivationale Orientierung', die ‚selbstregulativen Fähigkeiten' und die ‚Überzeugungen und Werthaltungen' einer Lehrkraft. Diese Aspekte lassen sich wiederum in Kompetenzbereiche und -facetten unterteilen, die in den Abschnitten 2.1 und 2.2 erläutert werden sollen.

2.1 Kompetenzaspekte professioneller Handlungskompetenz von Lehrkräften

Bisher wurden die kompetenztheoretischen Annahmen dieser Arbeit sowie die Domänenspezifität von Lehrerkompetenz begründet. In diesem Abschnitt soll das Modell professioneller Handlungskompetenz von Lehrkräften nach Baumert und Kunter (2006) dargelegt werden.

Lehrerkompetenzmodelle. Auf weitere Kompetenzmodelle im Lehrerkontext, wie etwa von Oser (2001), Terhart (2002), Darling-Hammond und Bransford (2007), Brühwiler und Vogt (2020) oder Blömeke et al. (2015) vorgelegt, soll an dieser Stelle nicht eingegangen werden. Das letztere Modell von Blömeke et al. (2015) greift in den Grundzügen das Kompetenzmodell von Baumert und Kunter (2006) auf und erweitert dieses durch eine situationsbezogene Transformation von Kompetenz in Performanz. Empirische Prüfungen des Transformationsmodells erbrachten bisher jedoch keine reliablen Ergebnisse (Blömeke et al., 2015). Daher beschränkt sich diese Arbeit auf das Modell von Baumert und Kunter, welches sich allgemein in der Lehrerkompetenzforschung durchgesetzt hat und von den Fachdidaktiken entsprechend adaptiert wird (Brühwiler, 2014; Dübbelde, 2013; Gawlitza & Perels, 2013; Groß, 2013; Reichhart, 2018; Tepner et al., 2012; Vogelsang, 2014; Weschenfelder, 2014).

Professionelle Handlungskompetenz von Lehrkräften. Unter Zusammenführung der kompetenztheoretischen Erkenntnisse haben Baumert und Kunter (2006) folgende vier Kompetenzaspekte in ihrem Modell zur professionellen Handlungskompetenz von Lehrkräften postuliert (vgl. Abb. 2.1) und empirisch in der COACTIV-Studie überprüft (Baumert et al., 2011; Kunter & Baumert, 2011).

Professionswissen. In Anlehnung an die Topologien der Wissensdomänen nach Shulman (1986) und Bromme (1992) kategorisieren Baumert und Kunter das Professionswissen in ein ‚pädagogisches Wissen', ein ‚fachdidaktisches Wissen' und ein ‚Fachwissen', welche die Hauptkomponenten des Professionswissens darstellen. Flankiert werden diese Wissensbereiche durch ein Organisationswissen, welches das Wissen über curriculare sowie organisatorische Vorgaben enthält. Ferner umfasst das Professionswissen ein Beratungswissen, das neben Wissen über Beratung im Schulalltag auch diagnostische Aspekte aufweist (Baumert & Kunter, 2006; Kleickmann et al., 2014).

Pädagogisches Wissen. Das pädagogische Wissen als generisches Wissen „umfasst Kenntnisse über das Lernen und Lehren, die sich auf die Gestaltung von Unterrichtssituationen beziehen" (Voss et al., 2015, S. 194). Darunter fallen Kenntnisse zur Klassenführung, zur Heterogenität Lernender, zu methodischen

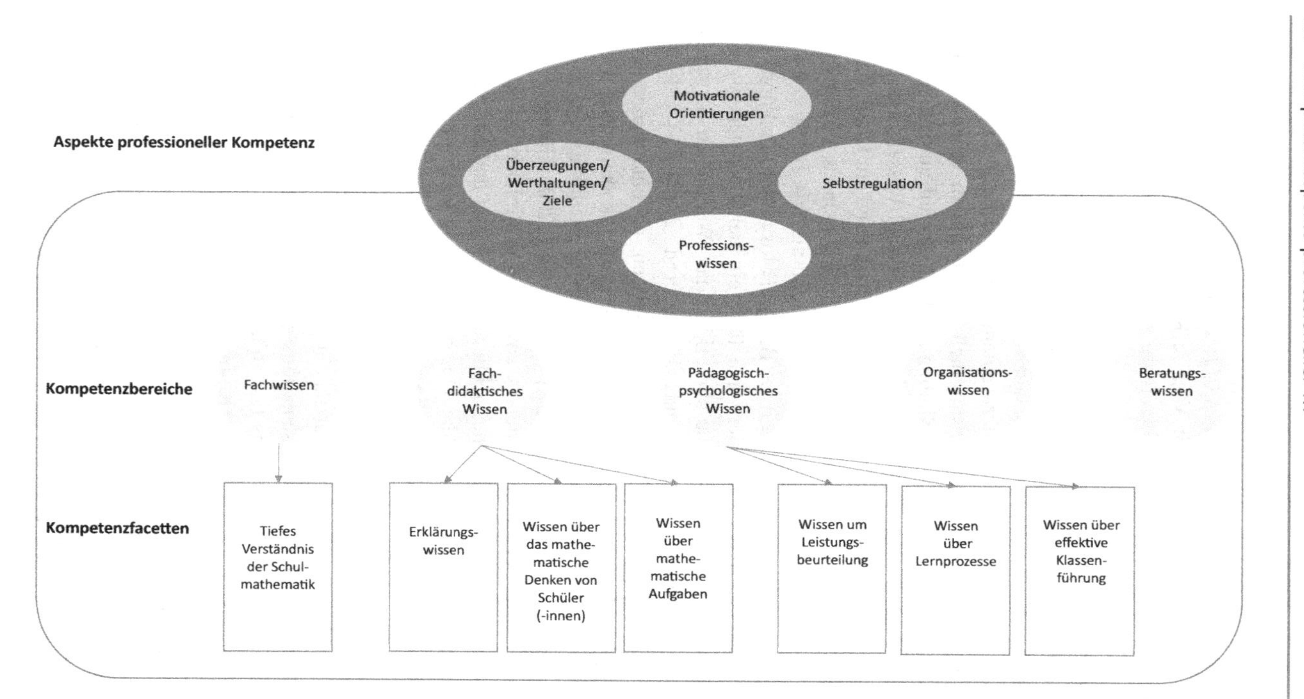

Abbildung 2.1 Modell professioneller Handlungskompetenz von Lehrkräften mit ausdifferenziertem Professionswissen (Baumert & Kunter, 2011, S. 32)

Konzepten, zur Lerndiagnostik, zur Leistungsbeurteilung und zur sozialen Interaktion im Klassengefüge (Brunner et al., 2011; Kunina-Habenicht et al., 2013; Park & Oliver, 2008; Voss et al., 2015; Voss & Kunter, 2011). Diese Wissensdimension kann als fach- und bildungsbereichsübergreifend gelten (Marx et al., 2017).

Fachwissen. Das Fachwissen als eine kontextspezifische Dimension beinhaltet das tiefergehende Wissen einer Domäne auf einem akademischen Niveau und grenzt sich damit von einem fachspezifischen Alltagswissen ab (Brunner et al., 2006; Heinze et al., 2016). Im Kontrast zu einem eher oberflächlichen Alltagswissen geht es bei dieser Wissensdimension nicht nur darum zu verstehen, dass etwas so ist, sondern warum es so ist (Shulman, 1986). Darauf aufbauend lässt sich das Fachwissen analog der kognitiven Taxonomie in drei Wissensarten klassifizieren: ein deklaratives Wissen, ein prozedurales Wissen und ein konditionales Wissen (Tepner et al., 2012). Ersteres bezeichnet ein erklärendes Wissen über und von etwas (z. B. was Fotosynthese ist). Das prozedurale Wissen spiegelt vernetztes Fachwissen, wie etwas funktioniert (z. B. wie Fotosynthese funktioniert), wider. Das konditionale Wissen definiert sich über ein tiefes Verständnis von Konzepten und Prinzipien einer Domäne und erklärt das ‚Warum' (z. B. warum es Fotosynthese gibt) eines Fachgegenstands (Jüttner et al., 2013).

Fachdidaktisches Wissen. Das fachdidaktische Wissen, als eine weitere kontextspezifische Dimension, repräsentiert das Wissen, um akademisches Fachwissen didaktisch umzuformen und in entsprechender Reduktion in einem schülerorientierten Lernangebot darzustellen (Berry et al., 2008; Jüttner et al., 2009; Shulman, 1986). Ferner beinhaltet es sowohl eine Reflexions- als auch eine Diagnosekompetenz, um das eigene fachbezogene Wissen und Können evaluieren und Potentiale zur Steigerung der Unterrichtsqualität diagnostizieren zu können (M. Kramer et al., 2020; Schmelzing et al., 2009). Es bildet damit eine Schnittstelle zwischen pädagogischem und fachlichem Wissen. Nach Baumert und Kunter (2006) enthält das fachdidaktische Wissen drei Aspekte: ein Wissen über das didaktische Potential von Aufgaben, ein Wissen über Schülerkognitionen und ein Wissen über „multiple Repräsentations- und Erklärungsmöglichkeiten" (Baumert & Kunter, 2006, S. 495) eines Fachinhalts.

Das Professionswissen als kognitiver Kompetenzaspekt hat eine nicht unerhebliche Bedeutung für die Unterrichtsqualität und die Leistungen der Lernenden (Ball et al., 2005; Baumert & Kunter, 2006; Hohenstein et al., 2015). Darüber hinaus zeigen Studien, dass das Professionswissen einen protektiven Puffereffekt gegenüber emotionaler Erschöpfung haben kann (Dicke et al., 2015).

Überzeugungen und Werthaltungen. Als einen weiteren Kompetenzaspekt haben Baumert und Kunter (2006) die Überzeugungen und Werthaltungen einer

Lehrkraft in ihr Kompetenzmodell mitaufgenommen. Dieser Aspekt kann als ein konstruktivistisches Konglomerat von diversen Überzeugungen, Konzepten und Wertvorstellungen auf personenbezogener Ebene verstanden werden. Konkret werden Überzeugungen in COACTIV „definiert als überdauernde, existentielle Annahmen über Phänomene oder Objekte der Welt, die subjektiv für wahr gehalten werden, [...] und die Art der Begegnung mit der Welt beeinflussen" (Voss et al., 2011, S. 235). Hierbei kann bei einer Lehrkraft zwischen Überzeugungen im Kontext des Selbst, die sich auf die eigenen Fähigkeiten beziehen, und Überzeugungen im Kontext des fachlichen Unterrichtens differenziert werden (Voss et al., 2011). Dazu zählen epistemologische Überzeugungen zum domänenspezifischen Wissen, konzeptuelle Überzeugungen zum Unterrichten, Wertvorstellungen zur Rolle als Lehrperson sowie selbstbezogene Kognitionen (Baumert & Kunter, 2006; Voss et al., 2011; Weschenfelder, 2014). Von besonderer Bedeutung sind Überzeugungen und Werthaltungen bei Denk- und Wahrnehmungsprozessen, weil sie durch diese determiniert werden können (Aguirre & Speer, 1999; Alexander, 2008; Schüle et al., 2016; Sikula et al., 1996). Ähnliches gilt für den Unterricht, denn „Unterrichtsprozesse konstituieren und konkretisieren sich aus einem Wechselspiel von epistemologischen und lehr-lernprozessbezogenen Überzeugungen" (Weschenfelder, 2014, S. 83).

Selbstregulative Fähigkeiten. Nach der ‚Conservation of Resources-Theorie (COR-Theorie)' von Hobfoll (1989) sind die Menschen bestrebt Ressourcen zu erhalten, zu sichern und aufzubauen, damit diese sie vor zukünftigen schwierigen Ereignissen protektieren (Hobfoll et al., 2003; van den Heuvel et al., 2010). Ressourcen können in diesem Zusammenhang arbeitsbezogen (z. B. das Verhältnis zum Schulleiter) oder personenbezogen (z. B. das Professionswissen einer Lehrkraft) sein. Nach dieser Theorie führt ‚ein Mehr an Ressourcen' im beruflichen Kontext zu einem arbeitsbezogenen Wohlbefinden, wohingegen ‚ein Weniger an Ressourcen' Stress erzeugt. Dieses essentielle Spiel der Balance um die Ressourcen im beruflichen Alltag greifen Baumert und Kunter (2006) in ihrem Kompetenzmodell für Lehrkräfte auf und formulieren die Fähigkeit zur Selbstregulation als einen eigenständigen Kompetenzaspekt (Kunter, Baumert et al., 2011). Dabei beschreibt Selbstregulation die strategische Fähigkeit, wirkungsvoll mit seinen persönlichen Ressourcen im Berufsalltag umgehen zu können (Kanfer & Heggestad, 1997). Demnach zeichnet sich eine

> *„Person mit hohen selbstregulativen Fähigkeiten [...] dadurch aus, dass sie das Niveau an beruflichem Engagement zeigt, welches den Anforderungen des Lehrerberufs gerecht wird, sich aber gleichzeitig auch von beruflichen Belangen distanzieren und sich und ihre Ressourcen schonen kann"* (Klusmann, 2011a, S. 277).

Durch die Aufnahme dieses Aspekts in das Kompetenzmodell wird den diversen Anforderungen und Herausforderungen des Lehrerberufs Rechnung getragen. Das Konstrukt der adaptiven Selbstregulation liefert zugleich eine Erklärung zur Bewältigung der Ansprüche im Berufsalltag der Lehrkräfte. Einen weiteren Ansatz hierzu sowie eine Topologie verschiedener Bewältigungsmuster in Bezug auf den Lehrerberuf liefern Schaarschmidt und Fischer (2001)[1]. Demnach konstituiert sich die Bewältigung herausfordernder Situationen durch ein Zusammenspiel der Merkmale des beruflichen Engagements und der Widerstandsfähigkeit. Ersteres beschreibt die Anstrengungen, die im Beruf aufgewendet werden, wohingegen die Widerstandsfähigkeit einer Art beruflichen Resilienz gleichkommt, um Misserfolge zu bewältigen und sich von Arbeit distanzieren zu können (Klusmann, 2011a; Schaarschmidt et al., 2002; Schaarschmidt & Fischer, 2001). Die Studien von Schaarschmidt et al. (2001, 2002) belegen die Notwendigkeit eines effizienten Ressourcenmanagements und bekräftigen die Aufnahme selbstregulativer Fähigkeiten in ein Kompetenzmodell zur Sicherung der Lehrergesundheit und einer hohen Unterrichtsqualität (Klusmann et al., 2006; Klusmann et al., 2008b; Klusmann & Waschke, 2018). Eine Überprüfung potenzieller Mediationseffekte der anderen Kompetenzaspekte auf die selbstregulativen Fähigkeiten zeigte keine Effekte (Klusmann, 2011a). Jedoch stellt sich zumindest theoretisch ein Nexus zwischen den Aspekten der motivationalen Orientierung sowie der Selbstregulation dar, weil beide Kompetenzen auf ihre (konstrukt-) spezifische Weise das Verhalten und Handeln einer Lehrperson initiieren und regulieren. Zumal die Kompetenzbereiche motivationaler Orientierung, wie beispielsweise die Selbstwirksamkeitserwartungen, selbst als persönliche Ressourcen verstanden werden können (Klusmann, 2011a) und folglich dem ‚strategischen Ressourcenmanagement' der Selbstregulation in gewisser Weise unterliegen.

Motivationale Orientierung. Der vierte Kompetenzaspekt professioneller Handlungskompetenz von Lehrkräften umfasst die motivationalen Kompetenzen in Form der sogenannten motivationalen Orientierung. Damit gemeint sind

> *„habituelle individuelle Unterschiede in Zielen, Präferenzen, Motiven oder affektiv-bewertenden Merkmalen, die – immer in Interaktion mit weiteren Persönlichkeitsmerkmalen sowie Merkmalen des jeweiligen situationalen Kontextes – bestimmen, welche Verhaltensweisen Personen zeigen und mit welcher Intensität, Qualität oder Dauer dieses Verhalten gezeigt wird" (Mitchell, 1977 zitiert nach Kunter, 2011, S. 259).*

Folglich stellen motivationale Personenmerkmale im schulischen Kontext einen Einflussfaktor für das Handeln und Verhalten einer Lehrkraft im Unterricht, als

[1] Vgl. hierzu auch Abschnitt 3.2.

eine seiner primären Aufgabenbereiche, dar. Demzufolge erklären motivationale Kompetenzen in ihrer prädiktiven Funktion zugleich die unterschiedlich erfolgreiche Bewältigung von Aufgabenanforderungen der Lehrkräfte am Arbeitsplatz Schule. Vor allem die motivationalen Konstrukte der Selbstwirksamkeitserwartungen und des Lehrerenthusiasmus können als Teil der motivationalen Orientierung gezählt werden (Kunter, 2011). „Unter Selbstwirksamkeitserwartungen versteht man die subjektive Gewißheit, eine neue oder schwierige Aufgabe auch dann erfolgreich bearbeiten zu können, wenn sich Widerstände in den Weg stellen" (Schmitz & Schwarzer, 2000, S. 13). Da die Handlungen und die Fähigkeiten, die zur Bewältigung benötigt werden, kontextspezifisch sind, wird bei den Selbstwirksamkeitserwartungen zwischen einer allgemeinen und einer domänenspezifischen Dimension unterschieden (Rabe et al., 2012). Lehrerenthusiasmus kann als ein affektives, personenbezogenes Merkmal aufgefasst werden, das die subjektive Erfahrung von Vergnügen und positiver Spannung widerspiegelt und sich in bestimmten Verhaltensweisen im Klassenzimmer manifestiert (Kunter, Frenzel et al., 2011). Hierbei wird zwischen einer tätigkeitsbezogenen Dimension, dem sogenannten Unterrichtsenthusiasmus, und einer fachbezogenen Dimension, dem sogenannten Fachenthusiasmus, unterschieden (Kunter et al., 2008). Im folgenden Kapitel werden die motivationale Orientierung als Teil der professionellen Handlungskompetenz von Lehrkräften noch einmal im Rahmen des Forschungsschwerpunkts dieser Arbeit fokussiert und die Konstrukte Selbstwirksamkeitserwartungen und Lehrerenthusiasmus ausführlicher behandelt.

2.2 Fokus: Motivationale Orientierung von Lehrkräften

Wenn im Kontext des Lehrerberufs von motivationaler Orientierung gesprochen wird, wird diese häufig mit der Motivation einer Lehrperson gleichgesetzt. Dabei kann der Begriff Motivation als ein komplexes Hyperonym verstanden werden, welches für eine Vielzahl von diversen internen Personenmerkmalen sowie daraus resultierenden Handlungsprozessen steht, die durch zahlreiche motivationale Theorien abgebildet werden (Praetorius et al., 2017). Die motivationale Orientierung im Kontext des Lehrerberufs, wie von Baumert und Kunter (2006) postuliert, kann daher als ein Hyponym des Oberbegriffs Motivation aufgefasst werden. Die theoretischen Annahmen dieses Modells basieren auf motivationspsychologischen Ansätzen, die das motivationale Muster und Verhalten einer Lehrperson begründen.

Infolgedessen erscheint es notwendig, zu Beginn dieses Abschnitts einen kurzen Abriss motivationstheoretischer Ansätze als theoretisches Fundament für den Kompetenzaspekt der motivationalen Orientierung aufzuzeigen. Hierbei wird jedoch bei der Fülle an motivationspsychologischen Ansätzen nur auf die für die motivationale Orientierung im Lehrerkontext relevanten Theorien eingegangen. Daraufhin werden die ‚Konstrukte' der motivationalen Orientierung in Form der Selbstwirksamkeitserwartungen und des Lehrerenthusiasmus dargelegt.

2.2.1 Motivationstheoretische Ansätze

Allgemein gefasst, bildet Motivation die Beweggründe für eine bestimmte Haltung und ein bestimmtes Verhalten sowie dessen Ausdauer und Intensität ab (Graham & Weiner, 1996; Schiefele & Schaffner, 2015). Dabei können diese Auslöser und Gründe situations- und personenbezogen äußerst disparat und ihre Wirkungsweise auf das Verhalten höchst komplex sein. Mit der Motivationsforschung hat sich ein Forschungsbereich zur Klassifizierung und Explikation von Motivation und daraus resultierendem Verhalten etabliert. Im Folgenden sollen die Theorien dargestellt werden, die eine inhaltliche Relevanz zu den Konstrukten der motivationalen Orientierung aufweisen und Implikationen für deren Konzeptualisierungen enthalten.

Erwartungs-Wert-Theorie. Im Mittelpunkt der ‚Erwartungs-Wert-Theorie' steht die rationale Entscheidung einer Erwartung von Erfolg oder Misserfolg und deren attribuierten Wert als Kernelement für die Motivation und deren Verhaltensimplikation (Eccles & Wigfield, 2002). Die Grundlage hierzu postulierte Atkinson (1957) in Form eines ersten Erwartungs-Wert-Modells zur Beschreibung von Leistungsmotivation. Eccles und Wigfield (2002) haben diese Grundlage aufgegriffen und durch kulturelle, sozialisatorische und psychologische Determinanten des Entscheidungsprozesses erweitert (vgl. Abb. 2.2). Sie nehmen an, dass eine Person bei der Verfolgung eines bestimmten Ziels eine Erfolgswahrscheinlichkeit abhängig von ihren persönlichen Fähigkeiten, Überzeugungen und Voraussetzungen erwartet. Des Weiteren schreibt eine Person einer Aufgabe oder einem Ziel einen persönlichen Wert hinsichtlich der Bedeutung beim Bewältigen oder Erreichen des Ziels zu (Eccles & Wigfield, 2002; Schuster, 2017; Wigfield & Eccles, 2000). Diese Wertzuschreibung wird durch vier Faktoren determiniert (Bleck, 2019; Wigfield et al., 2017):

1) *Attainment Value*: die persönliche Bedeutung, inwiefern die Bewältigung der Aufgabe mit mir persönlich zu tun hat
2) *Intrinsic Value*: der intrinsische Wert, inwiefern mir die Bearbeitung der Aufgabe Freude bereitet

3) *Utility Value:* der Nutzen, inwiefern es sich für mich lohnt, die Aufgabe zu bearbeiten (auch mit Blick auf die Zukunft)
4) *Costs:* die Kosten, inwiefern die ‚Aufwendungen' zur Bewältigung in Relation zum Vorteil einer Bearbeitung stehen

Sowohl die Erwartung als auch der Wert beeinflussen als Schlüsselfaktoren die Wahl des Verhaltens, dessen Leistung und Ausdauer und bilden damit die subjektive Motivation einer Person für eine bestimmte Handlung ab (Eccles & Wigfield, 2002). In Abbildung 2.2 sind die oben genannten kulturellen und sozialen Determinanten aufgeführt, die die Entscheidungsfaktoren ‚Erwartung' und ‚Wert' im Modell maßgeblich beeinflussen und eine Erweiterung der Theorie von Atkinson (1957) darstellen. Auf eine detaillierte Darstellung dieser Determinanten soll an dieser Stelle verzichtet werden, da im Rahmen dieser Arbeit vor allem der motivationale Wirkmechanismus der Erwartungs- und Wertzuschreibung hinsichtlich der motivationalen Orientierung von Lehrkräften von Relevanz ist.

Überträgt man dieses Modell auf den Lehrerkontext, so besteht ein enger Zusammenhang zwischen der Erwartungs-Wert-Theorie und den Konstrukten der motivationalen Orientierung einer Lehrperson.Selbstwirksamkeitserwartungen als die Überzeugung an die eigenen Fähigkeiten repräsentieren den Aspekt der Erwartung im Modell von Wigfield und Eccles (2000), wohingegen der Lehrerenthusiasmus insbesondere den intrinsischen Wert im Erwartungs-Wert-Modell abbildet (Praetorius et al., 2017). Demnach lässt sich die motivationale Orientierung einer Lehrkraft mithilfe der Erwartungs-Wert-Theorie begründen.

Emotionstheoretisches Kontroll-Wert-Modell. Pekrun (2006) hat das Erwartungs-Wert-Modell als Grundlage genutzt, um das emotionstheoretische ‚Kontroll-Wert-Modell' zu begründen. Bei dieser Theorie wird die Erwartung durch eine erlebte Kontrollierbarkeit von Erfolg und Misserfolg substituiert. Der subjektive Wert schätzt das eigene leistungsbezogene Handeln und dessen Ergebnis ein (Pekrun, 2006, 2017). Pekrun rückt damit leistungsbezogene Emotionen in den Mittelpunkt seiner Theorie, die er insbesondere im Rahmen von Lern- und Prüfungssituationen von Lernenden entworfen hat. Hierzu zählen beispielsweise die Prüfungsangst als negative Emotion und die Freude am Lernen als positive Emotion. Je nachdem, wie das eigene Kontrollgefühl sowie der Wert eines möglichen Ziels oder Handelns ausfällt, entsteht eine andere Motivation zur Bewältigung der Aufgabe (Pekrun, 2017). Diese Theorie lässt sich den ‚Appraisal-Theorien' zuordnen, die Aufschluss darüber geben, wie eine Situation bewertet und welches emotionale Erleben damit verbunden wird. Ebenso erklären solche Theorien das emotional unterschiedliche Verhalten bei situativ gleichen Rahmenbedingungen (Frenzel & Götz, 2007; Frenzel, Götz &

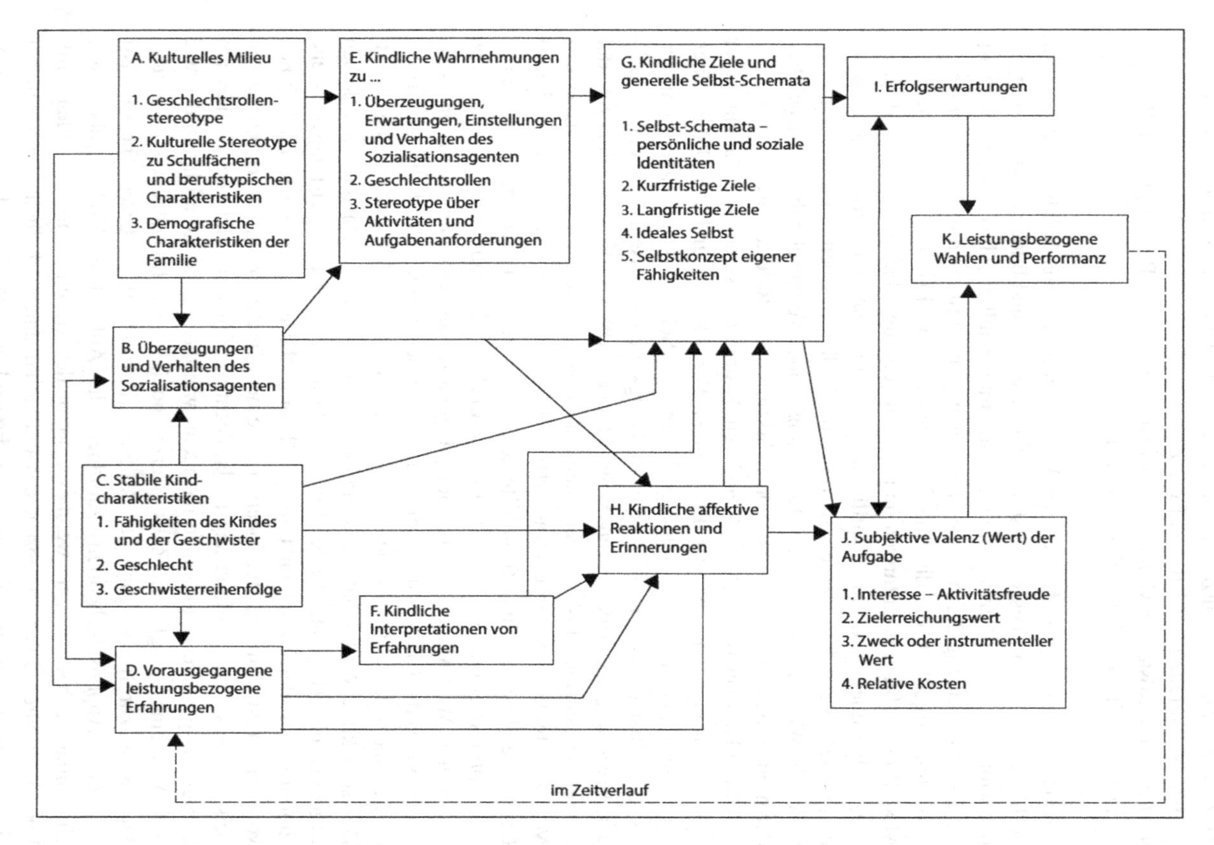

Abbildung 2.2 Das Erwartungs-Wert-Modell. (Nach Eccles et al. (Heckhausen & Heckhausen, 2018, S. 521))

Pekrun, 2015). Besonders der Lehrerenthusiasmus, der das subjektive Erleben von Freude, Aufregung und Vergnügen während der ‚kontrollierbaren Situation' der fachlichen Auseinandersetzung (Fachenthusiasmus) und des Unterrichtens (Unterrichtsenthusiasmus) widerspiegelt und somit als affektive Komponente der motivationalen Orientierung gilt, lässt sich in diesem emotionstheoretischen Modell verorten (Bleck, 2019; Kunter, Frenzel et al., 2011).

Selbstbestimmungstheorie. Im Gegensatz zum Erwartungs-Wert-Modell setzen Deci und Ryan (1993) nicht die Erwartung und die Attribution eines Wertes als Schlüsselfaktoren für die Handlungsmotivation in den Mittelpunkt, sondern die Intentionalität. Die Intention als Absicht oder Bestreben, etwas Bestimmtes in Zukunft zu erreichen, steuert das Verhalten und die zugrundeliegende Motivation (Deci & Ryan, 1985). Um jedoch die unterschiedlichen Ausprägungen einer motivierten Handlung erklären zu können, wird die Intentionalität durch den Grad der Selbstbestimmung einer Handlung ergänzt. Daran orientiert sich, ob jemand eine Handlung freiwillig und daher selbstbestimmt durchführt oder ob ihm diese aufgezwungen wird und sie demnach kontrolliert ist (Deci & Ryan, 1993; Gagné & Deci, 2005; Moller et al., 2006; Ryan & Deci, 2000b). Folglich bewegt sich Motivation in einem Kontinuum zweier diametraler Pole in Form der ‚Selbstbestimmung' und des ‚kontrollierten Verhaltens'. „In der Tradition von Heiders (1958) Attributionstheorie verwendet DeCharms (1968) die Begriffe der internalen versus externalen Handlungsverursachung (locus of causality) zur Kennzeichnung dieses Kontinuums" (Deci & Ryan, 1993, S. 225). Darauf aufbauend haben Ryan und Deci (2000a) in ihrer Selbstbestimmungstheorie zwischen intrinsischer und extrinsischer Motivation unterschieden. Intrinsische Motivation ist definiert als das Ausführen einer Aktivität aufgrund ihrer inhärenten Befriedigung und nicht wegen einer erwarteten externen Konsequenz. Wenn eine Person intrinsisch motiviert ist, wird sie dazu bewegt, für die damit verbundene Freude oder Herausforderung und nicht aufgrund externer Belohnungen oder externen Drucks zu handeln (Ryan & Deci, 2000a). In Abgrenzung dazu zeichnet sich extrinsische Motivation durch Verhalten aus, das einen externen instrumentellen Anreiz hat und erst dadurch die Handlung motiviert wird. „Extrinsisch motivierte Verhaltensweisen treten in der Regel nicht spontan auf; sie werden vielmehr durch Aufforderungen in Gang gesetzt, deren Befolgung eine (positive) Bekräftigung erwarten läßt […]" (Deci & Ryan, 1993, S. 225).

Extrinsische und intrinsische Motivation sind jedoch keine Antagonisten, sondern können auseinander resultieren. So können beispielsweise extrinsisch motivierte Handlungen durch Verinnerlichungsprozesse in selbstbestimmtes intrinsisch motiviertes Verhalten transformiert werden (Wömmel, 2016). Diese

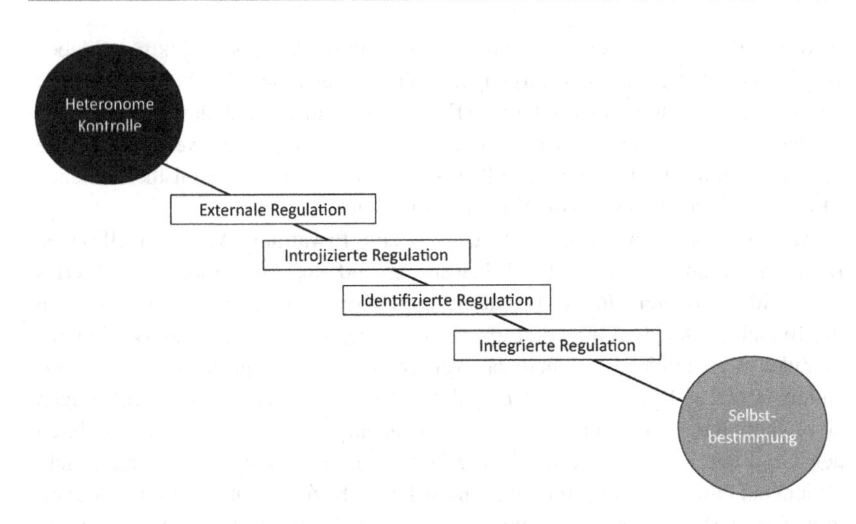

Abbildung 2.3 Formen extrinsischer Verhaltensregulation. (Eigene Darstellung nach Deci & Ryan, 1993)

Internalisierung und deren Einfluss auf unterschiedlich motivierte Verhaltensweisen führen zu unterschiedlichen Formen extrinsischer Motivation, die das Verhalten regulieren (Fernet et al., 2012). Nach Deci und Ryan (1993) gibt es die vier Formen extrinsischer Verhaltensregulation, die sich zwischen den zwei Endpunkten ‚heteronome Kontrolle' und ‚Selbstbestimmung' aufspannen lassen (vgl. Abb. 2.3).

‚Externale Regulation' tritt auf, wenn das Verhalten dahingehend reguliert wird, eine Belohnung zu erhalten oder eine Einschränkung zu vermeiden. Es ist weder selbstbestimmt, noch freiwillig (Deci & Ryan, 1993). Diese Regulationsform liegt bei Lehrkräften beispielsweise vor, wenn sie die Handlung der Pausenaufsicht durch Anordnung der Schulleitung entgegen ihres ‚Willens' durchführen müssen. ‚Introjizierte Regulation' verursacht Verhaltensweisen, die durch interne Auslöser in Bezug zur Selbstachtung und zur Vermeidung eines schlechten Gewissens ausgelöst werden (Deci & Ryan, 1993). Bei Lehrkräften könnte dies das Nachahmen des Verhalten einer anderen Lehrkraft sein (z. B. ein Großteil der Lehrkräfte bleibt zur Planung des Schulfests freiwillig eine Stunde länger da), weil man selbst nicht als untätig dastehen möchte. ‚Identifizierte Regulation' zeigt sich bei Handlungen, die durch das Selbst als wichtig erachtet und wertgeschätzt werden. Leitend ist hier nicht das Gefühl, etwas tun zu müssen, sondern der Handlungswille, weil es ‚einem wichtig' ist (Deci &

Ryan, 1993). Ein Beispiel hierfür könnte sein, dass eine Lehrkraft freiwillig mit auf Klassenfahrt fährt, weil es ihr wichtig ist die neue Klasse besser kennenzulernen. Mit der ‚integrierten Regulation' ist die letzte Stufe der Transformation von extrinsisch motivierten Verhaltensweisen, die einer heteronomen Kontrolle unterliegen, zu intrinsisch und selbstbestimmten Handlungen erreicht. Hierbei sind Ziele, Normen und Handlungsstrategien integriert, mit denen sich die Person und deren Selbstkonzept identifiziert und die zu selbstbestimmten Verhaltensweisen führen (Deci & Ryan, 1993). Im Kontext Schule wäre ein Verhaltensbeispiel diesbezüglich, wenn eine Lehrkraft freiwillig und selbstbestimmt eine AG nach Schulschluss anbietet, für diese sie inhaltlich begeistert und motiviert ist mit Lernenden zusammenzuarbeiten (ohne externe Anreize, wie z. B. Reduzierung Stundendeputat oder Ähnliches).

Neben dieser grundlegenden Unterscheidung von Motivation steht in der Selbstbestimmungstheorie nach Deci und Ryan (1985) das Streben der Befriedigung von drei psychologischen Grundbedürfnissen im Mittelpunkt. Demnach beruht die Motivation für eine bestimmte Verhaltensweise darauf, inwiefern die Bedürfnisse nach Kompetenz, sozialer Eingebundenheit und Autonomie erfüllt werden können (Gagné & Deci, 2005; Ryan & Deci, 2000a). Sich kompetent zu fühlen und effektiv mit seinen Handlungen zu sein (Bedürfnis: Kompetenz), sozial mit anderen Menschen eingebunden zu sein und zu interagieren (Bedürfnis: soziale Eingebundenheit) sowie das Gefühl, selbstbestimmt und initiativ handeln zu können (Bedürfnis: Autonomie), sind die Voraussetzung für „psychisches Wachstum, Integrität und Wohlergehen" (Schuster, 2017, S. 60) einer Person.

Bedürfnishierarchie. Deci und Ryan ziehen hiermit eine Parallele zum sozialpsychologischen Ansatz der ‚Bedürfnishierarchie' nach Maslow (1954), dessen ‚höchstes Bedürfnis' die Selbstverwirklichung ist (Schuster, 2017). Die freie Selbstbestimmung bei Deci und Ryan sowie die Selbstverwirklichung bei Maslow repräsentieren somit das verhaltensregulierende Ziel einer Person. In der Bedürfnishierarchie begründet Maslow ebenfalls die Motivation des Handelns zur Befriedigung der Bedürfnisse. Er unterscheidet hier zwischen Mangelbedürfnissen und Wachstumsbedürfnissen. Ersteres umfasst einem hierarchischen Verhältnis folgend physiologische Bedürfnisse, Sicherheitsbedürfnisse, soziale Bedürfnisse und individuelle Geltungsbedürfnisse. Zu den Wachstumsbedürfnissen zählen als letzte Stufe der Bedürfnispyramide die Selbstverwirklichungsbedürfnisse (Heckhausen & Heckhausen, 2010). Dieser Hierarchie folgt der Gedanke, dass das Streben nach einem nächst höheren Bedürfnis erst verspürt wird, sofern das niedrigere befriedigt ist (Maslow, 1954). Das Wachstumsbedürfnis in Form der Selbstverwirklichung kommt daher erst zum Tragen, wenn die anderen Bedürfnisse erfüllt sind (Heckhausen & Heckhausen, 2010). Sowohl der

Selbstbestimmungstheorie als auch der Bedürfnishierarchie ist gemein, dass sich zum einen die drei Grundbedürfnisse nach Deci und Ryan in der Hierarchie von Maslow wiederfinden und zum anderen beide Ansätze die Motivation für ein bestimmtes Verhalten nach der Befriedigung von Bedürfnissen ausrichten.

Flow-Theorie. Besondere Bedeutung kommt in der Selbstbestimmungstheorie von Deci und Ryan dem Bedürfnis der Autonomie zu (Schuster, 2017). Autonomie ist in diesem Kontext als ein Gefühl der Initiative und Eigenverantwortung für das eigene Handeln beschrieben, das durch Erfahrungen von Interesse und Wert gestärkt und durch Wahrnehmung externer Kontrolle untergraben werden kann (Ryan & Deci, 2020). Demnach ist auch das Bedürfnis nach Autonomie wichtig für die intrinsische Motivation und die damit verbundenen Handlungen. In einem engen Verhältnis zu intrinsisch motivierten Verhaltensweisen steht das sogenannte ‚Flow-Erleben' während einer Tätigkeit. Nach der von Csikszentmihalyi (1990) entwickelten ‚Flow-Theorie' bezeichnet ein Flow-Erlebnis die gänzliche Hingabe in eine Tätigkeit und „das Verschmelzen von Handlung und Bewusstsein und das Gefühl von Kontrolle" (Schiefele & Schaffner, 2015, S. 158). Die Person hat während des Flows eine subjektiv betrachtete optimale Passung zwischen Fähigkeitserleben und Handlungsanforderungen. Diese Erfahrung stellt nicht nur einen Antrieb intrinsischer Motivation dar, sondern spiegelt sich auch im Kompetenzbedürfnis und -erleben von Deci und Ryans Selbstbestimmungstheorie wider (Schiefele & Schaffner, 2015).

Insbesondere das Bedürfnis, sich selbst als kompetent zu erleben sowie seine Fähigkeiten selbstbestimmt kontrollieren zu können, steht in einem signifikanten Zusammenhang mit dem Konstrukt der Selbstwirksamkeitserwartungen. Wenn sich ein Individuum als kompetent wahrnimmt und seine Fähigkeiten autonom einsetzen kann, ist seine Selbstwirksamkeit entsprechend hoch (Fernet et al., 2012). Die intrinsische Motivation bei Deci und Ryan (1985) sowie das Flow-Erlebnis nach Csikszentmihalyi (1990) begründen theoretisch das freudige Erleben des handlungsorientierten Unterrichtsenthusiasmus.

Interessentheorie. Ein weiterer motivationstheoretischer Ansatz, welcher in Bezug zur motivationalen Orientierung bei Lehrkräften gesetzt werden kann, ist die ‚Interessentheorie' (Hidi, 2006; Krapp, 1992b, 1992a, 2002; Schiefele, 2008). Interesse wird hierbei als ein Verhältnis einer Person zu einem „Erfahrungs- oder Wissensbereich" (Krapp, 1993, S. 202) beschrieben. Gemeint sind damit „solche Person-Gegenstands-Relationen, die für das Individuum von herausgehobener Bedeutung sind und mit (positiven) emotionalen und wertbezogenen Valenzen verbunden sind" (Krapp, 1993, S. 202). Demnach bezeichnet Interesse eine inhaltsbezogene Beziehung zu einem Gegenstand, der für die Person einen spezifischen Wert sowie eine verbundene Emotion innehat und daher interessant erscheint. Die damit verknüpfte Emotion kann sich in Begeisterung, Freude und Flow-Erleben während der Auseinandersetzung mit dem Gegenstand ausdrücken (Hidi, 2006). Die hier aufgeführte dualistische Verbindung einer Wert- und Emotionskomponente bei der Entwicklung von Interesse ist von besonderer Bedeutung. „Bei einer hohen subjektiven Bedeutsamkeit und dem Erleben positiver Emotionen liegt das Ziel der Auseinandersetzung im Gegenstand selbst, sodass die Qualität intrinsischer Motivation erreicht wird“ (Bleck, 2019, S. 27). Damit sind die Entstehung sowie das Verhältnis von Interesse und (intrinsischer) Motivation begründet. Ein Objekt von Interesse kann sich auf konkrete materielle Dinge beziehen, aber auch auf immaterielle Ideen oder kognitive und epistemologische Repräsentationen der persönlichen Lebenswelt rekurrieren (Krapp, 2002).

Individuelles und situationales Interesse. Es wird zwischen individuellem und situationalem Interesse differenziert (Hidi, 2006; Krapp & Ryan, 2002). Ersteres bezeichnet ein dispositionales Persönlichkeitsmerkmal als eine konstante und intrapersonelle Beziehung der Person zum Gegenstand. Das individuelle Interesse für einen Gegenstand ist bereits vorhanden und wird durch eine Begegnung oder einen bestimmten Moment wieder ausgelöst (Wömmel, 2016), wohingegen das situationale Interesse nur ein vorübergehender, situationsspezifischer Interessenzustand ist, der durch äußere Reize hervorgerufen ist. Angewandt auf den Lehrerkontext würde man von individuellem Interesse sprechen, wenn beispielsweise das permanente fachliche Interesse an einem Schulfach, welches die Lehrkraft studiert hat, gemeint ist. An diesem Beispiel wird auch deutlich, dass die Interessentheorie in einem Zusammenhang mit dem Fachenthusiasmus der motivationalen Orientierung steht. Ebenso lassen sich durch die Interessentheorie domänenspezifische Aspekte motivationaler Konstrukte begründen. Situationales Interesse im Lehrerkontext wäre beispielsweise das situative Interesse einer Biologielehrkraft an einer seltenen Mykose, nachdem ein Lernender ein entsprechendes Referat darüber gehalten und dadurch das Interesse der Lehrperson geweckt hat. Das Interesse an einer seltenen Mykose dient hierbei als Streben nach einem Wissenszuwachs in einem bestimmten Inhaltsbereich (z. B. Krankheiten und Krankheitserreger). Aus situationalem Interesse kann sich, bekräftigt durch positive Emotionen, ein langfristiges individuelles Interesse bilden (Hidi & Renninger, 2006; Krapp, 1993, 2002). In Kohärenz zur Selbstbestimmungstheorie kann man „Interesse als eine auf Selbstbestimmung beruhende motivationale Komponente“ (Krapp, 1993, S. 202) beschreiben. Eine Konvergenz besteht hierbei mit der Autonomie, die bei der Selbstbestimmungstheorie ein Grundbedürfnis darstellt und innerhalb der Interessentheorie eine Voraussetzung für Interesse ist. Divergent hingegen ist, dass intrinsische Motivation tätigkeitsbezogen ist und

Interesse auf die Beziehung einer Person zu einem Gegenstand referiert (Rheinberg & Vollmeyer, 2018; Schiefele, 2008). Deutlich wird hierbei, dass Interesse und Motivation zwei unterschiedliche verhaltensbedingende Konstrukte sind, die jedoch in einem Zusammenhang stehen und sich gegenseitig beeinflussen können.

2.2.2 Selbstwirksamkeitserwartungen

Im Anschluss an die motivationstheoretischen Ansätze und die in diesem Zusammenhang herausgearbeiteten Parallelen wird in diesem Kapitel das motivationale Konstrukt der ‚Selbstwirksamkeitserwartungen' erläutert. Beginnend mit einer Einführung in die sozial-kognitive Theorie nach Bandura (1977, 1986), folgt ein kurzer Abriss zu den Quellen und der Bedeutung von Selbstwirksamkeitserwartungen im außerschulischen Bereich. Daran anschließend wird sich theoretisch mit den Lehrerselbstwirksamkeitserwartungen, deren Quellen und Bedeutung im schulischen Kontext befasst sowie eine Abgrenzung zu kollektiven Lehrerselbstwirksamkeitserwartungen vorgenommen.

Sozial-kognitive Theorie. Im Mittelpunkt der sozial-kognitiven Theorie steht, dass sowohl kognitive als auch affektive Personenmerkmale das Verhalten sowie die Lebensumwelt einer Person sich gegenseitig beeinflussen und determinieren (Bandura, 1986, 2001). Demnach wirken das Denken, die Überzeugungen und Wahrnehmungen einer Person stark auf die Motivation und das Handeln ein (Miller et al., 2017; Rabe et al., 2012). Der Mensch lernt durch die Erfahrung, dass er zur Erreichung ausgewählter Ziele fähig ist und hierzu bestimmte Handlungen ausführen muss (Schmitz & Schwarzer, 2000). Wie in Abbildung 2.4 ersichtlich, postuliert Bandura (1977), dass die Handlungsintention einer Person davon abhängt, inwiefern sie glaubt, dass die Aktion ein günstiges Ergebnis erzielt (outcome expectations) und sie zugleich zuversichtlich ist, diese Handlung auch erfolgreich durchführen zu können (efficacy expectations) (Bleicher, 2004). Beide Erwartungen wirken zusammen, indem die Selbstwirksamkeit einer Person ihr Verhalten beeinflusst und dieses wiederum Einfluss auf die induzierte Handlung hat. Beide Erwartungen können in Bezug auf eine Tätigkeit unterschiedlich ausgeprägt sein.

Im Einklang mit der Erwartungs-Wert-Theorie nach Wigfield und Eccles (2000) konkretisiert Bandura damit die Erwartungskomponente im Modell eben dieser (Schuster, 2017). Darauf aufbauend hat Bandura (1977, 1997) die sogenannten Selbstwirksamkeitserwartungen als ein Personenmerkmal zur Erklärung von Verhaltensweisen und -änderungen definiert.

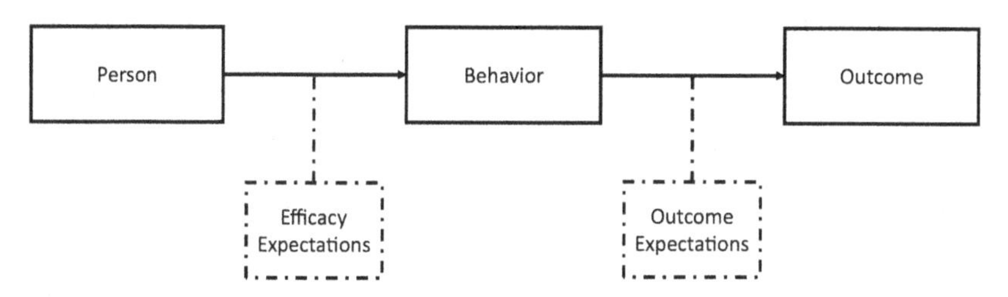

Abbildung 2.4 Unterschiede zwischen Wirksamkeitserwartung und Ergebniserwartung (Bandura, 1977, S. 193)

Unter Selbstwirksamkeitserwartungen werden

> *„die Überzeugungen einer Person [verstanden], über die Fähigkeiten und Mittel zu verfügen, um diejenigen Handlungen durchführen zu können, die notwendig sind, um ein definiertes Ziel zu erreichen – und zwar auch dann, wenn Barrieren zu überwinden sind“* (Bandura, 1997 zitiert nach Baumert & Kunter, 2006, S. 502).

Daraus lässt sich ableiten, dass Selbstwirksamkeitserwartungen immer auf eine Kompetenz als dispositionale Fähigkeit einer Person abzielen, die von der Person subjektiv eingeschätzt wird (Rabe et al., 2012). Ebenso beziehen sich Selbstwirksamkeitserwartungen auf bestimmte Ziele in einem spezifischen Kontext (= Domänenspezifität) (Schwarzer & Jerusalem, 2002).

Ferner rekurrieren Selbstwirksamkeitserwartungen auf die Handlung einer Person und beeinflussen diese hinsichtlich der Anstrengung, der Ausdauer und des Erfolgs (Bandura, 1977, 1997; Krapp & Ryan, 2002; Schmitz & Schwarzer, 2000, 2002). Damit grenzen sich die Selbstwirksamkeitserwartungen auch von den dispositionalen Personenkonstrukten des Selbstbewusstseins und der Selbstachtung ab, die mehr auf einen allgemeinen Gefühlszustand einer Person referieren (z. B. „Ich fühle mich gut, so wie ich bin“ = Selbstbewusstsein) und weniger die Handlung fokussieren (z. B. „Ich fühle mich kompetent, die schwierige Klasse zu unterrichten“ = Selbstwirksamkeitserwartung) (Tschannen-Moran et al., 1998).

Quellen von Selbstwirksamkeitserwartungen. Hinsichtlich der Quellen von Selbstwirksamkeitserwartungen wurden im Allgemeinen die vier folgenden Faktoren identifiziert (Ashford et al., 2010; Bandura, 1997; Tschannen-Moran et al., 1998):

(1) Die eigene Handlungserfahrung (mastery experience) ist durch das erfolgreiche Ausführen einer bestimmten Handlung gekennzeichnet.
(2) Eine stellvertretende Erfahrung (vicarious experience), die insbesondere durch Beobachtung von Vorbildern und Modellpersonen, welche die abgezielte Handlung erfolgreich meistern, erlebt wird.
(3) Eine verbale Beeinflussung (verbal persuasion), die beispielsweise durch mündliches Feedback hervorgerufen werden kann.
(4) Die emotionale und physiologische Erregung (physiological arousal), die beim Ausführen der Handlung verspürt wird und die die Selbstwirksamkeit für zukünftige Handlungen beeinflussen kann (Bandura, 1997).

Bedeutung von Selbstwirksamkeitserwartungen. Das kognitionspsychologische Konstrukt der Selbstwirksamkeitserwartungen nach Bandura hat sich mittlerweile in zahlreichen Studien sowohl als wichtiger Prädiktor als auch als Determinante für gesundheits-, sport- und arbeitsbezogenes Verhalten manifestiert (Ashford et al., 2010; Schuster, 2017). So tragen beispielsweise hohe Selbstwirksamkeitswerte zur erfolgreichen Reduzierung des Alkoholkonsums während einer Suchttherapie bei (Oei & Burrow, 2000). Im Sportkontext bietet die Messung von fußballbezogenen Selbstwirksamkeitserwartungen die Möglichkeit, besonders selbstwirksame und willensstarke Spieler identifizieren zu können (Gerlach, 2004). Eine Interventionsstudie im Finanzsektor zeigte, dass gesteigerte Selbstwirksamkeitserwartungen zu einem höheren Engagement am Arbeitsplatz sowie mehr Arbeitsleistung führen (Carter et al., 2010).

Lehrerselbstwirksamkeit. Ebenfalls im edukativen Bereich haben sich Selbstwirksamkeitserwartungen als wichtiger Faktor in Bezug auf die Lehr- und Unterrichtsqualität, den Lernerfolg der Lernenden, die Jobzufriedenheit und das arbeitsbezogene Wohlbefinden etabliert (Baumert & Kunter, 2006; Brouwers & Tomic, 2000; Dicke et al., 2014; Frenzel, Becker-Kurz et al., 2015; Holzberger et al., 2013; Klassen et al., 2011; Künsting et al., 2016; Mahler et al., 2017a; Usher & Pajares, 2008; Vera et al., 2014). Individuelle Selbstwirksamkeit bei Lehrpersonen kann als Überzeugung einer Lehrkraft beschrieben werden, über die notwendigen Fähigkeiten zu verfügen, den Lernerfolg der Lernenden positiv zu beeinflussen, auch wenn diese herausfordernd oder unmotiviert sind (Tschannen-Moran et al., 1998; Tschannen-Moran & Hoy, 2001). Den Lehrerselbstwirksamkeitserwartungen inhärent ist, dass neben der Selbstwahrnehmung der eigenen Kompetenzen weitere kontextspezifische Faktoren wie das domänenspezifische Unterrichtsfach sowie die unterrichtsrelevanten Herausforderungen einer Klasse eine Rolle bei der Einschätzung der eigenen Selbstwirksamkeit spielen (Tschannen-Moran et al., 1998). Folglich können Lehrerselbstwirksamkeitserwartungen von Klasse zu Klasse und von Unterrichtsfach zu Unterrichtsfach innerhalb einer Lehrperson variieren und sind daher situationsspezifisch (Schwarzer & Jerusalem, 2002). Deutlich wird dies im Zyklus der Lehrerselbstwirksamkeit nach Tschannen-Moran et al. (1998) in Abbildung 2.5. Aufgezeigt sind hier die vier Quellen der Selbstwirksamkeit von Lehrkräften. In Bezug auf den Lehrerberuf kann unter der Quelle der eigenen Handlungserfahrung (mastery experience) die gesammelte (erfolgreiche) Unterrichtserfahrung subsumiert werden. Hinsichtlich stellvertretender Erfahrung (vicarious experience) können Hospitationen in erfolgreichen Unterrichtsstunden angeführt werden. Unter der Quelle der verbalen Beeinflussung (verbal persuasion) können mündliches Feedback von Lernenden oder anderen Lehrpersonen zum Unterricht gefasst werden. Und schließlich drückt sich die emotionale und physiologische Erregung (physiological arousal) im Kontext des Lehrerberufes als gefühlte Reaktion während des Unterrichtens aus. Aufbauend auf diesen Quellen analysiert und bewertet die Lehrkraft während eines kognitiven Prozesses die eigenen Fähigkeiten und die unterrichtsrelevanten Rahmenbedingungen. Nach der Interaktion dieser beiden Komponenten bildet sich daraus die situationsspezifische Selbstwirksamkeit und damit einhergehend die Konsequenz, wie ausdauernd und erfolgreich die Performanz umgesetzt wird (Schmitz & Schwarzer, 2000).

Der Erfolg oder Misserfolg der individuellen Leistung nimmt wiederum Einfluss auf die Quellen der Selbstwirksamkeit, sodass sich der Kreislauf schließt (vgl. Abb. 2.5). Bezüglich eines aktuellen Forschungsstands der Selbstwirksamkeitserwartungen im Kontext des Lehrerberufes sei auf das Abschnitt 2.4.2 verwiesen.

Kollektive Selbstwirksamkeitserwartungen. In Abgrenzung zur individuellen Selbstwirksamkeit wurde das Konzept durch eine kollektive Ebene erweitert (Bandura, 1997; Schmitz & Schwarzer, 2002). Die kollektiven Selbstwirksamkeitserwartungen umfassen „überindividuelle Überzeugungen von der Handlungskompetenz einer bestimmten Bezugsgruppe“ (Schmitz & Schwarzer, 2002, S. 195). Damit nehmen sie Einfluss auf die Zielsetzung eines Kollektivs und den damit verbundenen Aufwand zur Erreichung jenes Ziels, selbst wenn Widerstände auftreten (Schmitz & Schwarzer, 2002; Schwarzer & Jerusalem, 2002). Hiermit sind jedoch nicht die Anhäufung der individuellen Selbstwirksamkeitserwartungen der Gruppenmitglieder gemeint, sondern eben eine kollektive Überzeugung über die einzelnen Mitglieder hinweg, die von weiteren Faktoren wie dem Gruppenzusammenhalt oder der Führungsrolle der Leitung beeinflusst wird (Bandura, 1997; Schmitz & Schwarzer, 2002). Überträgt man dies auf den Kontext Schule,

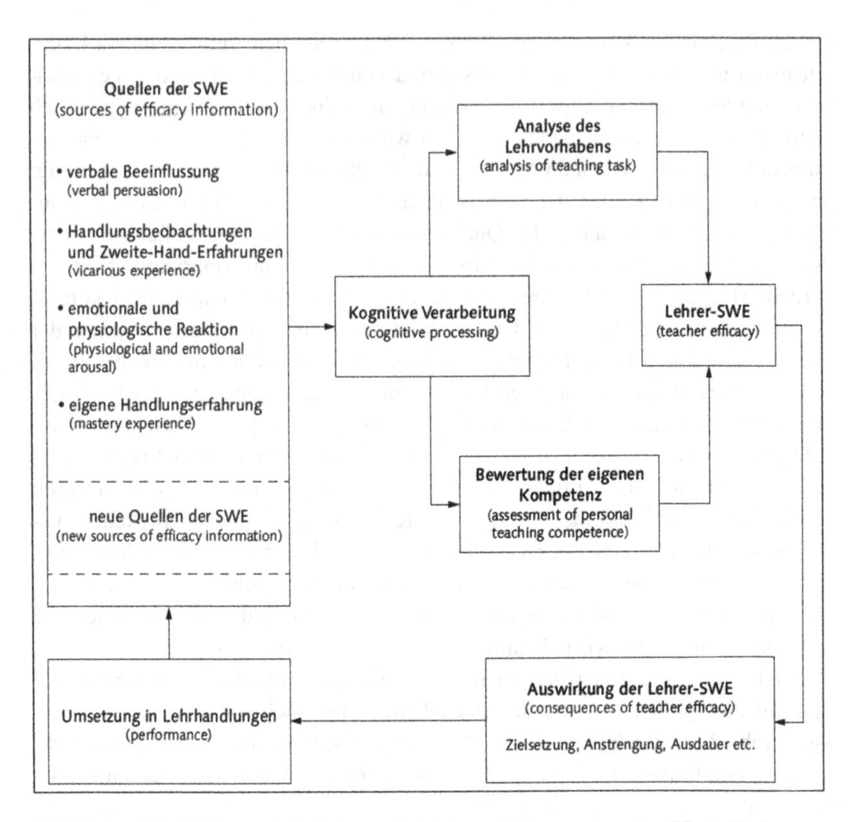

Abbildung 2.5 Zyklusmodell Lehrerselbstwirksamkeitserwartungen. (Nach Tschannen-Moran et al. (Rabe et al., 2012, S. 299))

so bilden kollektive Selbstwirksamkeitserwartungen beispielsweise die Überzeugungen einer Lehrergruppe (z. B. Biologiekollegium) von ihren Fähigkeiten zur Bewältigung eines gemeinsamen Ziels (z. B. gemeinsame Erstellung eines Schulcurriculums für das Fach Biologie) ab. Dieses kollektive Konstrukt liefert auch Hinweise zur Erklärung von Unterschieden hinsichtlich der Leistung und des Engagements diverser Schulen bei gleichen Rahmenbedingungen wie dem gleichen Schulstandort oder der gleichen Schulform (Schmitz & Schwarzer, 2002). Zusammenfassend konstituieren sich Selbstwirksamkeitserwartungen in einem Spannungsfeld von fünf Dimensionen (vgl. Abb. 2.6). Selbstwirksamkeitserwartungen beziehen sich entweder immer auf eine individuelle oder eine kollektive Ebene. Ebenso lassen sich allgemeine und kontext- bzw. domänenspezifische Selbstwirksamkeitserwartungen unterscheiden. Des Weiteren sind Selbstwirksamkeitserwartungen auf eine bestimmte Situation[2] bezogen.

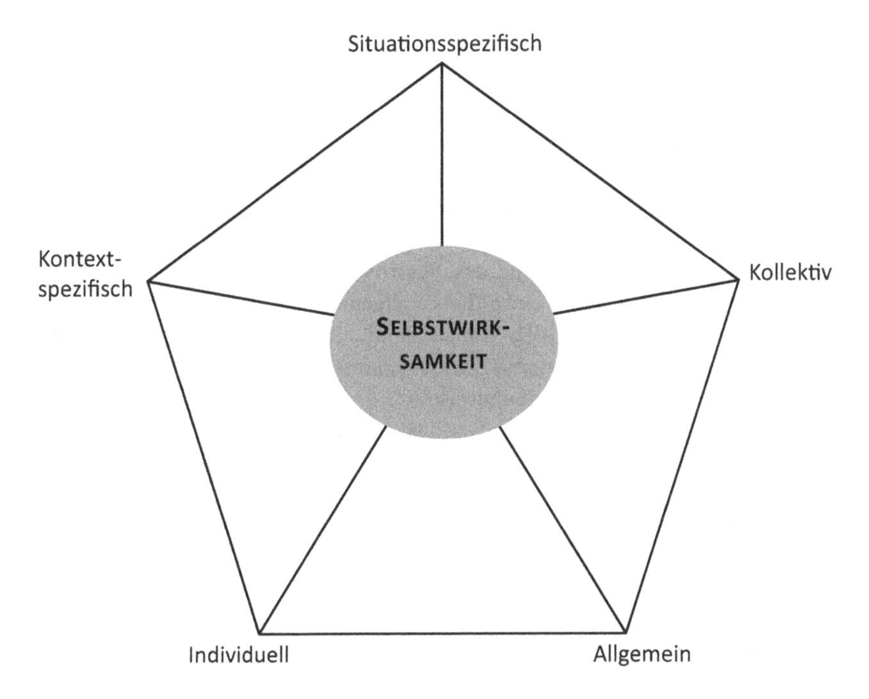

Abbildung 2.6 Konstitutionsfeld der Selbstwirksamkeitsdimensionen. (Eigene Darstellung nach Schwarzer & Jerusalem, 2002))

[2] Die Forschungsfragen dieser Arbeit betrachten Selbstwirksamkeitserwartungen als Disposition auf der individuellen Ebene der Lehrperson (vgl. Kapitel 5). Konkret werden Biologielehrkräfte untersucht, sodass der Situationsbezug zum Biologieunterricht hergestellt ist. Hierbei werden sowohl allgemeine als auch fachspezifische Selbstwirksamkeitserwartungen erhoben (vgl. Abschnitt 6.4.1).

2.2.3 Enthusiasmus

Im folgenden Abschnitt wird der Enthusiasmus als ein weiteres Konstrukt motivationaler Orientierung dargelegt. Zuerst soll anhand des Forschungsdiskurses eine für diese Arbeit relevante Definition für den ‚Lehrerenthusiasmus' und dessen Differenzierung in zwei Subkonstrukte angeführt werden. Im Anschluss erfolgt eine theoretische Verortung des Enthusiasmus in motivationstheoretischen Ansätzen. Daraufhin werden mögliche Quellen und Faktoren, die den Lehrerenthusiasmus bedingen, vorgestellt. Zum Schluss sollen die Bedeutung und der Einfluss des Enthusiasmus für das unterrichtliche Geschehen in Form eines aktuellen Forschungsstands aufgezeigt werden.

Ambiguität von Lehrerenthusiasmus. Mit Blick auf die Forschung zum Lehrerenthusiasmus ist die Bedeutung des Begriffs zumeist mehrdeutig (M. Keller et al., 2015) und lässt keine einheitliche, allgemein anerkannte Definition des Begriffs erkennen (Bleck, 2019; Kunter et al., 2008; Kunter, Frenzel et al., 2011). Die Ambiguität des Konstrukts lässt sich insbesondere durch die zweifache Konzeptualisierung des Lehrerenthusiasmus in ein ‚instrumentell-strategisches Unterrichtsverhalten' sowie als ‚motivational-affektives Personenmerkmal' erklären (M. Keller et al., 2015; M. Keller, Goetz et al., 2014; Kunter et al., 2008).

Enthusiasmus als instrumentell-strategisches Unterrichtsverhalten. Ersteres wurzelt in einer Forschungstradition, die das enthusiastische und begeisterte Unterrichten einer Lehrperson als guten und lebendigen Unterricht beschreibt (Rosenshine, 1970). Hierzu wurden Indikatoren wie etwa eine lebhafte Gestik und Mimik, Humor, Freude oder expressive Begeisterung entwickelt, die enthusiastisches Unterrichten klassifizieren sollen (Collins, 1978; Murray, 2007; Streeter, 1986). Demnach kann Lehrerenthusiasmus als ein Verhalten konzeptualisiert werden, das Begeisterung und Freude beim Unterrichten durch Körpersprache, Bewegung und Sprachgebrauch der Lehrkraft transportiert. Ein solches Lehrerverhalten kann instrumentell-strategisch im Unterricht eingesetzt werden, um die Aufmerksamkeit und das Lernverhalten der Lernenden positiv zu beeinflussen (Bleck, 2019). Auf Grundlage dieser Rolle für den Unterrichtserfolg schreiben J. E. Brophy und Good (1986) dem Enthusiasmus eine besondere Bedeutung für die Lehrereffektivität zu.

Enthusiasmus als motivational-affektives Personenmerkmal. Demgegenüber steht die Auffassung Lehrerenthusiasmus als eine motivational-affektive Disposition zu verstehen. Bei diesem Ansatz liegt der Fokus weniger auf oberflächlichen, nonverbalen Merkmalen von enthusiastischen Verhaltens, sondern mehr auf dem emotionalen Erleben von Freude, Interesse und Begeisterung einer Lehrkraft im unterrichtlichen Kontext (M. Keller, Goetz et al., 2014; Kunter et al., 2008; Kunter, Frenzel et al., 2011). Damit lässt sich Lehrerenthusiasmus wie folgt definieren:

> „*Enthusiasm as a disposition that varies between teachers, may therefore be seen as an affective component of teacher motivation. It represents a trait-like, habitual, recurring emotion (Pekrun, 2006) – more specifically, it reflects the degree of enjoyment, excitement and pleasure that teachers typically experience in their professional activities*" (Kunter et al., 2008, S. 470).

Daraus lässt sich ableiten, dass Enthusiasmus eine positive, erfahrungsbasierte und wiederkehrende Emotion ist, die zwischen Lehrkräften variiert und das Unterrichtsgeschehen beeinflusst (Kunter et al., 2008). Motivationstheoretisch gestützt wird dieser Ansatz durch die Interessentheorie (Krapp, 2002) und die Theorien zur intrinsischen Motivation (Ryan & Deci, 2020; Schiefele, 2008). Kunter et al. (2008) unterteilen den Lehrerenthusiasmus in eine tätigkeitsbezogene und eine gegenstands- bzw. fachbezogene Dimension.

Klassenbezogener Unterrichtsenthusiasmus. Die tätigkeitsbezogene Dimension entfaltet sich in einem Enthusiasmus für das Unterrichten. Die Lehrkraft erlebt bei ihrer Lehrtätigkeit Freude und Begeisterung (Kunter et al., 2008). Dieser emotional positiv belegten Handlung liegt eine intrinsische Motivation zugrunde, welche durch pädagogische, berufsmotivische Faktoren und das Streben nach Zufriedenheit (Deci & Ryan, 2002) begründet ist. In Studien zeigte sich, dass eine Lehrkraft nicht über alle Klassen hinweg gleich hohe Enthusiasmuswerte aufweist (Frenzel, Becker-Kurz et al., 2015; Kunter, Frenzel et al., 2011; Mahler et al., 2017a). Dies impliziert, dass das Konstrukt spezifisch an eine Klasse gekoppelt scheint und daher von einem klassenbezogenen Unterrichtsenthusiasmus gesprochen werden kann.

Fachenthusiasmus. Der tätigkeitsbezogenen Dimension steht die fachbezogene in Form des Enthusiasmus für ein Fach gegenüber. Der Fachenthusiasmus steht für ein freudiges Erleben mit der Auseinandersetzung des Faches (z. B. das Schulfach Biologie) und dessen Inhalte (Holzberger et al., 2016; Kunter, Frenzel et al., 2011). Der Fachenthusiasmus ist eng verwoben mit der persönlichen Interessentheorie nach Krapp (2002), da hierbei von einem gesteigerten Interesse für das Fach gesprochen werden kann (Wömmel, 2016). Die Unterteilung in Fach- und Unterrichtsenthusiasmus spiegelt auch die dichotome Funktion einer Lehrperson wider, die sowohl als pädagogischer als auch als fachlicher Experte in der Schule agiert (Kunter, 2011).

Quellen von Lehrerenthusiasmus. Hinsichtlich der Quellen und Antezedenzien formt sich Lehrerenthusiasmus durch positive Erfahrungen während der Lehrtätigkeit. Begünstigt werden solche positiven Unterrichtserfahrungen etwa durch die Motivation, die Freude und die Leistung der Lernenden (Kunter, Frenzel et al., 2011; Kunter & Holzberger, 2014). Aber auch die eigenen Zielorientierungen und Selbstwirksamkeitserwartungen der Lehrperson sowie arbeits- und organisationsbezogene Faktoren wie das Schulklima, das Verhältnis zu Kollegen und zur Schulleitung bedingen den Lehrerenthusiasmus (Kunter & Holzberger, 2014).

Emotional Contagion. Für den aktuellen Forschungsstand sowie zu empirisch nachgewiesenen Effekten des Lehrenthusiasmus sei auf das Abschnitt 2.4.3 verwiesen. An dieser Stelle soll jedoch kurz auf ein interessantes Merkmal von Enthusiasmus eingegangen werden, welches sich im Unterricht entfalten kann. Lehrerenthusiasmus ist in der Lage, eine ‚emotional contagion‘ bei den Lernenden auszulösen (Frenzel et al., 2009). Emotional contagion bezeichnet nach Hatfield et al. (1993) eine unwillentliche Gefühlsansteckung eines Menschen bei einem anderen, die eine emotionale Imitation hervorruft. Im Lehrerkontext wurde beobachtet, dass Lernende vom Enthusiasmus des Lehrers angesteckt werden können und folglich sich selbst enthusiastischer im Unterricht wahrnehmen (Kunter et al., 2008; Mahler et al., 2018). Demnach kann Lehrerenthusiasmus einen unmittelbaren Effekt auf die Lernmotivation der Schülerinnen und Schüler haben und diese positiv beeinflussen. Dies wiederum kann auf den Lehrerenthusiasmus als positiver reziproker Effekt wirken (Bleck, 2019).

2.3 Das Berufswahlmotiv als motivationaler Faktor

Im vorherigen Kapitel wurde das Modell professioneller Handlungskompetenz von Lehrkräften mit einem Schwerpunkt auf der motivationalen Orientierung vorgestellt. In diesem Abschnitt soll ein weiterer motivationaler Faktor von Lehrkräften in Form des lehramtsbezogenen Berufswahlmotivs aufgezeigt werden. Beginnend mit einer begrifflichen Unterscheidung und einer definitorischen Darlegung soll das Konstrukt motivationstheoretisch verortet werden. Hierbei werden empirisch überprüfte Einflussfaktoren aufgezeigt. Zuletzt wird versucht, das Berufswahlmotiv als ein bedeutendes Gebiet der Lehrermotivationsforschung (Kunter, 2011) theoretisch in das Modell der Lehrerkompetenz und hierbei konkret in den Kompetenzaspekt der motivationalen Orientierung zu integrieren.

Motivation und Motive. Zunächst wird eine Unterscheidung zwischen ‚Motivation‘ und ‚Motiv‘, welches dem Begriff Berufswahlmotiv innewohnt, getroffen.

Wie in Abschnitt 2.2.1 aufgezeigt, steht Motivation für einen aktuellen Beweggrund ein bestimmtes Verhalten auszuüben. Motivation ist hierbei momentbezogen, während ein Motiv eine persistente Zielorientierung als motivationalen Beweggrund des Handelns beschreibt (J. A. Keller, 1981; Krapp, 1993; Rheinberg & Vollmeyer, 2018; Schiefele, 2008). Den Begrifflichkeiten Studienwahlmotiv, Berufswahlmotiv oder Berufsmotiv ist kongruent, dass sie die Motivation für die Wahl eines Berufes bzw. die Motivation zur Aufnahme einer Ausbildung, um das ausgewählte Berufsziel zu erreichen (= Studienwahlmotiv), abbilden. Trotz dieser inhaltlichen Nähe ist es sinnvoll, die Begriffe Studienwahlmotiv sowie Berufswahlmotiv voneinander abzugrenzen (Besa, 2018). Aus inhaltlicher Sicht umfasst das Studienwahlmotiv in erster Linie die Motivation für die Wahl eines bestimmten Studiums (z. B. Lehramtsstudium). Diesem motivationalen Entscheidungsprozess liegt ein hohes Maß an beruflicher Zielorientierung zugrunde, da man in der Regel ein Studium ergreift, um danach einen bestimmten Beruf ausüben zu können. Dieser Kausalzusammenhang ist nicht auf ewig festgeschrieben, was empirische Beispiele von Studienabsolventen zeigen, die nach ihrem Studium in einem völlig anderen Berufsfeld tätig sind (Rothland, 2014). Jedoch kann allgemein ein Zusammenhang zur Ergreifung eines spezifischen Studiums, welches die Ausübung eines entsprechend spezifischen Berufs bzw. Berufsfeldes ermöglicht, angenommen werden. Das Berufswahlmotiv hingegen ist breiter gefasst und beschreibt die Motivation für die Wahl eines bestimmten Berufes (z. B. Lehrerberuf)[3]. Auch wenn diesem Wahlmotiv im Fall eines akademischen Berufs eine retrospektive Studienwahlmotivation inhärent ist, so fokussiert es mehr das Berufsbild und weniger den Ausbildungsweg. Hinsichtlich der Messzeitpunkte zum Studienbeginn oder in der Berufspraxis ist in beiden Fällen von einem retrospektiven Konstrukt der Berufswahlmotivation zu sprechen, da die Entscheidung für einen Beruf und dessen Ausbildung bereits zu einem Zeitpunkt in der Vergangenheit gefallen ist (vgl. im Kontext des Lehrerberufes etwa Pohlmann & Möller, 2010)[4]. Bezogen auf den Lehrerberuf bezeichnet das Berufswahlmotiv die Motivation für die Wahl des Lehrerberufs. Dieser motivationale Entscheidungsprozess ist nicht nur von persönlicher, sondern auch von gesellschaftlicher Relevanz durch die Unterrichtung und Ausbildung künftiger Generationen (Baumert & Kunter, 2006; Hattie & Yates, 2014; Kunter & Pohlmann, 2015; Pohlmann & Möller, 2010). Dies zeigt sich unter anderem durch verschiedene Studien zur Auswahl

[3] Die Differenzierung in Studienwahl- und Berufswahlmotiv ist vor allem im deutschsprachigen Raum üblich, wohingegen im englischen Forschungsraum beides zu „career choice" zusammengefasst wird (Scharfenberg, 2020).

[4] Die retrospektive Erfassung des Berufswahlmotivs kann zu selbstdienlichen Verzerrungen, wie beispielsweise in Form der ‚sozialen Erwünschtheit', führen (vgl. Abschnitt 8.3).

von Lehramtsstudierenden (Mayr, 2010; Wirth & Seibert, 2011) bzw. zur Lehrereignung (Schaarschmidt et al., 2017) oder durch im Studium verankerte Elemente zur Laufbahnberatung wie das ‚Career Counselling for Teachers' (Bergmann et al., 2020; Nieskens, 2009).

Person-Umwelt-Modell. Wie lässt sich die Motivation zur Ergreifung eines Berufs erklären? Hierzu hat Holland (1959, 1997) mithilfe seines ‚Person-Umwelt-Modells' eine Berufswahltheorie beschrieben. Darin postuliert er in Form einer Typologie beruflicher Orientierung, dass es sechs Persönlichkeitstypen sowie sechs Arten von Umwelten gibt, in denen jeweils nach Passung die entsprechenden Persönlichkeitstypen ihren Handlungsraum finden (Holland, 1997). Die jeweils sechs idealtypischen Persönlichkeitsformen sind im Deutschen nach Eder und Bergmann (2015) die praktisch-technische (realistic), die intellektuell-forschende (investigative), die künstlerisch-sprachliche (artistic), die soziale (social), die unternehmerische (enterprising) und die konventionelle (conventional) Orientierung. Die einzelnen Typen sind durch Charakteristika wie Fähigkeiten, berufliche Präferenzen, Wertvorstellungen, Selbstkonzepte und weitere Personeneigenschaften gekennzeichnet. Die sechs Arten von Umwelten entsprechen denen der Personenorientierungen. Eine Person hat in der Regel eine dominante Orientierung (z. B. die soziale), die am meisten den jeweiligen Personenmerkmalen entspricht (Eder & Bergmann, 2015). In absteigender Reihenfolge, abhängig der Passung von Personenmerkmal und -orientierung, folgen dann die anderen Typen (Holland, 1997). Ferner liegt der Berufswahltheorie zugrunde, dass die Person immer eine passende Umwelt sucht, in der sie ihre Fähigkeiten, ihre Einstellungen und ihre berufliche Orientierung bestmöglich ausleben kann. Zum Beispiel sucht sich eine künstlerische Person ein künstlerisches Umfeld, um die eigenen Interessen, Werte und Vorstellungen mit anderen Personen der gleichen Passung zu teilen. Demnach wird die Handlungsweise und das Verhalten einer Person durch das Zusammenspiel von Persönlichkeit und Umwelt determiniert (Holland, 1997). In diesem deterministischen Gefüge stellt die Berufswahl einen Prozess dar, in welchem eine Passung zwischen Persönlichkeitseigenschaften und Berufsmerkmalen stattfindet. Die berufliche Orientierung einer Person ist hier mit dem beruflichen Interesse gleichzusetzen. Nach diesem Ansatz wäre der Lehrerberuf der sozialen Umwelt zuzuordnen. Personen, die eine soziale Grundorientierung und entsprechende soziale Fähigkeiten wie Einfühlungsvermögen oder pädagogisches Geschick aufweisen, haben beruflich gesehen die Präferenz zur sozialen Interaktion beispielsweise in Form des Unterrichtens (Abel, 2008; Foerster, 2008). Solche Personengruppen wählen dann nach Holland (1997) eher soziale Berufe wie den Lehrerberuf. Deutlich wird hierbei, dass das individuelle und kontextbezogene Interesse eine besondere Rolle bei der Berufswahl und den langfristigen Zielen spielt (Urhahne, 2006).

FIT-Choice-Modell. Hollands (1959, 1997) typologische Berufswahltheorie soll allgemein die Berufswahl von Personen erklären. Im Kontext des Lehrerberufs haben sich eigenständige Erklärungsmodelle etabliert. Auf zwei ausgewählte Ansätze soll im Folgenden kurz eingegangen werden. Das sogenannte ‚FIT-Choice-Modell' (Factors Influencing Teaching Choice) nach Watt und Richardson (2007) analysiert und beschreibt die Einflussfaktoren für die Berufswahl des Lehramts und hat seinen Ursprung im angelsächsischen Forschungsraum (vgl. Abb. 2.7). Basierend auf dem motivationstheoretischen Ansatz der Erwartungs-Wert-Theorie nach Wigfield und Eccles (2000) sind ein zentraler Bestandteil die individuellen Werte in Form der persönlichen berufsbezogenen Werte (personal utility value) und der sozial-altruistischen Werte (social utility value) (Suryani et al., 2016). Erstere gehen mit dem Berufsbild des Lehrers einher und bedeuten beispielsweise ein hohes Maß an Jobsicherheit oder Freizeit. Die sozial-altruistischen Werte bilden das pädagogische Engagement oder Interesse der Lehrperson durch die Arbeit mit Kindern und Jugendlichen ab (Rothland, 2013).

Der Aspekt der Erwartungen aus dem Modell von Wigfield und Eccles (2000) findet sich im FIT-Choice-Modell in Form der eigenen Fähigkeitserwartungen (self perception) für den Lehrerberuf sowie den Berufsanforderungen (task demands) wie auch den beruflichen Vorteilen (task return) in Form der Entlohnung und des sozialen Status, den der Beruf mit sich bringt (Suryani et al., 2016; Watt et al., 2012; Watt & Richardson, 2007) wieder. Als weitere Komponente wird im FIT-Choice-Modell überprüft, ob das lehramtsbezogene Berufswahlmotiv mangels beruflicher Alternativen (fallback career) zustande gekommen ist (Rothland, 2013). Flankiert wird das Modell zusätzlich durch soziale und sozialisatorische Einflüsse (socialisation influences), beispielsweise durch die Eltern oder eigene Lehr- und Lernerfahrungen (P. W. Richardson & Watt, 2005; Watt & Richardson, 2007). Diese Einflüsse können sowohl positive als auch negative Wirkung auf den Konstituierungsprozess des lehramtsbezogenen Berufswahlmotivs haben (Watt & Richardson, 2007). Darauf aufbauend und anhand empirischer Ergebnisse haben Watt und Richardson (2008) verschiedene Typen von Lehramtsstudierenden mit unterschiedlich stark ausgeprägtem Motivationscharakter abgeleitet. So sind ‚highly engaged persisters' Studierende, die eher intrinsisch motiviert sind und ihren Lehrberuf ein Leben lang engagiert ausüben möchten. Die sogenannten ‚highly engaged switchers' hingegen weisen zwar auch intrinsische Merkmale wie ein hohes pädagogisches Interesse auf, können sich aber auch „eine berufliche Tätigkeit außerhalb der Schule vorstellen" (Billich-Knapp et al.,

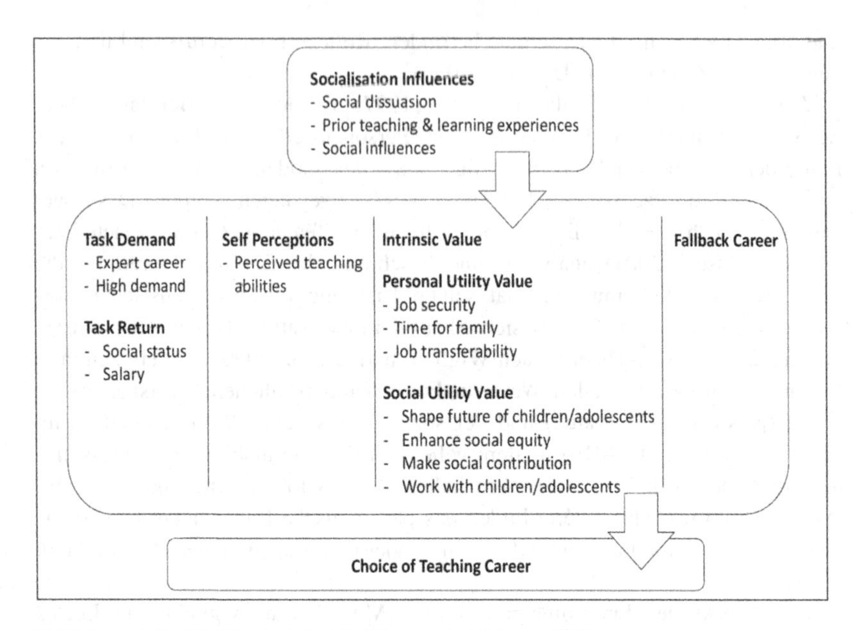

Abbildung 2.7 FIT-Choice-Modell (Watt et al., 2012, S. 793)

2012, S. 701). Zuletzt wurden die ‚lower engaged desisters' identifiziert, die das Lehramtsstudium eher aus Mangel an Alternativen und den beruflichen Vorteilen gewählt haben und nach dem Studium eher einen anderen Beruf einschlagen möchten (Watt & Richardson, 2008).

Theoretische Modellierung des FEMOLA-Instruments. Im deutschsprachigen Raum entwickelten Pohlmann und Möller (2010) das FEMOLA[5]-Messinstrument, um die motivationalen Einflussfaktoren der Wahl zum Lehramtsstudium zu erheben. Diesem Messinstrument liegt eine theoretische Modellierung zugrunde, die Bezüge zur Erwartungs-Wert-Theorie nach Wigfield und Eccles (2000) aufweist und sowohl erwartungs- als auch wertbezogene Faktoren umfasst (Eccles, 2005; Kunter & Pohlmann, 2015). Zu den erwartungsbezogenen Komponenten gehören die eigene Überzeugung, die Fähigkeiten zu besitzen, den beruflichen Anforderungen des Lehrerberufs gewachsen zu sein sowie die Erwartung einer geringen Schwierigkeit des Lehramtsstudiums. Die wertbezogenen Faktoren sind das pädagogische Interesse, Lernenden etwas beizubringen und

[5] Fragebogen zur Erfassung der Motivation für die Wahl des Lehramtsstudiums.

zu deren Entwicklung beizutragen sowie das fachliche Interesse am gewählten Unterrichtsfach (Pohlmann & Möller, 2010). Insbesondere beim fachlichen Interesse kommt auch ein theoretischer Bezug zur Interessentheorie zum Tragen (vgl. Abschnitt 2.2.1). Ergänzt werden die fünf Faktoren durch einen weiteren in Form von sozialen Einflüssen, beispielsweise durch das Elternhaus oder Freunde. Durch eine Interkorrelationsanalyse der sechs Studienwahlmotive ergab sich eine empirisch belegbare Differenzierung der Motive in intrinsische und extrinsische Faktoren (Pohlmann & Möller, 2010; vgl. Abb. 2.9). Wie in Abbildung 2.8 zu erkennen ist, lassen sich die Fähigkeitsüberzeugungen, das fachliche und das pädagogische Interesse als intrinsische Motive klassifizieren. Dem gegenüber stehen die extrinsischen Faktoren in Form der geringen Schwierigkeit des Lehramtsstudiums, die sozialen Einflüsse von außen sowie die Nützlichkeitsaspekte des Lehrerberufs. Trotz der Differenzierung der Motivationsformen stehen diese nicht im Widerspruch (Ryan & Deci, 2020). Schließlich kann sich eine Lehrkraft sowohl wegen intrinsischer als auch extrinsischer Motive für den Beruf entschieden haben. „Zum einen weil man über das Interesse an den Inhalten verfügt und glaubt, der Lehrerberuf werde einem Freude bereiten, zum anderen weil der Lebensunterhalt gesichert scheint" (Bleck, 2019, S. 72).

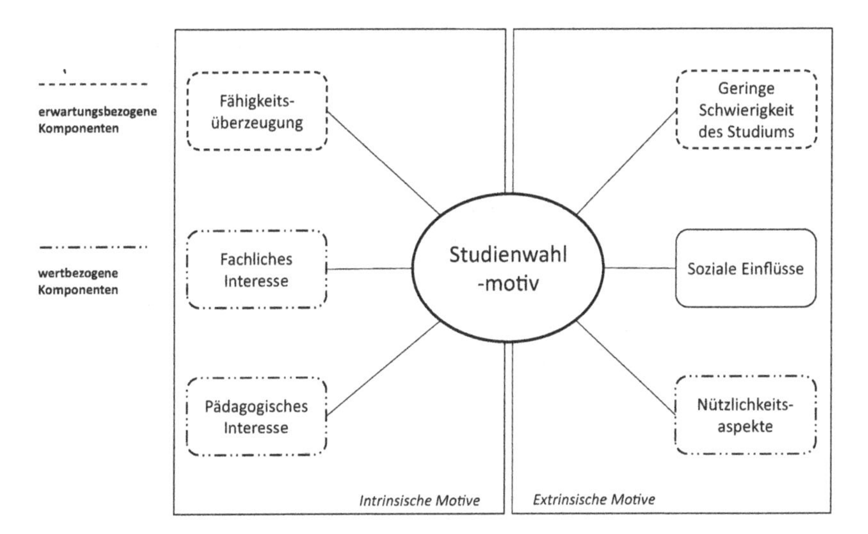

Abbildung 2.8 Studienwahlmotiv und seine sechs Einflussfaktoren. (Eigene Darstellung nach Pohlmann & Möller, 2010)

Im Abgleich mit dem FIT-Choice-Modell sind Parallelen erkennbar. So sind in beiden Modellen soziale Einflüsse als externe Wirkungsinstanzen angesiedelt. Ebenso sind die Fähigkeitsüberzeugungen (self perceptions, vgl. Abb. 2.7), das pädagogische Interesse (social utility value) und die lehrerberufsbezogenen Nützlichkeitsaspekte (task returns und personal utility value) weitestgehend deckungsgleich, auch wenn Watt und Richardson (2007) bei den Nützlichkeitsaspekten zwischen einer wertbezogenen Komponente in Form der persönlichen berufsbezogenen Werte (personal utility values) und einem eher erwartungsbezogenen Bestandteil in Form der beruflichen Vorteile (task return) differenzieren. Unterschiede zwischen den Modellen lassen sich bei der Erfassung der Schwierigkeit des Lehramtsstudiums (FEMOLA) sowie der Messung mangelnder beruflicher Alternativen (fallback career, FIT-Choice) erkennen. Das FEMOLA-Instrument hat einen stärkeren Studienbezug, weshalb die Studiumsschwierigkeit als ein extrinsischer Faktor miterhoben wird. Eine mögliche Kongruenz zwischen der geringen Schwierigkeit des Studiums und der Verlegenheitslösung (fallback career) ist jedoch nicht gänzlich ausgeschlossen, da eine Person sich in Ermangelung möglicher Berufs- und Studienalternativen anhand von ‚Parolen' eines vermeintlich einfachen Lehramtsstudiums für ein solches entschieden und damit den Weg zum Lehrerberuf eingeschlagen haben kann. In dieser Studie wird der Begriff des lehramtsbezogenen Berufswahlmotivs bevorzugt, da zum einen das Interesse auf den Wahlursachen für den Lehrerberuf und weniger auf denen für das Lehramtsstudium liegt und zum anderen die Stichprobe unter berufstätigen Biologielehrkräften gezogen wurde (vgl. Kapitel 6). Hinsichtlich der motivationstheoretischen Fundierung unterscheiden sich die Ansätze von Watt und Richardson (2007) und Pohlmann und Möller (2010) nur geringfügig, wie der Vergleich im vorherigen Textabschnitt belegt. Eine endgültige Entscheidung für das eine oder andere Modell muss an dieser Stelle daher nicht getroffen werden, auch wenn dieser Arbeit eher ein Fokus auf den Annahmen von Pohlmann und Möller (2010) zugrunde liegt. Zur Erhebung des lehramtsbezogenen Berufswahlmotivs wird das validierte und deutschsprachige FEMOLA-Instrument verwendet. Dieses wird in gekürzter und für das Berufswahlmotiv in leicht modifizierter Form genutzt (vgl. Abschnitt 6.4.2).

Berufswahlmotiv und motivationale Orientierung. Neben den Selbstwirksamkeitserwartungen und dem Lehrerenthusiamus zählen die Berufswahlmotive zu den „drei zentralen Bereichen der Lehrermotivationsforschung" (Kunter, 2011, S. 261). Antizipierend an den Forschungsergebnissen zum lehramtsbezogenen Berufswahlmotiv zeigt sich, dass es sowohl für die Selbstwirksamkeitserwartungen als auch den Lehrerenthusiasmus als Aspekte motivationaler Orientierung von Bedeutung ist (vgl. Abschnitt 2.4.4). Ebenso kann das Berufswahlmotiv auch für leistungsbezogene Merkmale (z. B. Leistungsmotivation) wie auch gesundheitsbezogene Merkmale (z. B. Belastungserleben) relevant sein (Cramer, 2012; Pohlmann & Möller, 2010; Schüle et al., 2014). Ersteres bekräftigt auch die inhaltliche Kohärenz, insbesondere zwischen intrinsisch-orientierten Motiven (z. B. fachliches Interesse) und fachspezifischen Komponenten der Selbstwirksamkeitserwartungen und des Lehrerenthusiasmus (z. B. Fachenthusiasmus). Vor dem Hintergrund der motivationstheoretischen Annahme, dass Berufswahlmotive als persistente Zielorientierung für ein bestimmtes Handeln (z. B. Lehrer werden) gelten und somit auch über den Zeitpunkt ihrer (retrospektiven) Konstitution hinaus die Verhaltensweisen einer Lehrkraft beeinflussen, sind sie als motivationale Faktoren bei der Beschreibung von Persönlichkeitsmerkmalen und Fähigkeiten von Lehrkräften zu berücksichtigen. Folglich erscheint es zumindest aus einer theoretischen Perspektive plausibel das Berufswahlmotiv als ein Kompetenzbereich motivationaler Orientierung anzusehen. Hinsichtlich der empirischen Prüfung der Persistenz des Konstrukts sowie einer detaillierten Darlegung der Merkmale und Effekte im Kontext des Lehrerberufs sei auf den aktuellen Forschungsstand in Abschnitt 2.4.4 verwiesen.

2.4 Stand der Lehrerkompetenzforschung

In diesem Kapitel wird der relevante Forschungsstand der in den vorherigen Abschnitten theoretisch dargelegten Konstrukte aufgezeigt. Beginnend mit der Forschung zur Lehrerkompetenz folgt darauf jeweils der Forschungsstand zu den Selbstwirksamkeitserwartungen, dem Lehrerenthusiasmus und dem lehramtsbezogenen Berufswahlmotiv. Bei den drei genannten motivationalen Aspekten erfolgt eine Fokussierung auf den Forschungsstand im Kontext des Lehrerberufes.

2.4.1 Forschungsstand zur Lehrerkompetenzforschung

Es existieren zahlreiche Studien zu den Kompetenzaspekten von Lehrerkompetenz. Insbesondere das Professionswissen mit seinen Wissensbereichen des Fachwissens, des fachdidaktischen Wissens und des pädagogischen Wissens ist Untersuchungsgegenstand vieler Studien (vgl. u. a. Ball et al., 2001; Ball et al., 2005; Borowski et al., 2010; Cauet, 2016; Heinze et al., 2016; Jüttner, 2011; Kleickmann et al., 2014; Krauss et al., 2008; Kunina-Habenicht et al., 2013; Park et al., 2011; Wayne & Youngs, 2003). In holistischen Modellen zur Lehrerkompetenz zählen jedoch neben den kognitiven Aspekten auch soziale, motivationale und überzeugungsbezogene Kompetenzen zum Modell von Lehrerkompetenz dazu (Baumert & Kunter, 2006; Weinert, 2001b). Zur Eingrenzung dieses Abschnittes wird darauf verzichtet, einen voll umfänglichen Forschungsstand zu allen Zusammenhängen und Effekten der einzelnen Kompetenzaspekte (z. B. Fachwissen) aufzuzeigen. Der Fokus liegt auf Erkenntnissen zur motivationalen Orientierung. Folgend soll ein ausgewählter Überblick über Studien dargestellt werden, die ein holistisches Modell von Lehrerkompetenz und dessen möglichen Zusammenhang zur Lehrerperformanz überprüft haben.

Coactiv-Studie. Leitend hierbei ist das theoretische Modell zur professionellen Handlungskompetenz von Lehrkräften von Baumert und Kunter (2006), welches zum einen dieser Arbeit zugrunde liegt und zum anderen bereits empirisch in mehreren Studien mit Mathematiklehrkräften validiert wurde (Baumert & Kunter, 2011a; Kunter, Baumert et al., 2013). In den COACTIV-Studien haben Baumert et al. (2011) nicht nur ihr metatheoretisches Modell der Lehrerkompetenz empirisch überprüft, sondern auch den Instruktionsprozess und die Lernleistung der Lernenden im Mathematikunterricht untersucht. An dieser Stelle sollen vor allem die Ergebnisse zu ihrem postulierten Lehrerkompetenzmodell aufgezeigt werden. In mehreren Studien wurden mehr als 774 Mathematiklehrkräfte in Deutschland (COACTIV-L-2003, COACTIV-L-2004, COACTIV-KL), 209 Lehrkräfte aus Taipeh (COACTIV-International) und 1426 Referendare (COACTIV-R) quantitativ befragt (Löwen et al., 2011). COACTIV-L-2003 und COACTIV-L-2004 wurden gekoppelt an die jeweiligen PISA-Erhebungen ausgeführt. COACTIV-R wurde längsschnittlich mit zwei Messzeitpunkten und zwei Referendarkohorten durchgeführt. Die Messinstrumente in den jeweiligen COACTIV-Studien waren größtenteils deckungsgleich und wurden nur für die Referendare leicht modifiziert sowie für die internationale Erhebung entsprechend übersetzt (für eine detaillierte Darstellung vgl. Löwen et al., 2011). Aus der Fülle der COACTIV-Erkenntnisse lassen sich die zentralen Ergebnisse der Studien im Bereich der Lehrerkompetenz insofern global zusammenfassen, dass alle vier Aspekte ihres Lehrerkompetenzmodells (Professionswissen, motivationale Orientierung, Fähigkeit zur Selbstregulation, Überzeugungen) sich günstig auf die Unterrichtsqualität und den Lernerfolg der Lernenden auswirkten (Thonhauser, 2011).

ProwiN-Studie. Im naturwissenschaftlichen (Bildungs-)Kontext sei vor allem die ProwiN-Studie hervorgehoben, da sie unter anderem die Kompetenz von Biologielehrkräften untersucht. In Anlehnung an COACTIV wurde in der ProwiN-Studie ein valides Modell mitsamt entsprechender Messinstrumente für die Dimensionen des Professionswissens von Lehrkräften mit naturwissenschaftlichen Fächern (Physik, Chemie, Biologie) entwickelt (Borowski et al., 2010). Die Studie teilte sich in zwei Phasen auf: In der ersten Phase wurden das

Modell und die Testinstrumente zur Erfassung des Professionswissens bei Physik-, Chemie- und Biologielehrkräften entwickelt und evaluiert (vgl. für das Fach Biologie: Jüttner et al., 2009; Jüttner, 2011; Jüttner et al., 2013). Bei der sich anschließenden zweiten Phase wurden die Instrumente genutzt und mithilfe von Unterrichtsvignetten der Zusammenhang zwischen Professionswissen und der Lehrerperformanz während des Instruktionsprozesses sowie dessen Effekt auf den Lernzuwachs der Lernenden untersucht (Borowski et al., 2010). An der Hauptstudie zu den biologiebezogenen Instrumenten nahmen 158 berufstätige Biologielehrkräfte aus Bayern und Nordrhein-Westfalen teil (Jüttner et al., 2013). Die Ergebnisse im Bereich der Biologiemessinstrumente zeigten, dass hiermit das fachdidaktische Wissen und das biologische Fachwissen reliabel und valide gemessen werden konnten (Jüttner et al., 2013; Jüttner & Neuhaus, 2013b). Dies wurde auch durch einen Kontrastgruppenvergleich der Instrumente beim Einsatz mit Biologielehrkräften, Biologen und Pädagogen nachgewiesen (Jüttner & Neuhaus, 2013a). Auch wenn bei ProwiN ein Fokus auf dem Professionswissen liegt, ist dieses Forschungsprojekt insofern erwähnenswert, weil es eine der ersten und wenigen Studien ist, die Lehrerkompetenzen bei Biologielehrkräften untersuchte[6].

Studie zum Paderborner Instrument. Im Kontext der Physikdidaktik hat Vogelsang (2014) mit seinem Paderborner Instrument ein Messinstrument zur Messung professioneller Kompetenzen (Professionswissen, motivationale Orientierung und Einstellungen/Werthaltungen) bei Physiklehrkräften entworfen und versucht den Zusammenhang zwischen Lehrerkompetenz und Lehrerperformanz zu analysieren. Mithilfe einer Stichprobe von 22 Lehrpersonen, wovon acht Referendare und 14 Studierende waren, hat er sein Messinstrument überprüft und durch die qualitative Analyse von Unterrichtsaufnahmen die Lehrerperformanz untersucht. Die Ergebnisse zeigten jedoch keine signifikanten Effekte zwischen Lehrerkompetenz und -performanz (Vogelsang, 2014).

Biologiespezifische Kompetenzforschung. Studien innerhalb der Domäne Biologie, die in inhaltlicher Kohärenz zum Modell von Baumert und Kunter (2006) stehen, beschränken sich hauptsächlich auf Forschungen zum Professionswissen (vgl. bspw. Großschedl et al., 2015; Großschedl et al., 2019; Hashweh, 1987; Park et al., 2011; Park & Chen, 2012). Besonders erwähnenswert ist das Forschungsvorhaben von Mahler (2017), die die professionelle Kompetenz von

[6] ProwiN fokussiert vorrangig den kognitiven Aspekt von Lehrerkompetenz in Form des Professionswissens. Jedoch ist dies eine essentielle Studie im Kontext der naturwissenschaftlichen Bildung und insbesondere des biologiespezifischen Professionswissens. Von wissenschaftlicher Relevanz für die Erforschung des Professionswissens bei Mathematiklehrkräften seien an dieser Stelle auch die TEDS-M-Studie (vgl. Blömeke, 2012) oder für das bildungswissenschaftliche Wissen die BilWiss-Studie (vgl. Kunter et al., 2016 & 2017) genannt.

134 Biologielehrkräften in vier Teilstudien mit dem Schwerpunkt auf dem Professionswissen und der motivationalen Orientierung beleuchtet hat. Bei beiden Kompetenzaspekten hat sie jeweils die Lerngelegenheiten zur Kompetenzverbesserung sowie deren Einfluss auf die Schülerperformanz analysiert. Hinsichtlich der Lerngelegenheiten zum Professionswissen sowie zur motivationalen Orientierung wurde festgestellt, dass sowohl die Phase der universitären Ausbildung als auch die berufliche Praxis und deren Lerngelegenheiten (z. B. Fortbildungen) eine wichtige Rolle zur Verbesserung der Kompetenzaspekte spielen (Mahler, 2017). Maßgebliche Einflussfaktoren hierbei sind die Art des Ausbildungsprogramms als ‚formale Lerngelegenheit' sowie die Lehrerfahrung und das Eigenstudium von relevanten Inhalten als ‚informale Lerngelegenheiten' (Großschedl et al., 2014; Mahler et al., 2017a). Als Ergebnis zur Analyse der Schülerperformanz wurde festgestellt, dass das fachdidaktische Wissen in einem positiven Zusammenhang mit der Schülerleistung steht. Für das Fachwissen Biologie und das pädagogische Wissen konnten keine positiven Effekte nachgewiesen werden (Mahler, 2017; Mahler et al., 2017b). In Bezug auf die motivationale Orientierung konnte Mahler (2017) einen positiven Effekt des Fachenthusiasmus auf die Schülerleistung im Biologieunterricht festhalten. Ebenso wurde ein positiver Trend zwischen dem Unterrichtsenthusiasmus und der Schülerleistung beobachtet, wohingegen zwischen den Selbstwirksamkeitserwartungen und der Schülerperformanz kein Zusammenhang ermittelt werden konnte (Mahler et al., 2018). Insbesondere die Ergebnisse zur motivationalen Orientierung zeigen, dass nicht nur der kognitive Kompetenzaspekt in Form des Professionswissens, sondern auch motivationale Kompetenzen zu Lerneffekten auf der Schülerseite beitragen können. Offen bleibt an dieser Stelle, welche Bedeutung die motivationale Orientierung bei Biologielehrkräften für die selbsteingeschätzte Unterrichtsqualität als eine Performanzvariable und die arbeitsbezogene Lehrergesundheit in Form des Wohlbefindens hat.

Wie der hier dargelegte Auszug zur Forschung von Lehrerkompetenz bei Biologielehrkräften zeigt, beschränkt sich der Forschungskorpus vornehmlich auf das Professionswissen von Biologielehrkräften. Einzig Mahler (2017) hat auch die motivationale Orientierung bei Biologielehrkräften erforscht und hierbei zum einen die Lerngelegenheiten zur Steigerung der motivationalen Orientierung und zum anderen den Einfluss motivationaler Orientierung auf die Performanz der Schülerinnen und Schüler untersucht. Es erscheint daher notwendig, die Kompetenzaspekte von Biologielehrkräften und deren Effekte auf Variablen wie die Unterrichtsqualität oder das arbeitsbezogene Wohlbefinden domänenspezifisch eingehender zu untersuchen.

2.4.2 Forschungsstand zu Selbstwirksamkeitserwartungen bei Lehrkräften

Während im vorherigen Kapitel ein allgemein gehaltener Überblick über den Forschungsstand von Lehrerkompetenz wiedergegeben wurde, soll in diesem Abschnitt konkret auf Ergebnisse und Erkenntnisse zu Selbstwirksamkeitserwartungen bei Lehrkräften eingegangen werden. Der Forschungskorpus zu Selbstwirksamkeitserwartungen im Kontext des Lehrerberufs ist seit der sozialkognitiven Theorie nach Bandura (1986) stark gewachsen. Eine vollumfängliche Darstellung dieses Forschungsstandes würde die Kapazität dieses Kapitels überschreiten. Leitend für die Darstellung des Forschungsstandes sind die drei Wirkungsbereiche der Selbstwirksamkeitserwartungen (vgl. Abb. 2.9). Darüber hinaus geben die Metastudien von Tschannen-Moran und Hoy (2001) und Klassen et al. (2011) bis zum Jahr 2011 eine ausführliche Übersicht zur Forschung allgemeiner Lehrerselbstwirksamkeitserwartungen. Einen ebenso ausführlichen und aktuellen Überblick über Messinstrumente und die Erfassung von Selbstwirksamkeitserwartungen im Rahmen des naturwissenschaftlichen Unterrichts wird im Anhang des Artikels von Handtke und Bögeholz (2019) aufgeführt. In Auseinandersetzung mit den Forschungsergebnissen wird deutlich, dass Selbstwirksamkeitserwartungen mit verschiedenen Bereichen des Berufslebens von Lehrkräften zusammenhängen (Mahler, 2017). Hierbei lassen sich insbesondere drei Wirkungsbereiche (vgl. Abb. 2.9) identifizieren. Anhand dieser Sektoren soll die Darstellung des Forschungsstandes ausgerichtet werden.

Leistungsbezogene Merkmale. Analysiert man die Forschungsergebnisse zur Wirkung von Selbstwirksamkeitserwartungen auf leistungsbezogene Merkmale, so zeigen sich insgesamt positive Effekte auf den Instruktionsprozess. Guskey (1988) fand in einer Studie mit 120 amerikanischen Grund- und Mittelschullehrkräften heraus, dass hohe Selbstwirksamkeitswerte mit einer höheren Zufriedenheit der Lehrperson mit der selbstwahrgenommenen Unterrichtsleistung sowie hohen Werten bei der Effektivität des Instruktionsprozesses einhergehen. Des Weiteren waren Lehrkräfte mit hohen Werten bei den Selbstwirksamkeitserwartungen eher gewillt, neue Praktiken und Methoden in ihrem Unterricht auszuprobieren und zu etablieren (Guskey, 1988). Umgekehrt waren diese positiven Effekte bei Lehrkräften mit niedrigen Selbstwirksamkeitserwartungen nicht nachweisbar. Vergleichbare Ergebnisse hat auch Allinder (1994) festgestellt, indem sie 800 Förderlehrkräfte im Primarbereich aus vier Weststaaten der USA zum Zusammenhang von Selbstwirksamkeitserwartungen und Unterrichtsprozessen befragte. In Bezug zu leistungsbezogenen Merkmalen fand sie heraus, dass Lehrpersonen mit höheren Selbstwirksamkeitserwartungen (SWE) ebenfalls gewillt sind, neue Unterrichtsmethoden auszuprobieren. Ferner waren diese Lehrkräfte organisierter im Unterricht und fairer im Umgang mit den Lernenden (Allinder, 1994).

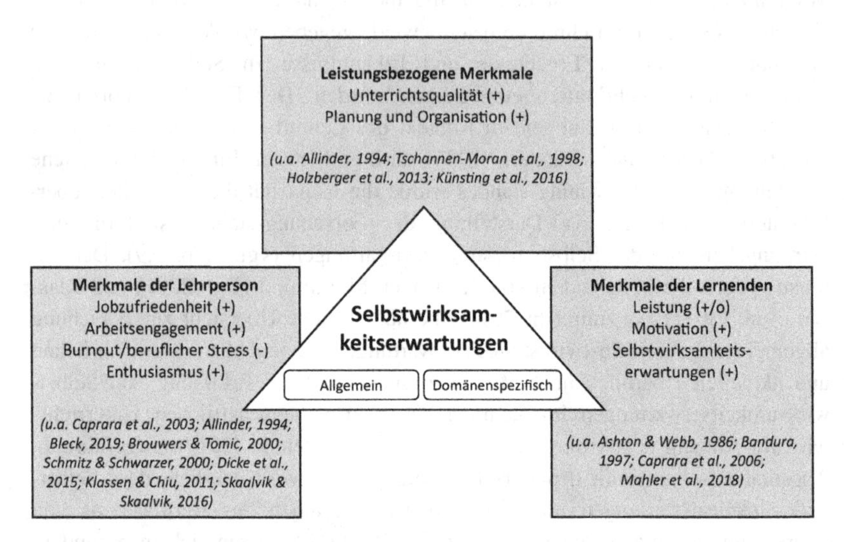

Abbildung 2.9 Forschungsstand zu den Selbstwirksamkeitserwartungen. ((Eigene Darstellung). Positive Zusammenhänge sind durch (+), negative Zusammenhänge durch (–) und keine Zusammenhänge durch (o) dargestellt)

Tschannen-Moran und Hoy (2001) haben in drei Studien diverse Selbstwirksamkeitsinstrumente an Stichproben mit Referendaren und berufstätigen Lehrpersonen getestet. Hierbei konnten sie mithilfe von Faktorenanalysen drei Subskalen (SWE für Unterrichtsstrategien, SWE für Klassenführung, SWE für Engagement der Lernenden) bilden. Alle diese Subskalen zeigten signifikante positive Interkorrelationen, sodass höhere Werte in den entsprechenden Skalenbereichen zu höheren Werten bei der Klassenführung und den Unterrichtsstrategien als Teilkomponenten von Unterrichtsqualität führen können (Tschannen-Moran & Hoy, 2001). Holzberger et al. (2013, 2014) haben mithilfe der Daten aus dem COACTIV-Projekt (vgl. Abschnitt 2.4.1) reziproke Effekte zwischen den Selbstwirksamkeitserwartungen, eingeschätzt durch die Lehrkräfte, und der Unterrichtsqualität, bewertet durch die Lernenden und die Lehrkräfte, analysiert. Hierbei zeigte sich, dass die Selbstwirksamkeitserwartungen einen positiven Effekt auf die Teildimensionen von Unterrichtsqualität (kognitive Aktivierung, Lernunterstützung, Klassenführung) hatten und sich sowohl die Einschätzungen der Lehrpersonen als auch der Lernenden diesbezüglich ähnlich waren (Holzberger et al., 2013, 2014). In einer Längsschnittstudie mit drei Messzeitpunkten über zehn Jahre und einer Stichprobe von 203 deutschen Lehrkräften aller Schulformen untersuchten Künsting et al. (2016) die Wirkung der Selbstwirksamkeitserwartungen und der Zielorientierung auf die Unterrichtsqualität. Die Ergebnisse zeigten, dass die Selbstwirksamkeitserwartungen nicht nur zeitlich stabil blieben, sondern sich positiv, direkt oder indirekt mediiert durch die Zielorientierung der Lehrperson auf die drei Dimensionen von Unterrichtsqualität auswirkten (Künsting, 2016). Diese Erkenntnis zeigt, dass Selbstwirksamkeitserwartungen als ein Langzeitprädiktor für Unterrichtsqualität gelten können.

Merkmale der Lernenden. Studien zur Wirkung der Selbstwirksamkeitserwartungen auf Merkmale der Lernenden verdeutlichen, dass die positive Rolle des Konstrukts eindeutig auf die Leistung der Lernenden gestützt wird. Bereits Bandura (1997) konnte nachweisen, dass sich hohe Selbstwirksamkeitswerte positiv auf die Leistung der Lernenden auswirken. Ebenso zeigte er, dass Lehrerselbstwirksamkeitserwartungen die Selbstwirksamkeitserwartungen der Lernenden beeinflussen können (Bandura, 1997). Ferner postuliert er, dass Schülerselbstwirksamkeitserwartungen wiederum die Leistung, die Persistenz und den Fortschritt einer Aufgabenbewältigung durch die Lernenden beeinflussen. Caprara et al. (2006) haben bei einer Stichprobe von 102 italienischen Mittelschullehrkräften die Selbstwirksamkeitserwartungen als Determinante für die Jobzufriedenheit und die Schülerleistung untersucht. Letzteres wurde durch die Zeugnisnoten am Schuljahresende erhoben (Caprara et al., 2006). Die Ergebnisse zeigten, dass die Lehrerselbstwirksamkeitserwartungen als Prädiktor die Lernleistung der Schüler wie auch die Arbeitszufriedenheit positiv vorhersagen, wohingegen die Arbeitszufriedenheit der Lehrperson keinen signifikanten Effekt auf die Schülerleistung hat (Caprara et al., 2006). Entgegen der positiven Zusammenhänge zwischen Lehrerselbstwirksamkeitserwartungen und der Schülerleistung konnten Mahler et al. (2018) und Zinke (2013) in ihren Studien mit Lehrkräften keinen solchen Effekt feststellen.

Merkmale der Lehrperson. Der dritte Wirkungsbereich der Lehrerselbstwirksamkeitserwartungen umfasst den Einfluss auf Merkmale der Lehrperson. Der Forschungsstand hierzu zeigt, dass sich Selbstwirksamkeitserwartungen sowohl als Prädiktor für positiv bewertete Berufsmerkmale (z. B. Jobzufriedenheit) als auch als Resilienzfaktor gegen beruflichen Stress auswirken. Mithilfe einer umfangreichen Stichprobe von 2688 italienischen Lehrkräften von 103 Mittelschulen haben Caprara et al. (2003) belegen können, dass sowohl die individuelle als auch die kollektive Selbstwirksamkeit von Lehrkräften und Lehrerkollegien einen signifikant positiven Effekt auf die Jobzufriedenheit haben. Ähnliche positive Korrelationen zur Jobzufriedenheit fanden Klassen et al. (2009) bei einer Validierungsstudie in fünf Ländern zu einem Selbstwirksamkeitsinstrument heraus. Allinder (1994) wies nach, dass selbstwirksame Lehrpersonen insgesamt zufriedener mit ihrer Berufsleistung und zugleich enthusiastischer im Unterricht sind. Klassen und Chiu (2011) haben in einer Studie mit 434 berufstätigen Lehrkräften und 379 Lehramtsstudierenden das Arbeitsengagement und die Intention, den Lehrerberuf zu verlassen, untersucht. Als Mediatorvariablen haben sie die Selbstwirksamkeitserwartungen, den beruflichen Stress und personenbezogene Variablen (z. B. Berufsjahre) in ihr Forschungsmodell mitaufgenommen. Die Analyse zeigte, dass sich die Selbstwirksamkeitserwartungen positiv auf die berufliche Stresstoleranz und das Arbeitsengagement auswirkten, was umgekehrt zu einer niedrigeren Intention, den Beruf zu verlassen, führte. Eine weitere interessante Erkenntnis ist, dass sich entgegen der Annahmen des ‚Experten-Novizen-Paradigma'[7] die berufstätigen Lehrkräfte nur wenig hinsichtlich des Arbeitsengagements von den Studierenden unterschieden. Einzig bei den Selbstwirksamkeitserwartungen erreichten sie höhere Werte als die Novizen (Klassen & Chiu, 2011).

In Bezug auf den Zusammenhang von Selbstwirksamkeitserwartungen und Burnout haben Brouwers und Tomic (2000) die längsschnittlichen Daten von über 243 niederländischen Sekundarlehrkräften untersucht. Mithilfe eines Strukturgleichungsmodells konnte nachgewiesen werden, dass hohe Selbstwirksamkeitswerte einen positiven Langzeiteffekt auf die Burnout-Aspekte der Depersonalisation und der emotionalen Erschöpfung haben (Brouwers & Tomic, 2000). Dicke et al. (2014) haben eine Teilstichprobe aus dem BilWiss-Projekt hinsichtlich der Faktoren Selbstwirksamkeitserwartungen, Klassenführung und emotionale Erschöpfung untersucht. Hierbei haben sie ein Mediationsmodell aufgestellt, dass die emotionale Erschöpfung durch Stress bei der Klassenführung über die Selbstwirksamkeitserwartungen mediiert wird. Dieses Modell wurde signifikant bestätigt, sodass angenommen werden kann, dass höhere Selbstwirksamkeitserwartungen zu einer besseren Klassenführung führen und dies wiederum die emotionale Erschöpfung reduziert (Dicke et al., 2014). Eine vergleichbare Mediation haben Schwarzer und Hallum (2008) erforscht. Mithilfe einer Stichprobe

[7] Das Experten-Novizen-Paradigma beschreibt den beruflichen Entwicklungszyklus einer Person vom Novizen zum Experten. Als ‚Experten' werden hierbei Personen mit einem hohen vernetzten Wissen und fachlicher Expertise bezeichnet Gruber (2001). Diesen stehen ‚Novizen' diametral gegenüber, die noch über ein begrenztes Wissen und entsprechend geringere Expertise verfügen (Borowski et al. (2011); Sandmann (2007); Terhart (2007).

von 1203 syrischen und deutschen Lehrkräften wurde beleuchtet, ob Selbstwirksamkeitserwartungen den beruflichen Stress und die emotionale Erschöpfung, welche wiederum zu einem Burnout führen, mediieren. Die Ergebnisse zeigen, dass hohe Selbstwirksamkeitswerte (insbesondere bei berufserfahrenen Lehrkräften) zu niedrigeren Werten beim Stressempfinden führen. Diese puffernde Wirkung führte dann zu weniger Burnout-Erscheinungen. Demnach können die Selbstwirksamkeitserwartungen auf der Merkmalsebene der Lehrpersonen als Resilienzfaktoren dienen (Schwarzer & Hallum, 2008). Während der Erprobung und Validierung eines neuen Selbstwirksamkeitsinstruments ($N = 274$, zwei Messzeitpunkte) haben Schmitz und Schwarzer (2000) reziproke Effekte zwischen den drei Subskalen von Burnout und den Selbstwirksamkeitserwartungen feststellen können. Lehrkräfte mit hohen Selbstwirksamkeitswerten wiesen niedrigere Werte bei den Burnout-Skalen auf. Umgekehrt zeigten sich bei höheren Burnout-Werten (z. B. Leistungsmangel) auch niedrigere Selbstwirksamkeitswerte (Schmitz & Schwarzer, 2000). Dies kann als weiteres Indiz gelten, dass Lehrerselbstwirksamkeitserwartungen eine wesentliche Rolle für die berufliche Gesundheit spielen. Mithilfe eines Strukturgleichungsmodells ($N = 523$ norwegische Gymnasiallehrkräfte) haben Skaalvik und Skaalvik (2016) den Zusammenhang zwischen sieben lehrerberufsbezogenen Stressoren (z. B. Disziplinprobleme) auf die Selbstwirksamkeitserwartungen, das Arbeitsengagement, die emotionale Erschöpfung und die Intention den Lehrerberuf zu verlassen untersucht. Die Ergebnisse zeigen, dass die Stressoren wie auch die emotionale Erschöpfung negativ mit den Selbstwirksamkeitserwartungen korrelierten, wohingegen das Arbeitsengagement stark positiv mit den Selbstwirksamkeitserwartungen zusammenhing. Demnach können hinsichtlich der Modellannahme die Selbstwirksamkeitserwartungen als Prädiktor für hohes Arbeitsengagement und eine niedrige emotionale Erschöpfung gelten.

Zusammenfassend zeigen alle Ergebnisse der drei Wirkungsbereiche von Selbstwirksamkeitserwartungen (vgl. Abb. 2.9) die nicht unerhebliche Bedeutung des Konstrukts als Teil der motivationalen Kompetenz von Lehrkräften. Hierbei wird deutlich, dass Selbstwirksamkeitserwartungen nicht nur als Prädiktor, sondern auch als Mediator positiven Einfluss auf personen-, leistungs- und gesundheitsbezogene Merkmale der Lehrpersonen nehmen.

2.4.3 Forschungsstand zum Enthusiasmus bei Lehrkräften

Als weiterer Bestandteil motivationaler Orientierung zählt der Lehrerenthusiasmus. In diesem Abschnitt soll der Forschungsstand zu diesem Konstrukt aufgezeigt werden. In Abbildung 2.10 ist der aktuelle Forschungsstand zum Lehrerenthusiasmus im Kontext von Lehrerkompetenz aufgezeigt. Dabei wird zwischen den Ursachen und Bedingungen von Lehrerenthusiasmus als Antezedenzien und der Wirkung auf die Lernenden, die Lehrperson und den Instruktionsprozess unterschieden.

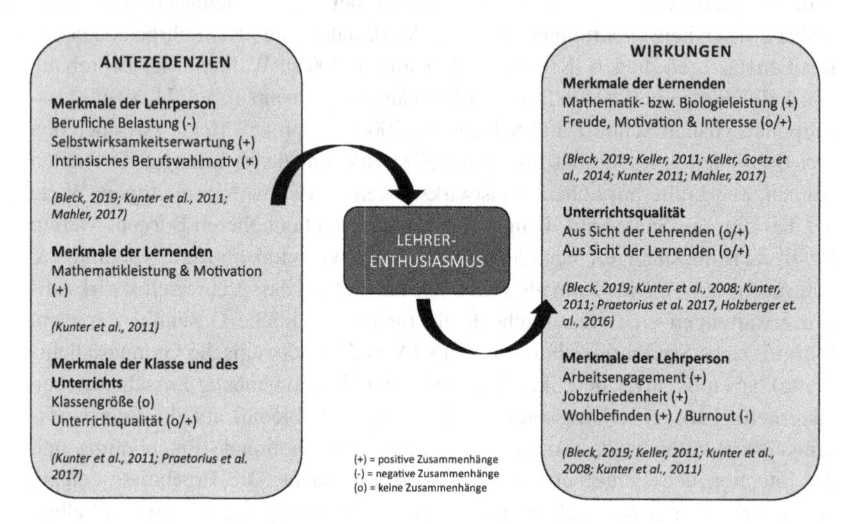

Abbildung 2.10 Forschungsstand zum Lehrerenthusiasmus (Bleck, 2019, S. 53, ergänzt)

Antezedenzien von Lehrerenthusiasmus. Betrachtet man zuerst die Seite der Antezedenzien und hierbei die für diese Arbeit interessanten Merkmale der Lehrperson, so zeigt sich, dass die berufliche Belastung sowohl mit dem Fach- als auch dem Unterrichtsenthusiasmus negativ zusammenhängt (Kunter, Frenzel et al., 2011). Zugleich sind die Selbstwirksamkeitserwartungen signifikant positiv mit den beiden Dimensionen von Lehrerenthusiasmus korreliert (Bleck, 2019; Kunter, Frenzel et al., 2011). Ähnlich positive, reziproke Effekte innerhalb der Binnenstruktur der motivationalen Orientierung haben Bleck (2019) und Mahler (2017) nachweisen können. Bleck (2019) hat darüber hinaus noch belegen können, dass sich die intrinsischen Komponenten der lehramtsbezogenen Berufswahlmotive ebenfalls positiv auf den Lehrerenthusiasmus auswirken. Das ist insofern interessant, da Bleck (2019) mithilfe ihrer längsschnittlichen Studie einen positiven Effekt eines retrospektiven Konstrukts (Berufswahlmotiv) auf eine situationsabhängige und klassenbezogene Variable wie den Lehrerenthusiasmus belegen konnte. Demnach scheint das in der Vergangenheit entschiedene Berufswahlmotiv noch immer gegenwärtige Kompetenzen und dispositionale Ressourcen sowie indirekt die Instruktionsprozesse zu beeinflussen. Bezüglich der Schülermerkmale und dem unterrichtlichen Setting zeigten die Ergebnisse von Kunter, Frenzel et al. (2011), dass der Lehrerenthusiasmus in Klassen positiv beeinflusst wurde, die eine hohe kollektive Motivation sowie Mathematikleistung vorweisen konnten, wohingegen sie keine Effekte hinsichtlich der Klassengröße auf den Enthusiasmus nachweisen konnten. Praetorius et al. (2017) konnten mittels eines Cross-Lagged-Panel-Designs aufzeigen, dass sich die Dimensionen von Unterrichtsqualität (Klassenführung, lernförderliches Unterrichtsklima und kognitive Aktivierung) und der Unterrichtsenthusiasmus wechselseitig signifikant positiv beeinflussen.

Wirkung von Lehrerenthusiasmus. Mit dem vorherig genannten reziproken Effekt liefern Praetorius et al. (2017) einen ersten positiven Nachweis zur Wirkung von Lehrerenthusiasmus auf andere Variablen. Blickt man weiter auf die Wirkungsseite in Abbildung 2.10, so wird deutlich, dass Lehrerenthusiasmus die Merkmale von Lernenden positiv beeinflusst. M. Keller (2011) und M. Keller, Goetz et al. (2014) zeigten einen positiven Zusammenhang zwischen Lehrerenthusiasmus und dem Interesse, der Freude und Motivation der Lernenden. Einen ähnlichen Effekt konnte Mahler (2017) während des Biologieunterrichts nachweisen. Bleck (2019) fand einen signifikant positiven Einfluss des wahrgenommenen Lehrerenthusiasmus aus Sicht der Schülerinnen und Schüler auf die Lernfreude der Lernenden (emotional contagion).

Des Weiteren wurde belegt, dass sich der Lehrerenthusiasmus förderlich auf die Mathematik- (Kunter, 2011) und die Biologieleistungen (Mahler, 2017, durch den Fachenthusiasmus) der Schülerinnen und Schüler auswirkt. Im Kontext der Unterrichtsqualität zeigte sich, dass die eigene Unterrichtsqualität aus Sicht von enthusiastisch Lehrenden besser eingeschätzt wird (Bleck, 2019). Dies wird insbesondere durch den signifikanten reziproken Effekt zwischen Unterrichtsenthusiasmus und einer effektiven Klassenführung als einem Aspekt von Unterrichtsqualität deutlich (Bleck, 2019). Ein ähnliches Ergebnis anhand der selbstberichteten Unterrichtsqualität durch die Lehrkraft haben Praetorius et al. (2017) festgestellt. Kunter et al. (2008) belegen, dass insbesondere der Unterrichtsenthusiasmus als starker Prädiktor sowohl für die selbstberichtete als auch die durch Schüler:innen berichtete Unterrichtsqualität gilt, wohingegen für den Fachenthusiasmus keine auffälligen Korrelationen zur Unterrichtsqualität aufgezeigt werden konnten (Kunter et al., 2008; Kunter, 2011). Holzberger et al. (2016) zeigten bei einer Studie mit Referendaren, dass Lehrpersonen mit höheren Werten beim Unterrichtsenthusiasmus höhere Anstrengungen bei zu erledigenden

Aufgaben aufweisen, das sich wiederum in höheren Werten bei der kognitiven Aktivierung und des lernförderlichen Unterrichtsklimas niederschlägt. Positiven Einfluss entfaltet der Lehrerenthusiasmus auch auf die Merkmale der Lehrperson. Enthusiastischere Lehrkräfte zeigen eine höhere Jobzufriedenheit, ein höheres Arbeitsengagement und geringere Werte bei Burnout-Indikatoren (Kunter, Frenzel et al., 2011). M. Keller (2011) konnte einen negativen Zusammenhang zwischen den Komponenten von Lehrerenthusiasmus und den Merkmalen von Burnout nachweisen. Bleck (2019) hypothetisiert, dass der Lehrerenthusiasmus auch als eine Resilienzressource gegenüber beruflichem Stress im Einklang mit dem salutogenetischen Modell nach Antonovsky (1987) aufgefasst werden könne (Antonovsky, 1987 zitiert nach Bleck, 2019, 151 f.). Dies steht im Einklang zu vorher dargelegten Ergebnissen, die einen positiven Einfluss des Lehrerenthusiasmus auf die Jobzufriedenheit, das Wohlbefinden und das Arbeitsengagement aufzeigen (M. Keller, 2011; Kunter et al., 2008; Kunter, Frenzel et al., 2011).

Zusammenfassend deuten die hier aufgezeigten Ergebnisse daraufhin, dass der Lehrerenthusiasmus eine entscheidende Rolle für die Schülerperformanz sowie die Qualität des Instruktionsprozesses spielt. Darüber hinaus hat der Lehrerenthusiasmus auch eine nicht unerhebliche Bedeutung für die Lehrperson selbst, indem sie ihr eigenes arbeitsbezogenes Handeln deutlich positiver wahrnimmt und sich dies wiederum mit höheren Werten bei der Jobzufriedenheit und dem arbeitsbezogenen Wohlbefinden assoziieren lässt.

2.4.4 Forschungsstand zum Berufswahlmotiv bei Lehrkräften

Wie in der theoretischen Darlegung des Konstrukts aufgezeigt, wirken verschiedene Faktoren auf das lehramtsbezogene Berufswahlmotiv ein. Eine Klassifizierung in extrinsisch- und intrinsisch-orientierte Motive erscheint hierbei sinnvoll (vgl. Abschnitt 2.3). In diesem Zusammenhang ist es interessant, inwiefern diese Aspekte das Berufswahlmotiv beeinflussen und insbesondere wie sie hierdurch indirekt Einfluss auf Outcome-Variablen wie die Jobzufriedenheit, das arbeitsbezogene Wohlbefinden oder die Unterrichtsqualität nehmen (vgl. Abb. 2.11). An dieser Stelle sollen mithilfe aktueller Forschungsergebnisse solche empirisch belegbaren Zusammenhänge dargestellt werden. Beim Blick auf den Forschungsstand wird deutlich, dass die Berufswahlmotivation in erster Linie durch die Erhebung der Studienwahlmotive bei Lehramtsstudierenden erhoben wird. Nur wenige Studien (z. B. Paulick et al., 2013) haben das Berufswahlmotiv retrospektiv bei im Beruf befindlichen Lehrpersonen erhoben.

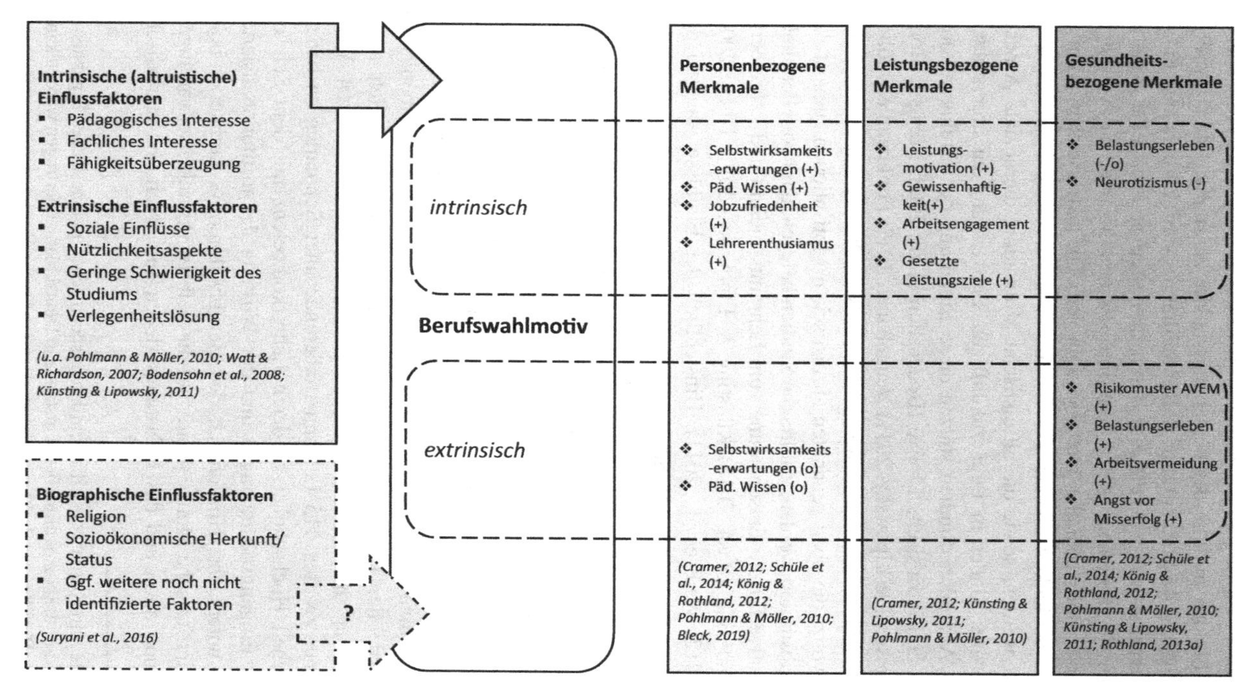

Abbildung 2.11 Forschungsstand zum Berufswahlmotiv von Lehrkräften. ((Eigene Darstellung). Positive Zusammenhänge sind durch (+), negative Zusammenhänge durch (–) und keine Zusammenhänge durch (o) dargestellt)

Einflussfaktoren. Zu Beginn sollen die Einflussfaktoren auf das lehramtsbezogene Berufswahlmotiv mithilfe des Forschungsstandes zusammengefasst werden. Eine Metastudie, die 44 Studien zum Berufswahlmotiv von Lehrpersonen untersuchte, zeigt, dass sich die Berufswahl durch drei Motivationsaspekte erklären lässt (Brookhart & Freeman, 1992): die intrinsischen Motive, die vorrangig das pädagogische und fachliche Interesse abbilden. Die extrinsischen Motive, welche durch Nützlichkeitsaspekte wie die Berufssicherheit und das Einkommen abgedeckt werden, sowie die altruistische Motivation, die soziale Aspekte wie das Bedürfnis Kinder in ihrer zukünftigen Entwicklung zu unterstützen, berücksichtigt. Aktuellere Studien stützen diese Einteilung der Einflussfaktoren in extrinsische und intrinsische Motive (Bodensohn et al., 2008; König & Rothland, 2012; Künsting & Lipowsky, 2011; Neugebauer, 2013; Pohlmann & Möller, 2010; Roness, 2011; Ulich, 2004; Watt & Richardson, 2007; Weiß et al., 2011; Wiza, 2014), wobei die oben genannten altruistischen Motivationen zumeist den intrinsischen subsumiert werden. Zahlreiche Studien belegen, dass vor allem hohe intrinsische Motive für die Entscheidung zum Lehramtsstudium und Lehrerberuf ausschlaggebend sind (Besa, 2018; Künsting & Lipowsky, 2011; Ulich, 2004; Watt et al., 2012; Weiß et al., 2011). Hinsichtlich der Einflüsse während des konstituierenden Prozesses des Berufswahlmotivs haben Suryani et al. (2016) bei Studien mit indonesischen Lehramtsstudierenden festgestellt, dass die Religion als ein weiterer Einflussfaktor gelten kann. „Most religions in Indonesia highly respect teaching as a noble profession" (Suryani et al., 2016, S. 185).

Dieses Ergebnis zeigt[8], dass soziokulturelle Bedingungen ebenfalls zur Berufswahlmotivation beitragen und Erklärungsansätze für die individuellen Unterschiede zwischen den Motiven liefern können (vgl. u. a. Scharfenberg, 2020).

Wirkung des Berufswahlmotivs. Im Folgenden werden empirisch nachgewiesene Zusammenhänge und Effekte des lehramtsbezogenen Berufswahlmotivs auf andere Merkmale der Lehrperson aufgezeigt. In einer längsschnittlich angelegten Studie über drei Semester hat Cramer (2012) in einer ersten Welle 512 und in einer zweiten 415 Lehramtsstudierende aller Schularten an baden-württembergischen Hochschulen zu deren Lehrerkompetenz mit dem Schwerpunkt auf den Eingangsbedingungen und der Wirkung der institutionalisierten Lehrerbildung untersucht. Hinsichtlich des Berufswahlmotivs konnte er belegen, dass sich intrinsische Motive positiv auf die Selbstwirksamkeitserwartungen, die Leistungsmotivation und das Belastungserleben auswirken und extrinsische

[8] An dieser Stelle wird betont, dass dies ein länderspezifisches indonesisches Ergebnis ist und nicht einfach auf die soziokulturellen Umstände in Deutschland übertragen werden kann. Jedoch ist dieses Resultat ein Indikator dafür, dass länderspezifische, soziale und gesellschaftliche Bedingungen auf die Berufswahlmotivation einwirken können.

Motive diese negativ beeinflussen (Cramer, 2012). Hierdurch zeigt sich, dass das lehramtsbezogene Berufswahlmotiv sowohl auf Persönlichkeitsmerkmale wie die Selbstwirksamkeitserwartungen als auch auf performanz- und emotionsbezogene Variablen Einfluss nimmt.

In einer Studie mit 844 Lehramtsstudierenden an der Universität Kassel haben Künsting und Lipowsky (2011) mithilfe des FEMOLA-Instruments (Studienwahlmotiv) und des NEO-FFI-Instruments[9] zur Erfassung von Persönlichkeitsmerkmalen herausgefunden, dass intrinsische Motive positiv mit der Persönlichkeitseigenschaft der Gewissenhaftigkeit und negativ mit dem Merkmal Neurotizismus korrelieren. Damit ist zumindest für die Gruppe der Lehramtsstudierenden ein Nachweis gegeben, dass das Berufswahlmotiv und hierbei insbesondere die intrinsischen Motive einen Einfluss auf die emotionale Labilität bzw. das studienbezogene Wohlbefinden haben können (Künsting & Lipowsky, 2011).

Rothland (2013) wies eine ähnliche Bedeutung der Berufswahlmotivation sowie berufsbezogener Überzeugungen bei Lehramtsstudierenden für das gesundheitsrelevante und arbeitsbezogene Verhalten und Erleben nach. Mithilfe einer Stichprobe von 1249 Studierenden aller Lehrämter an fünf deutschen Universitäten zeigte er, dass Studierende mit hohen Werten bei der extrinsischen Berufswahlmotivation positiv mit Risikomustern der Skala zur diagnostischen Erfassung der arbeitsbezogenen Verhaltens- und Erlebensmuster (AVEM) von Schaarschmidt und Fischer (2008) bei Lehrkräften korrelieren.

Weitere Ergebnisse zum Zusammenhang der Berufswahlmotive und dem Belastungserleben von Lehrkräften liefert eine Studie von Schüle et al. (2014). Mithilfe des FEMOLA-Instruments wurden 443 Lehramtsstudierende zu zwei Messzeitpunkten hinsichtlich ihrer Berufswahlmotivation, ihren Selbstwirksamkeitserwartungen und ihrem Belastungserleben während des Studiums und der schulpraktischen Phasen untersucht. Die Berechnung eines latenten Strukturgleichungsmodells ergab, dass die extrinsischen Berufswahlmotive die wahrgenommenen Selbstwirksamkeitserwartungen nicht signifikant vorhersagen, jedoch das Belastungserleben beeinflussen. Demgegenüber wurde die Hypothese bestätigt, dass die intrinsische Berufswahlmotivation positiv die Lehrerselbstwirksamkeitserwartungen vorhersagt. Jedoch zeigten die intrinsischen Motive keinen direkten Einfluss auf das wahrgenommene Belastungserleben, sondern nur einen indirekten Effekt, der durch die Selbstwirksamkeitserwartungen mediiert wurde.

[9] Das NEO-Five-Factory-Inventory ist ein Messinstrument der Persönlichkeitspsychologie zur Messung von robusten Persönlichkeitsmerkmalen.

Demnach können die intrinsischen Berufswahlmotive mediiert über die Selbstwirksamkeitserwartungen als Puffer für mögliche Belastungserlebnisse während schulpraktischer Phasen dienen (Schüle et al., 2014).

Innerhalb der sogenannten EMW-Studie[10] zur Entwicklung von berufsspezifischer Motivation und pädagogischem Wissen in der Lehrerausbildung wurden Lehramtsstudierende in Deutschland, Österreich und der Schweiz befragt. Die deutsche Stichprobe enthielt 1571 Lehramtsstudierende aller Schulformen von sechs Universitäten in Nordrhein-Westfalen (König & Rothland, 2012). Zur Messung des Berufswahlmotivs wurde die übersetzte FIT-Skala von Watt und Richardson (2007) genutzt. Die Studienergebnisse zeigen, dass intrinsische Berufswahlmotive positiv mit dem pädagogischen Wissen der Studierenden assoziiert sind (König, 2017; König & Rothland, 2012, 2013). Darüber hinaus wurde festgestellt, dass extrinsische Motive nicht mit dem pädagogischen Wissen korrelieren, dafür aber mit der Arbeitsvermeidung und der Angst vor Misserfolgen (König & Rothland, 2012). Die Ergebnisse lassen somit die Interpretation zu, dass extrinsisch motivierte Lehramtsstudierende ein schwächeres Leistungsprofil als intrinsisch-orientierte zeigen, welches durch die Angst vor Misserfolgen maßgeblich getriggert wird.

In einer internationalen Vergleichsstudie haben Watt et al. (2012) die Berufswahlmotive von Lehramtsstudierenden (Sek. I und Sek. II) aus den USA ($N = 511$), Deutschland ($N = 210$), Norwegen ($N = 131$) und Australien ($N = 1438$) untersucht. Schwerpunkte der Studie waren die Überprüfung der Reliabilität und Validität der FIT-Skala bei einer interkulturellen Untersuchung, die Identifikation motivationaler Unterschiede der Stichproben hinsichtlich der Ergreifung des Lehrerberufs sowie die Erforschung von der Wahrnehmung des Lehrerberufsbildes durch die Studierenden. Zur Berufswahlmotivation erwartete das Forscherteam insbesondere hinsichtlich der Nützlichkeitsaspekte (z. B. Lehrerberuf ermöglicht viel Zeit für Familie) länderspezifische Unterschiede. Dies bestätigte sich jedoch nicht (Watt et al., 2012). Insgesamt waren die Berufswahlmotive in den vier Stichproben relativ ähnlich verteilt und die Motive mit den höchsten Werten waren in allen vier Ländern die intrinsischen Motive (z. B. Ich unterrichte gerne). Dies wirft die Frage auf, ob es eine geteilte Kernmotivation gibt, die dem Lehrerberuf zugrunde liegt oder ob bestimmte Persönlichkeitstypen sich für den Lehrerberuf entscheiden (Watt et al., 2012). Zusammenfassend ist es interessant, dass sich kaum länderspezifische Unterschiede hinsichtlich der Berufswahlmuster ergaben.

[10] EMW steht für Entwicklung von berufsspezifischer Motivation und pädagogischem Wissen in der Lehrerausbildung und ist eine interuniversitäre Studie der Universitäten Köln und Siegen.

Die intrinsischen Motive scheinen ein mit den Merkmalen des Lehrerberufs verbundener, wichtiger länderübergreifender Einflussfaktor für die Berufswahl zu sein.

In den Validierungsstudien des FEMOLA-Instruments von Pohlmann und Möller (2010) mit über 896 Lehramtsstudierenden (Studie 1, $N = 430$; Studie 2, $N = 156$; Studie 3, $N = 310$) der Schularten Realschule (ca. 1/3 der Stichprobe) und Gymnasium (ca. 2/3 der Stichprobe) zeigten sich neben der guten Validität des Testinstruments auch Unterschiede zwischen den Schularten und anderen motivationalen Maßen. Bei beiden Schularten zeigten sich hohe Werte bei den intrinsisch-orientierten Motiven, jedoch zeigten Studierende des Gymnasiallehramts höhere Werte beim fachlichen Interesse (intrinsisches Motiv) und der Subdimension der geringeren Schwierigkeit des Studiums (extrinsisches Motiv). Betrachtet man Zusammenhänge mit anderen motivationalen Merkmalen, so wird deutlich, dass intrinsische Motive positiv mit Merkmalen wie Arbeitsengagement, Aufgabenorientierung und dem emotionalen Befinden korrelieren. Hingegen korrelieren extrinsisch-orientierte Faktoren stärker mit Merkmalen wie Ich-Orientierung und Arbeitsvermeidung. Zudem gehen hohe Werte bei extrinsischen Motiven mit niedrigen Werten beim Arbeitsengagement und der Jobzufriedenheit einher (Pohlmann & Möller, 2010). Dies kann als weiterer Beleg dafür dienen, dass das Berufswahlmotiv einen nicht unerheblichen Einfluss auf leistungs- und gesundheitsbezogene Personenmerkmale von Lehrkräften nimmt und daher von salutogenetischer Bedeutung ist.

Paulick et al. (2013) haben in einer Vergleichsstudie die Berufswahlmotive in Bezug zu selbstgesetzten Leistungszielen und Unterrichtspraktiken von 291 Lehramtsstudierenden sowie 206 berufstätigen Lehrkräften erhoben und verglichen. Die Studie zeigt, dass sich intrinsische Berufswahlmotive positiv auf Leistungsziele, wie das Erlernen von Kompetenzen und deren Einsatz im Unterricht, auswirken, wohingegen extrinsische Motive eher Ziele wie die Arbeitsvermeidung und das Vermeiden fehlender Fähigkeiten im Unterricht zu zeigen, beeinflussen. In beiden Fällen unterschied sich die Stichprobe der Lehramtsstudierenden nicht von den berufstätigen Lehrkräften (Paulick et al., 2013). Dies kann als wichtiger Beleg gedeutet werden, dass das Berufswahlmotiv auch noch während der Berufstätigkeit Einfluss ausübt. Nachdem empirisch nachgewiesen wurde, dass die Berufswahlmotive sowohl im Studium als auch in der Berufspraxis indirekten Einfluss über andere Persönlichkeitsmerkmale auf leistungs- und gesundheitsbezogene Outputs nehmen (Paulick et al., 2013), ist von Bedeutung, wie zeitlich stabil oder veränderbar das Konstrukt ist. Eine solche Konstruktstabilität ließe sich adäquat nur in einer Längsschnittstudie, im besten Fall über alle drei Phasen der Lehrerbildung hinweg, feststellen. Die Forschungslage zu längsschnittlichen Studien ist jedoch defizitär und die Ergebnisse der wenigen Studien diffus.

Zeitliche Stabilität des Berufswahlmotivs. Besa und Schüle (2016) haben eine Studie zum lehramtsbezogenen Berufswahlmotiv in schulpraktischen Ausbildungsphasen durchgeführt. Hierzu wurden in einer Studie 460 Lehramtsstudierende mit dem FEMOLA-Instrument zu sechs Messzeitpunkten vor und nach ihren jeweils drei zu absolvierenden Schulpraktika im Bachelor-Studiengangs befragt. Es zeigte sich, dass die intrinsischen Motive über die Zeit eher stabil blieben, wohingegen sich die extrinsischen Werte veränderten, da sie im Schnitt etwas sanken (Besa, 2018; Besa & Schüle, 2016). In einer Studie mit einer Stichprobe von 543 berufstätigen Lehrkräften aus einem 12-jährigen Erhebungszeitraum wies Bleck (2019) nach, dass das intrinsische Berufswahlmotiv einen signifikant positiven Prädiktoreffekt auf den Lehrerenthusiasmus hat. Die Wirkung des Berufswahlmotivs war über die Zeitspanne von zwölf Jahren jedoch nur gering bis mittelstark nachweisbar (Bleck, 2019). Demnach scheint das Konstrukt nicht gänzlich zeitlich stabil.

Anhand dieser Ergebnisse lässt sich vorsichtig die Tendenz begründen, die das Berufswahlmotiv als ein zeitlich persistentes Konstrukt zeichnet, welches jedoch durch diverse Erfahrungen während der drei Phasen der Lehrerbildung modifizierbar erscheint. Da der größte Teil der Studienergebnisse zum Berufswahlmotiv an Lehramtsstudierenden ohne oder mit nur wenig schulpraktischer Erfahrung belegt wurde, ist die Folgerung plausibel, dass Erfahrungen in der Praxis zu einer ‚schockähnlichen' Veränderung der Berufsmotivation führen können (Bleck, 2019; Mayr, 2011, 2014).

Profile von Berufswahlmotiven. Folgend sollen Erkenntnisse des aktuellen Forschungsstands zu verschiedenen Profilen des Studien- bzw. Berufswahlmotivs von Lehramtsstudierenden aufgezeigt werden. In Ergänzung zu verschiedenen Motivationstypen nach Watt und Richardson (2008), die bereits im theoretischen Kapitel zum Berufswahlmotiv vorgestellt wurden, sollen Befunde einer ausgewählten deutschen Studie mit Studierenden des Grundschullehramts dargelegt werden. Durch einen personenzentrierten Zugang wurde in Kassel bei Studierenden des Grundschullehramts (N = 209) zu Beginn des Studiums die Berufswahlmotivation untersucht. Mithilfe des FEMOLA-Instruments und weiterer Instrumente zur Messung personenbezogener und motivational-affektiver

Merkmale[11] konnten drei studienmotivationale Profile identifiziert und die Studierenden entsprechend zugeordnet werden. Das ‚motivational ausgewogene Profil' ($N = 123/209$) zeichnet sich dadurch aus, dass es sowohl hohe Werte beim pädagogischen als auch dem fachlichen Interesse aufweist. Ferner sind die sozialen Einflüsse sowie die Nützlichkeitsaspekte hier ebenfalls stärker ausgeprägt. Die Schwierigkeit des Studiums spielt bei diesem Profil eine untergeordnete Rolle. Somit ziehen Studierende dieses Profils sowohl intrinsische als auch extrinsische Motive gleichermaßen zur Wahl des Lehramtsstudiums heran. Andere personenbezogene Merkmale wie das Engagement und die Extraversion sind nach Billich-Knapp et al. (2012) stabil und günstig für den späteren Lehrerberuf ausgeprägt. Ein weiteres Profil ist die Gruppe der vorrangig ‚pädagogisch motivierten Studierenden' ($N = 62/209$). Bei diesem Profil erreicht das intrinsische Motiv des pädagogischen Interesses die höchsten Werte, wohingegen das fachliche Interesse relativ gering und die eigenen Fähigkeitsüberzeugungen als weiteres intrinsisches Motiv mittelmäßig ausgeprägt sind. Soziale Einflüsse und weitere extrinsische Motive spielen kaum eine Rolle. Da bei diesem Typ der Schwerpunkt auf dem Beziehungsaspekt (Kinder bei ihrer Entwicklung pädagogisch begleiten) liegt, sind diese Personen eher anfällig für mögliche Belastungserscheinungen im Lehrerberuf (Billich-Knapp et al., 2012). Das dritte Profil umfasst die sogenannten ‚nutzenorientierten-pragmatischen Studierenden' ($N = 24/209$). Diese Gruppe weist relativ hohe Werte bei extrinsischen Motiven wie dem Nützlichkeitsaspekt oder der geringen Schwierigkeit des Lehramtsstudiums auf. Ebenso zeigt dieses Profil höhere Werte beim Faktor des sozialen Einflusses durch Familie oder Freunde auf, wohingegen die intrinsischen Motive bei diesem Typus die geringsten Werte im Vergleich zu den anderen Profilen aufweisen. Bezieht man weitere personenbezogene Merkmale bei diesem Profil mit ein, so zeigt sich, dass die Studierenden dieser Gruppe weniger lernbereit und weniger engagiert erscheinen und höhere Werte beim Neurotizismus aufweisen (Billich-Knapp et al., 2012).

Auch wenn die Ergebnisse in Anbetracht des Stichprobenumfangs sowie der Beschränkung auf das Grundschullehramt eine limitierte Aussagekraft haben, zeigen die Erkenntnisse dennoch ein differenziertes Bild hinsichtlich der Verteilungsmuster der Studien- bzw. Berufswahlmotive. Entgegen der Forschungsergebnisse, die vorrangig hohe Werte intrinsischer Motive für die Berufswahl ins Feld führen, zeigt diese Studie ein differenzierteres Bild. Der Nachweis unterschiedlicher Profile wie von Watt und Richardson (2008) oder hier von Billich-Knapp

[11] „Zur Erfassung der Persönlichkeitsmerkmale wurde eine deutsche Version des International Personality Item Pools (IPIP40; Hartig, Jude & Rauch, 2003) eingesetzt" (Billich-Knapp et al., 2012, S. 706).

et al. (2012) können insofern eine besondere Relevanz haben, als die diversen Profiltypen auch unterschiedlich stark leistungs- und gesundheitsbezogene Variablen wie die Unterrichtsqualität oder das arbeitsbezogene Wohlbefinden beeinflussen könnten.

Resümierend zeigen die Ergebnisse zum Forschungsstand des lehramtsbezogenen Berufswahlmotivs, dass dieses einen direkten und indirekten Einfluss auf gesundheitsbezogene Merkmale wie das Belastungserleben, die Jobzufriedenheit oder das Wohlbefinden hat. Über indirekte Effekte auf motivationale Aspekte wie die Selbstwirksamkeitserwartungen oder den Lehrerenthusiasmus kann das Berufswahlmotiv auch die Unterrichtsperformanz beeinflussen.

3 Wohlbefinden

Der Begriff des Wohlbefindens impliziert ein komplexes Konstrukt, welches in diversen Domänen (z. B. Psychologie) kontextualisiert wird und entsprechend mannigfaltige bedeutungsbezogene Typisierungen erfährt (Röhrle, 2018). Unabhängig von seiner domänenspezifischen Kontextualisierung steht das Wohlbefinden in einem engen Verhältnis zum sozialkonstruktivistischen und medizinorientierten Gegenstand der Gesundheit und der damit verbundenen Salutogenese (Antonovsky, 1987, 1997). Eine generische Definition von Gesundheit anhand aktueller Forschungserkenntnisse lässt sich nicht nur durch das Ausbleiben psychischer und physischer Krankheitsmuster kennzeichnen (World Health Organization, 2020), sondern auch durch das Auftreten von positiven Erlebensqualitäten, die unter dem Begriff des Wohlbefindens subsumiert werden (Bongartz, 2000; Klusmann & Waschke, 2018; Milius & Nitz, 2018). Demnach zielt Wohlbefinden auf einen positiven mentalen Gefühlszustand einer Person ab (Diener et al., 1999) und gilt zugleich als ein Parameter von Gesundheit (Bongartz, 2000). Das subjektive und individuelle Wohlbefinden einer Person wird durch diverse Determinanten (z. B. biographische Voraussetzungen, objektive Lebensbedingungen usw.) beeinflusst (Mayring, 1991). Es erscheint daher sinnvoll, unterschiedliche kontextbezogene Wohlbefindensdimensionen voneinander abzugrenzen. Beispielsweise umfasst das soziale Wohlbefinden im privaten Kontext (z. B. im Rahmen der Familie, der Ehe oder von Freundschaften) eine andere Dimension als das arbeitsbezogene Wohlbefinden (z. B. Burnout). Auch wenn diese Wohlbefindensdimensionen nachweislich in einem reziproken Verhältnis zur gesamtheitlichen Betrachtung des Wohlbefindens einer Person stehen (Ilies et al., 2015), soll sich in dieser Arbeit auf die Dimension des arbeitsbezogenen Wohlbefindens fokussiert werden.

M. Milius, *Professionelle Kompetenz von Biologielehrkräften*,
https://doi.org/10.1007/978-3-658-37590-4_3

Nach einer Einführung in die allgemeinen Grundlagen der arbeitsbezogenen Wohlbefindensforschung (Abschnitt 3.1) wird sich theoretisch mit dem arbeitsbezogenen Wohlbefinden von Lehrkräften und dessen Spezifika auseinandergesetzt. Abschließend wird hierzu ein aktueller Forschungsstand aufgezeigt.

3.1 Arbeitsbezogenes Wohlbefinden

Das allgemeine berufliche Wohlbefinden kann als das subjektive „Resultat eines erfolgreichen Umgangs mit den Belastungen des Berufs verstanden werden und drückt sich in der Zufriedenheit mit der beruflichen Situation und der Abwesenheit von Beanspruchungssymptomen aus" (Klusmann, 2011a, S. 280). Bekräftigt wird dieser Ansatz durch die Ausdifferenzierungen von Diener et al. (2003), wonach das subjektive Wohlbefinden sowohl eine kognitive als auch eine affektive Komponente beinhaltet. Der kognitive Part des Wohlbefindens drückt aus, wie die Menschen ihr Leben sowohl im Moment als auch auf lange Sicht hinsichtlich der Lebenszufriedenheit, der Erfüllung sowie der bereichsbezogenen Zufriedenheit (z. B. in der Ehe) bewerten (Diener et al., 2003). Die affektive Komponente bezieht sich auf das Erleben positiver Emotionen bei Abwesenheit negativer Emotionen (Diener et al., 1999). Transferiert man dies auf den Arbeitsbereich, so spiegelt das arbeitsbezogene Wohlbefinden wider, wie Menschen über ihr Arbeitsleben fühlen, denken und wie sie dieses erleben (Ilies et al., 2015). Zusammenfassend kann das arbeitsbezogene Wohlbefinden als das Ausmaß definiert werden, in dem eine Person mit ihrer Arbeit zufrieden ist und bei der Arbeit häufig positive und selten negative Emotionen erfährt (Bakker & Oerlemans, 2011; Ilies et al., 2015). An dieser Stelle ist nochmal zu betonen, dass das arbeitsbezogene Wohlbefinden ebenso wie das allgemeine Wohlbefinden subjektiv ist. Schließlich gibt es innerhalb des gleichen Arbeitsplatzes interindividuelle Unterschiede beim arbeitsbezogenen Wohlbefinden (Ilies et al., 2015). Diese Unterschiede beim Empfinden des arbeitsbezogenen Wohlbefindens zwischen den Beschäftigten sind auf die unterschiedlich stark ausgeprägte Verteilung von stabilen Persönlichkeitsdispositionen (Steel et al., 2008) sowie betriebsbezogene Faktoren zurückzuführen (Ilies et al., 2015).

Einflussfaktoren von arbeitsbezogenem Wohlbefinden. Welche Faktoren insbesondere das arbeitsbezogene Wohlbefinden beeinflussen, wurde bereits tiefergehend untersucht (Bakker & Oerlemans, 2011; Diener et al., 1995; Diener et al., 1999; González-Romá et al., 2006; Lange et al., 2004; Sonnentag, 2015; van den Heuvel et al., 2010). Prädiktoren, die das arbeitsbezogene Wohlbefinden vorhersagen, können zu drei Bereichen zusammengefasst werden: Die arbeitsbezogenen

Faktoren, die persönlichen Ressourcen und Einflussfaktoren aus der Schnittstelle zwischen Beruf und Familie (Diener et al., 1995; Sonnentag, 2015). Unter die arbeitsbezogenen Faktoren lassen sich berufliche Stressoren (z. B. Arbeitspensum), Arbeitsressourcen (z. B. Autonomiegefühl) und die zwischenmenschliche Umwelt (z. B. soziale Unterstützung am Arbeitsplatz) subsumieren (Bakker, 2011; Bakker & Demerouti, 2007; Sonnentag, 2015). Persönliche Ressourcen umfassen Variablen wie Selbstwirksamkeitserwartungen, Optimismus, Fähigkeit zur Ressourcenregulation, organisationsbezogenes Selbstbewusstsein und effektives Selbstmanagement (Xanthopoulou et al., 2007). Einflussfaktoren an der Schnittstelle zwischen Beruf und Familie sind positive oder negative Ereignisse, die in den jeweiligen Bereich des Berufes oder der Familie hineinwirken (Grant-Vallone & Donaldson, 2001). So kann beispielsweise eine Gehaltserhöhung im Beruf auch zu einem gesteigerten Wohlbefinden im privaten Kontext führen.

Zeitliche Stabilität des arbeitsbezogenen Wohlbefindens. Die dargestellten Ergebnisse in Bezug zu den Prädiktoren liefern Belege für interindividuelle Unterschiede. Allerdings untersuchen neueste Studien, welche intraindividuellen Differenzen es gibt bzw. wie stabil das Konstrukt innerhalb einer Person ist. Sonnentag (2015) geht davon aus, dass das arbeitsbezogene Wohlbefinden innerhalb von Personen nicht stabil ist und sowohl binnen kürzerer Zeiträume (Tage und Wochen) als auch über längere Zeiträume (Monate und Jahre) fluktuieren kann. Grund hierfür sind die oben genannten Prädiktoren, wie beispielsweise die soziale Unterstützung am Arbeitsplatz, welche sich durch einen personellen Wechsel im Kollegenkreis oder des Vorgesetzten verändern kann. Die empirische Dynamik des Wohlbefindens beschreibt Sonnentag (2015) durch drei Aspekte: Symmetrie, Homologie und Reziprozität. Die ‚affektive Symmetrie' begründet, dass positiv erlebte Ereignisse und Erfahrungen auch positive Gefühlszustände bei Personen induzieren. Umgekehrt gehen negative Erlebnisse mit negativen Affekten einher (Thoresen et al., 2003). Zum Beispiel bewirkt eine berufliche Beförderung in der Regel positive Emotionen wie Freude (= symmetrische Wirkung des Ereignisses). Die ‚Homologie' zielt bei der Dynamik des arbeitsbezogenen Wohlbefindens darauf ab, inwiefern Variablen, die längerfristige Veränderungen des Wohlbefindens stimulieren, auch wichtig sind, um kurzfristige Schwankungen des Wohlbefindens zu erklären, demnach also homolog sind (Sonnentag, 2015). Dies gilt im umgekehrten Fall genauso für Variablen, die kurzfristige Veränderungen des Wohlbefindens bewirken und eventuell relevant für die Vorhersage langfristiger Effekte sind. So kann zum Beispiel das kurzfristig erlebte Autonomiegefühl während einer zeitlich begrenzten Projektphase Auswirkungen auf das langfristige arbeitsbezogene Wohlbefinden haben (= homologe Wirkung).

Der dritte Aspekt der Reziprozität besagt, dass das Wohlbefinden und seine Prädiktoren in einem reziproken Verhältnis zueinander stehen. Das Wohlbefinden selbst kann umgekehrt seine eigenen Prädiktoren beeinflussen, die dann wiederum eine modifizierte Prädiktorwirkung auf das arbeitsbezogene Wohlbefinden haben (Sonnentag, 2015). So kann sich beispielsweise ein hohes arbeitsbezogenes Wohlbefinden positiv auf die Wahrnehmung des Arbeitspensums auswirken. Dieses wird dann nicht mehr als so belastend wahrgenommen und wirkt sich demnach reziprok auf das Wohlbefinden am Arbeitsplatz aus. Damit lassen sich die Fluktuationen des Wohlbefindens auch durch eine reziproke Effektspirale erklären. Durch die Dynamik ist das Wohlbefinden hinsichtlich der methodischen Erfassbarkeit ein komplexes Konstrukt und kann als eine ‚state-Variable' klassifiziert werden. Wie der Definition des arbeitsbezogenen Wohlbefindens zu entnehmen ist, gründet sich arbeitsbezogenes Wohlbefinden auf positiven Erlebensqualitäten bei gleichzeitiger Abwesenheit von negativen Einflussfaktoren. Infolgedessen kann Wohlbefinden nicht adäquat ohne Einbeziehung von Stressoren im beruflichen Alltag beurteilt werden. Gemäß der COR-Theorie nach Hobfoll (1989) strebt der Mensch nach dem Erhalt und Aufbau von Ressourcen, um Belastungen und Anforderungen im Leben begegnen zu können. Aufbauend auf diesem Ressourcen-Erhaltungs-Modell wurden im arbeitspsychologischen Kontext die Beziehung von beruflichen Stressoren und arbeitsbezogenen Ressourcen sowie deren Wirkung auf arbeitsspezifische Outcomes (z. B. berufliche Gesundheit) modelliert (Bakker & Demerouti, 2007). Hierbei ist insbesondere das ‚Job-Demands-Resources-Modell' (JD-R) nach Bakker und Demerouti (2007) anzuführen (vgl. Abb. 3.1).

Job Demands-Resources-Modell. Im Zentrum dieses Modells steht die Annahme, dass mit jedem Beruf spezifische Arbeitsanforderungen (job demands) und Arbeitsressourcen (job resources) verbunden sind. Arbeitsanforderungen sind jene physischen, psychischen, sozialen oder organisatorischen Aspekte des Berufs, die anhaltende Anstrengungen erfordern und mit bestimmten arbeitsbezogenen Kosten zur Aufrechterhaltung der Arbeitsleistung (organizational outcomes) verknüpft sind (Demerouti et al., 2001). Arbeitsanforderungen müssen nicht negativ sein, sie können jedoch durch eine andauernde Intensität und Dysbalance mit den Arbeitsressourcen zu Arbeitsstressoren (strain) werden (vgl. Abb. 3.1). Arbeitsbezogene Ressourcen hingegen beziehen sich auf Aspekte des Jobs, die zur Erreichung von Arbeitszielen dienen, die die Arbeitsanforderungen und die damit einhergehenden Kosten reduzieren und die persönliche Entwicklung im Arbeitsumfeld positiv stimulieren (Bakker & Demerouti, 2007). Besonders hervorzuheben ist hierbei das sogenannte Arbeitsengagement als ein motivationaler Zustand am Arbeitsplatz. Zahlreiche Studien haben die Assoziation belegt, dass das Arbeitsengagement auf der Seite der arbeitsbezogenen Ressourcen ein signifikant positiver Faktor für die Jobzufriedenheit sowie gegenüber beruflichen Anforderungen und Belastungen ist (Bakker, 2011; Hakanen et al., 2006; Hakanen & Schaufeli, 2012; Leroy et al., 2013; Upadyaya et al., 2016). Dies impliziert, dass das Arbeitsengagement ein wichtiger Faktor für das arbeitsbezogene Wohlbefinden ist. Im Einklang mit den bereits dargelegten Prädiktoren des arbeitsbezogenen Wohlbefindens wurde das ‚JD-R-Modell' um persönliche Ressourcen erweitert und deren evidente Bedeutung für berufliche Outcomes und das Belastungserleben dargelegt (van den Heuvel et al., 2010; Xanthopoulou et al., 2007). Arbeitsbezogenes Wohlbefinden manifestiert sich innerhalb dieses Modells durch eine ausgewogene Balance zwischen Jobanforderungen und arbeitsbezogenen Ressourcen, wodurch negative berufliche Beanspruchung ausbleibt und ein Plus an positiven Erlebensqualitäten am Arbeitsplatz zu verzeichnen ist (Bakker & Demerouti, 2007).

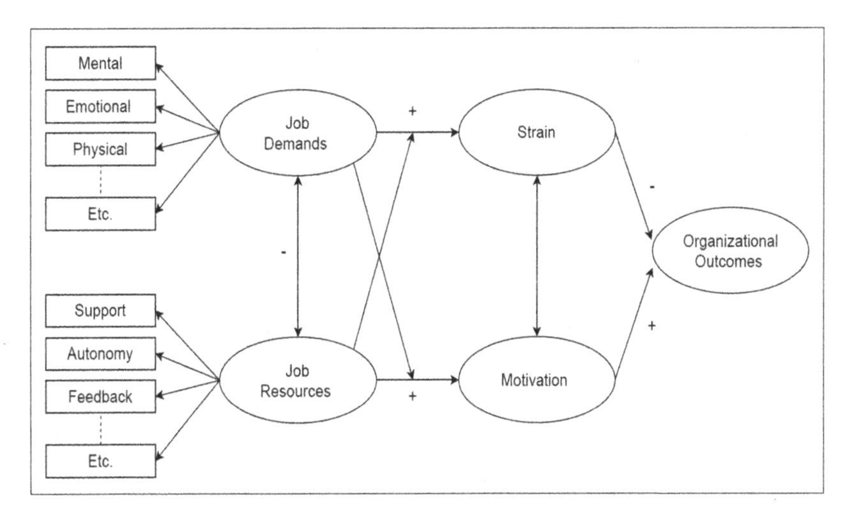

Abbildung 3.1 Job Demands-Resources-Modell (Bakker & Demerouti, 2007, S. 313)

Resilienz. Das Wohlbefinden steht in einem untrennbaren Verhältnis zu Stress und psychischer Belastung. Ein wichtiger Faktor, um die Vulnerabilität gegenüber Stressfaktoren (z. B. soziale Probleme mit dem Vorgesetztem) zu reduzieren, ist die sogenannte psychische Widerstandsfähigkeit, auch ‚Resilienz' genannt.

Resilienz wird als Fähigkeit der emotionalen Distanzierung von Stressoren bezeichnet, die mit einer geringen Tendenz nach einem Versagen aufzugeben, der aktiven Bewältigung von Problemen sowie einer mentalen Stabilität einhergeht (Klusmann et al., 2008b; Kyriacou, 2001). Anders formuliert, ist Resilienz die psychische Fähigkeit, über Bewältigungsstrategien zu verfügen, um berufliche und private Anforderungen lösen zu können und wird als persönliche Ressource klassifiziert (vgl. u. a. van den Heuvel et al., 2010). Das Konstrukt der Resilienz ist jedoch kein starres oder angeborenes habituelles Persönlichkeitsmerkmal, sondern das Ergebnis eines dynamischen Prozesses in Auseinandersetzung und Adaption an entsprechende Stress- und Belastungsfaktoren. Im Kontext des Lehrerberufes wurden bereits diverse empirisch belegbare Resilienzfaktoren wie beispielsweise die Selbstwirksamkeitserwartungen und die intrinsischen Berufswahlmotive identifiziert (vgl. Abschnitt 2.4.2 und 2.4.4). Für eine breitere Darstellung sei auf das Abschnitt 3.3 zum Forschungsstand des arbeitsbezogenen Wohlbefindens verwiesen.

Berufsbezogene Erholung. In einem vergleichbar positiven und förderlichen Zusammenhang zum arbeitsbezogenen Wohlbefinden wie die Resilienz steht die Erholung vom beruflichen Alltag. Berufsbezogene Erholung bezeichnet die proaktive Möglichkeit eines Mitarbeiters, seine affektiven und energetischen Ressourcen, die während der Arbeitszeit aufgebraucht wurden, aufzuladen und damit das Wohlbefinden am Arbeitsplatz zu fördern (Bloom et al., 2015; Upadyaya et al., 2016). In der Regel findet die berufsbezogene Erholung in einem arbeitsfreien Kontext, wie beispielsweise nach Feierabend oder an dienstfreien Tagen, statt (Sonnentag, 2003). Erholung kann jedoch auch am Arbeitsplatz durch kurze informelle oder längere Pausen (z. B. Mittagspause) erfolgen (Bloom et al., 2015). Erholungsprozesse außerhalb des Arbeitsplatzes werden als ‚externale Erholung' bezeichnet, wohingegen Entspannungsphasen während der Arbeit als ‚internale Erholung' klassifiziert werden (Bloom et al., 2015). Zusammenfassend lässt sich sagen, dass die berufsbezogene Erholung als ein Schlüsselmechanismus gilt, um die negativen Auswirkungen von anspruchsvollen Arbeitsbedingungen zu mindern und die Arbeitsleistung sowie die berufliche Gesundheit zu erhalten (Bloom et al., 2015; Upadyaya et al., 2016).

3.2 Wohlbefinden im Kontext des Lehrerberufs

Das arbeitsbezogene Wohlbefinden von Lehrkräften folgt in seiner Grundstruktur den Merkmalen von Wohlbefinden anderer Berufsgruppen, jedoch gibt es sowohl berufsspezifische Arbeitsressourcen als auch Arbeitsanforderungen, aus denen entsprechende subjektive Beanspruchungen entstehen können. Ebenso weist das arbeitsbezogene Wohlbefinden von Lehrkräften mannigfaltige reziproke Effekte zu handlungs- und klientenbezogenen Variablen wie der Unterrichtsqualität oder der Lehrer-Schüler-Beziehung auf (Bakker & Schaufeli, 2000; Evers et al., 2004; Harding et al., 2019; Klusmann et al., 2006; Turner & Thielking, 2019; Virtanen et al., 2019). Es ist daher erforderlich, das arbeitsbezogene Wohlbefinden von Lehrkräften in seiner berufsspezifischen Komplexität eigenständig zu behandeln. In Abbildung 3.2 sind unter Rückgriff auf diverse theoretische und empirische Erkenntnisse die konstituierenden Einflussfaktoren des arbeitsbezogenen Wohlbefindens von Lehrkräften in einem Modell zusammengeführt.

Beanspruchende Antezedenzien von Wohlbefinden. Betrachtet man auf der Seite der Antezedenzien bzw. Prädikatoren des arbeitsbezogenen Wohlbefindens von Lehrkräften die beruflichen Anforderungen, sind zuerst die fünf Anforderungsdomänen des Beschlusses der Kultusministerkonferenz zu nennen (Sekretariat der Kultusministerkonferenz, 2002). Demnach sind Lehrkräfte für das Unterrichten, das Erziehen, das Beurteilen, das Beraten, das Weiterentwickeln der eigenen Kompetenzen sowie für die Weiterentwicklung der eigenen Schule zuständig. Diese beruflichen Aufgaben zielen jedoch mehr auf eine allgemeine Beschreibung des Berufsbildes des Lehrers ab und geben wenig Aufschluss über die konkreten vielschichtigen arbeitsbezogenen Stressoren, die mit dem Lehrerberuf einhergehen können. Im Handbuch zur Lehrergesundheit sind als berufsspezifische Anforderungen im Lehrerberuf folgende empirisch nachgewiesenen Belastungen aufgeführt (Nieskens et al., 2012, S. 83):

- die anspruchsvollen Tätigkeiten des Unterrichtens, des Förderns und des Benotens
- die diskrepanten Rollenerwartungen (unterschiedliche Erwartungen an die Lehrerrolle von unterschiedlichen schulbezogenen Akteuren)
- die erzwungene Zusammenarbeit durch die unfreiwillige soziale Konstellation im Unterricht
- das eindimensionale und asymmetrische Verhältnis zwischen den Lernenden und den Lehrkräften
- das Verhalten der Lernenden und deren Eltern
- die geringe Kontrolle über die erzielten Lerneffekte und fehlende Rückmeldung über die langfristigen Folgen des Unterrichtsgeschehens
- die Abhängigkeit der Lehrpersonen von politischen Entscheidungen, Erlässen und Lehrplänen
- die Vermischung von Arbeits- und Freizeit

Diese berufsspezifischen Anforderungen decken sich in weiten Teilen mit dem Raster zur Einordnung empirischer Untersuchungen zur Lehrerbelastungsforschung und hierbei insbesondere mit den genannten Einflussfaktoren nach Krause et al. (2013). Ein erster Einflussfaktor hierbei sind gesellschaftliche und bildungspolitische Rahmenbedingungen. Dieser Punkt knüpft an den föderalen Unterschieden der Schul- und Bildungssysteme in Deutschland an. Zu nennen sind hier besonders die unterschiedlichen Ausbildungscurricula der Lehrkräfte (Staatsexamen, Bachelor-Master-System), die Besoldung (Verbeamtung, Angestelltenverhältnis) und das gesellschaftliche Image von Lehrkräften (Krause et al., 2013). Bereits diese institutionellen Unterschiede innerhalb des deutschen Föderalismus bekräftigen, dass internationale Lehrkräfteforschung auch unter dem Kontext bildungspolitischer Rahmenbedingungen gedacht werden muss. Bei den arbeitsbezogenen Einflussfaktoren differenzieren Krause et al. (2013) zwischen objektiven und subjektiven Einflüssen. Unter die objektiven Einflussfaktoren fallen solche, die personenunabhängig gemessen werden können, wie beispielsweise die akustische Belastung im Klassenraum, die Arbeitszeit, die Schulform oder die Zusatzfunktionen einer Lehrkraft. Dem entgegengesetzt sind die subjektiven arbeitsbezogenen Einflussfaktoren vorrangig durch die Wahrnehmung der jeweiligen Lehrkraft bestimmt. Hierzu zählen mögliche Disziplinprobleme, die Lehrer-Schüler-Interaktion, das eigene Rollenverständnis und Rollenerleben sowie das Autonomiebedürfnis (Martinek, 2012). Die dargelegten beruflichen Anforderungen und Belastungen des Lehrerberufs gehen mit einer hohen medizinischen Prävalenz für das psychologische Syndrom des Burnouts einher (Krause & Dorsemagen, 2011, 2014; Letzel et al., 2019). Im Vergleich zu anderen Berufen weisen Lehrkräfte ein höheres Maß an Stress, emotionaler Erschöpfung und Müdigkeit auf (Rudow, 1999; Unterbrink et al., 2007). Diese Symptome sind mit Burnout assoziiert (Maslach & Leiter, 1999), weshalb es notwendig erscheint, sich mit diesem Krankheitsbild im Kontext des Lehrerberufes auseinanderzusetzen. Nach Maslach et al. (1997) handelt es sich bei Burnout um ein dreidimensionales psychologisches Belastungssyndrom. Die Identifikation und die Evidenz von Burnout ist gegeben, wenn sich mindestens eines der folgenden drei Symptome manifestiert: emotionale Erschöpfung, Depersonalisierung und verminderte persönliche Leistung (Maslach et al., 1997; Maslach et al., 2001; Maslach & Leiter, 1999). Emotionale Erschöpfung verdeutlicht sich in dem Gefühl emotional ausgelaugt und erschöpft zu sein, sowie durch das Empfinden keine Ressourcen mehr zur Bewältigung der Arbeit zu haben (Maslach et al., 1997; Maslach & Jackson, 1981). Depersonalisierung ist gekennzeichnet durch eine negative, gefühllose und distanzierte Haltung gegenüber anderen (Klusmann et al., 2008b). Bezogen auf den Lehrerberuf äußert sich dies durch ein kühles und reserviertes Auftreten gegenüber den Lernenden und den Kollegen. Das Symptom der verminderten persönlichen Leistung äußert sich durch eine negative Wahrnehmung der eigenen Arbeitsleistung, was zugleich mit einem Gefühl von Inkompetenz einhergeht (Maslach et al., 2001). Eine dauerhafte Einwirkung von Burnout assoziierten Symptomerscheinungen kann nicht nur zur Beeinträchtigung der Lehrergesundheit führen, sondern auch weitreichende Folgen für das Instruktionsverhalten, die Unterrichtsqualität und die Lehrer-Schüler-Beziehung haben (Kieschke & Schaarschmidt, 2008; Klusmann et al., 2006; Maslach & Leiter, 1999).

Muster des Belastungserlebens bei Lehrkräften und das AVEM-Instrument. Ebenso wie Maslach und Leiter (1999) haben sich Schaarschmidt und Fischer (1997) mit dem Belastungserleben und dessen Konsequenzen im Lehrerberuf beschäftigt. Entgegen der Einzelbetrachtung stressorientierter Symptomatik von Burnout (z. B. emotionale Erschöpfung) fokussieren Schaarschmidt und Fischer (1997) einen ressourcenorientierten Ansatz zur Analyse des „Zusammenspiel[s] berufsbezogener personaler Einstellungen und Verhaltensweisen bei der Bewältigung beruflicher Anforderungen" (Klusmann et al., 2006, S. 163). Mithilfe des diagnostischen AVEM-Instruments zur Erfassung arbeitsbezogener Verhaltens- und Erlebensmuster können vier unterschiedliche Verhaltens- und Einstellungstypen mit entsprechenden berufsbezogenen gesundheitlichen Risikotendenzen identifiziert werden. Das AVEM-Instrument umfasst elf verhaltens- und erlebensbezogene Dimensionen, die sich den drei Merkmalsbereichen Arbeitsengagement, persönliche Widerstandsfähigkeit und Bewältigung von Belastungen sowie Emotionen zuordnen lassen (Schaarschmidt et al., 2002). Das Diagnoseinstrument wurde unabhängig von einer bestimmten Berufsgruppe entwickelt, jedoch wurde es bei einer kumulierten Stichprobe mit über 3000 Lehrkräften aus Deutschland, Österreich und Polen validiert und die entsprechenden Muster empirisch bestätigt. In Abbildung 3.3 sind die vier unterschiedlichen Typen mit ihren jeweiligen musterspezifischen Ausprägungen der elf AVEM-Dimensionen dargestellt. Der Gesundheitstyp oder Muster G stehen für ein „gesundheitsförderliches Verhältnis gegenüber der Arbeit" (Schaarschmidt et al., 2002, S. 5). Der Typ G zeichnet sich durch ein hohes berufliches Engagement und Ehrgeiz bei gleichzeitiger erhaltener Distanzierungsfähigkeit aus. Ebenso weist dieses Muster eine hohe Resilienz und ein effektives Bewältigungsverhalten gegenüber beruflichen Belastungen auf, was sich in einer niedrigen Resignationstendenz bei Misserfolgen, in einer offensiven Problembewältigung sowie in einer berufsbezogenen Ausgeglichenheit widerspiegelt (Schaarschmidt et al., 2002).

Im Gegensatz hierzu weist der Schonungstyp bzw. das Muster S hinsichtlich des Arbeitsengagements geringe Werte auf, die mit einer Schonungstendenz

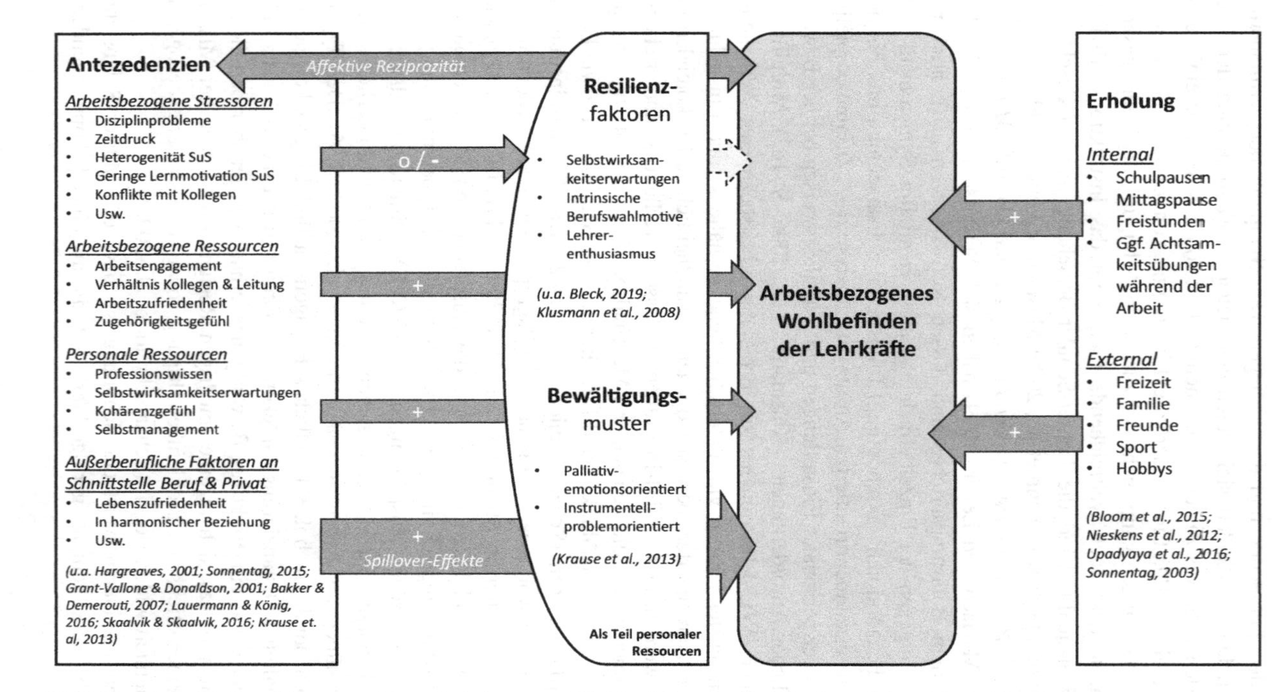

Abbildung 3.2 Einflussfaktoren auf das arbeitsbezogene Wohlbefinden von Lehrkräften. (Eigene Darstellung)

und einer ausgeprägten Distanzierungsfähigkeit einhergehen, was zusammengenommen eine protektive Wirkung gegenüber beruflicher Beanspruchung entfaltet. Darüber hinaus zeigt sich bei diesem Muster eine hohe Widerstandsfähigkeit und zugleich eine hohe Lebenszufriedenheit (Schaarschmidt & Fischer, 2008).

Neben den zwei eher salutogenen Mustern identifiziert das AVEM-Instrument auch zwei Typen, die aus gesundheitlicher Sicht risikobehafteter und damit vielmehr pathogener Natur sind. Der sogenannte Risikotyp A ist charakterisiert durch ein erhöhtes Arbeitsengagement, welches mit einer entsprechend hohen ‚Verausgabebereitschaft' und Perfektionismus zusammenhängt und eine Gratifikationskrise hervorruft. Dieses Muster zeigt niedrige Werte bei Problembewältigungsstrategien und der Distanzierungsfähigkeit von der Arbeit auf. Gleichfalls ist die Resilienz vermindert, sodass folglich die Lebenszufriedenheit insgesamt relativ geringe Werte aufweist (Schaarschmidt & Kieschke, 2013).

Ein weiteres Profil innerhalb des risikogeprägten Muster-Duetts ist der Risikotyp B. Dieser ist gekennzeichnet durch ein reduziertes berufliches Engagement, eine verminderte Belastbarkeit im Beruf und einer hohen Resignationstendenz bei Misserfolgen. Es zeigen sich geringe Ausprägungen bei der Problembewältigung, der beruflichen Ausgeglichenheit sowie dem arbeitsbezogenen Erfolg. Alle diese Parameter führen zu einem entsprechend hohen Belastungserleben und einem geringen Wohlbefinden. Dieses Risikomuster wird zumeist auch mit Burnout assoziiert (Klusmann et al., 2006).

Ein solches Muster-Quartett mit einer dualistischen Diskrepanz zwischen psychischer Saluto- und Pathogenese kann im Kontext des Lehrerberufs hilfreich sein, um unterschiedliche korrelative Manifestationen von Lehrerverhalten und -leistung zu begründen (Klusmann et al., 2006).

Positive Antezedenzien von Wohlbefinden. Nach einer bisher eher defizitorientierten Auseinandersetzung mit berufsspezifischen Anforderungen und damit einhergehenden Beanspruchungsfolgen im Exkurs sei jedoch aus einer salutogenen Perspektive betont, dass die Mehrheit der Lehrpersonen sich engagiert und gesund im Beruf fühlt (Bakker & Bal, 2010), obgleich sie jeden Tag im Klassenzimmer verschiedenen Herausforderungen ausgesetzt sind, die sich auf ihre Leistung in Form der Unterrichtsqualität auswirken. Gründe hierfür sind unter anderem positive Antezedenzien wie arbeitsbezogene und personale Ressourcen sowie persönliche Faktoren an der Schnittstelle von Beruf und Familie (vgl. Abb. 3.2). Wie bereits durch die Einflussfaktoren anhand des Rasters zur Einordnung empirischer Untersuchungen zur Lehrerbelastungsforschung von Krause et al. (2013) deutlich wurde, können insbesondere arbeits- und personenbezogene Faktoren sowohl als wohlbefindensförderliche Komponenten in Form

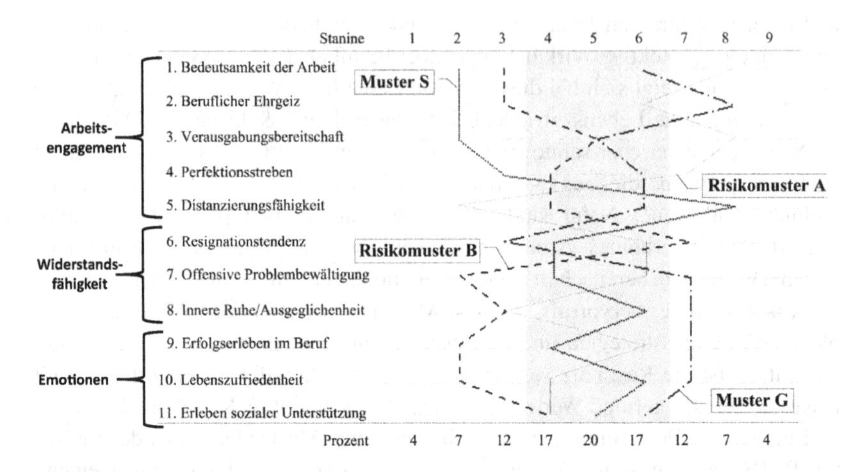

Abbildung 3.3 Unterscheidung der vier Muster von arbeitsbezogenem Verhalten und Erleben (Schaarschmidt et al., 2002, S. 5, ergänzt um die drei Merkmalsbereiche Arbeitsengagement, Widerstandsfähigkeit und Emotionen)

von Ressourcen als auch als negative Stressoren auftreten. Für das Lehrerwohlbefinden förderliche Faktoren auf der Arbeitsseite sind: die Jobzufriedenheit, als die Beurteilung darüber, wie zufrieden eine Person mit ihrem Beruf ist. Je zufriedener sie damit ist, desto wohler fühlt sie sich im Job (Skaalvik & Skaalvik, 2011). In einem engen Verhältnis zur Jobzufriedenheit steht das sogenannte Zugehörigkeitsgefühl (Baumeister & Leary, 1995). Je besser dieses Gefühl ausgeprägt ist, desto stärker identifiziert sich die Person mit dem Beruf und dem Arbeitsort Schule (Skaalvik & Skaalvik, 2011). Als eine weitere arbeitsbezogene Ressource kann das Arbeitsengagement verstanden werden, also wie engagiert die Lehrkraft bei ihren beruflichen Aufgaben ist (Bakker et al., 2007; Bakker & Bal, 2010; Hakanen et al., 2006). Ebenso positiv kann sich ein gutes Verhältnis zum Kollegium in der Schule und zur Schulleitung auf das arbeitsbezogene Wohlbefinden auswirken (N. Allen et al., 2015; Hargreaves, 2001). Auf der personalen Ressourcenseite sind wohlbefindensförderliche Faktoren ein fundiertes Professionswissen (Lauermann & König, 2016; Voss et al., 2015), ein gutes Selbstmanagement oder auch Selbstregulation von Zeit und Ressourcen (Baumert & Kunter, 2006) und ein hohes Kohärenzgefühl (Nieskens et al., 2012). Letzteres zielt auf das eigene Vertrauen ab, die beruflichen Anforderungen zu verstehen, sie mit den eigenen Fähigkeiten schaffen zu können und dass sich der aufgebrachte Einsatz lohnt (Nieskens et al., 2012). Nach dem Forschungsraster von Krause et al.

(2013) gliedern sich die förderlichen personenbezogenen Einflussfaktoren in demographische und individuelle Aspekte sowie in Bewältigungsstile. Die demographischen Faktoren sind Alter, Berufserfahrung, Geschlecht, Familienstand und mögliche eigene Kinder. Die individuellen Einflüsse sind positiv wirkende Aspekte wie Selbstwirksamkeitserwartungen (Brouwers & Tomic, 2000; Salmela-Aro & Upadyaya, 2014; Simbula et al., 2011), Einstellungen, motivationale Faktoren, Qualifikationen oder Lehrpersönlichkeit. Zuletzt sind die Bewältigungsstile als eine weitere personale Ressource zu nennen (Lehr et al., 2008), auch wenn diese in Abbildung 3.2 zur Verdeutlichung der stressprotektiven und reduzierenden Wirkung ‚grafisch' ausgelagert sind. Hierbei wird zwischen palliativen, emotionsorientierten Strategien und instrumentellen, problemorientierten Strategien unterschieden. Erstere zielen nicht auf die Lösung der Belastungsquelle ab, „sondern beinhalten mentale und physische Strategien, mit den Folgen auftretender Belastungen umzugehen" (Krause et al., 2013, S. 69). Letzteres fokussiert die Ursache der Beanspruchung und soll durch einen Strategiewechsel die Belastung reduzieren und einen besseren Umgang mit dieser fördern (Krause et al., 2013). Diese Strategien zur Stressbewältigung stehen auch im Einklang mit dem transaktionalen Stressmodell nach Lazarus und Folkman (1984). Sie beschreiben deckungsgleich emotions- sowie problemorientierte Bewältigungsstrategien und machen deren Initiierung von der Art der Arbeitsanforderungen und Arbeitsressourcen im intraindividuellen Bewertungsprozess von Stress abhängig (Lazarus & Folkman, 1984, 1987).

Zuletzt sind in Abbildung 3.2 die außerberuflichen Faktoren an der Schnittstelle von Beruf und Privatem zu nennen. Krause et al. (2013) beschreiben außerberufliche Einflüsse als „alle tätigkeitsbezogenen Einflüsse außerhalb des Berufs, die Auslöser von Beanspruchungen sein können" (S. 70). Im Mittelpunkt steht hierbei die Work-Life-Balance innerhalb des Spannungsfeldes von beruflichen und privaten Anforderungen. Als positive Faktoren sind hierbei eine hohe allgemeine Lebenszufriedenheit und mögliche vorteilhafte externale Erholungseffekte durch eine harmonische Beziehung mit einem Partner oder einer Partnerin, der Familie oder Freunden zu nennen (vgl. u. a. Nieskens et al., 2012; Sonnentag, 2003; Upadyaya et al., 2016).

Wirkung des Wohlbefindens. Die Befassung mit dem arbeitsbezogenen Wohlbefinden von Lehrkräften hat nicht nur eine intrasubjektive Bedeutung für die eigene Lehrergesundheit, sondern sowohl positive als auch negative Erlebensqualitäten haben einen entsprechenden Einfluss auf die Unterrichtsperformanz und wirken damit unmittelbar auf den Lernerfolg der Schülerinnen und Schüler ein (Klusmann et al., 2006; Klusmann et al., 2008b; Klusmann & Waschke, 2018; Maslach & Leiter, 1999; Turner & Thielking, 2019). Wie theoretisch dargelegt, ist das arbeitsbezogene Wohlbefinden von Lehrkräften ein komplexes Konstrukt, welches von diversen Prädiktoren beeinflusst wird. Eine Möglichkeit die Ausprägung des arbeitsbezogenen Wohlbefindens zu erfassen, ist die positiven wie auch negativen Erlebnisqualitäten einer Lehrperson zu messen (Klusmann et al., 2008a). In der vorliegenden Studie wird daher das arbeitsbezogene Wohlbefinden von Biologielehrkräften mithilfe der Variablen des Arbeitsengagements als eine positive Erlebensqualität und der beruflichen Ermüdung als eine negative Erlebensqualität expliziert. Die Operationalisierung des Konstrukts erfolgt in Abschnitt 6.4.3.

3.3 Stand der Wohlbefindensforschung im Kontext des Lehrerberufs

Im Folgenden sollen die für diese Arbeit zentralen Erkenntnisse der Wohlbefindensforschung im Kontext des Lehrerberufs dargestellt werden. Hierbei stehen Forschungsergebnisse aus der salutogenen Perspektive im Fokus. Das arbeitsbezogene Wohlbefinden ist zugleich immer damit verbunden, dass negative Erlebensqualitäten ausbleiben und durch langfristigen Stress induzierte Krankheiten wie Burnout nicht auftreten. Nichtsdestotrotz sollte im Rahmen der Auseinandersetzung mit dem arbeitsbezogenen Wohlbefinden das häufigste Symptom des Lehrerberufs, die emotionale Erschöpfung, welche eng mit dem Syndrom des Burnouts assoziiert ist, nicht aus der wissenschaftlichen Betrachtung ausgeschlossen werden. Daher wird auch kurz auf Forschungserkenntnisse der defizitorientierten Perspektive der Lehrergesundheit eingegangen. Ebenso werden in diesem Kapitel empirische Befunde zur Wirkung positiver und negativer Faktoren in Bezug zum arbeitsbezogenen Wohlbefinden auf die Lehrerperformanz in Form der Unterrichtsqualität aufgezeigt.

Salutogene Forschungsperspektive. Dicke et al. (2015) haben in einer Studie mit 1740 Lehramtsreferendaren die Selbstwirksamkeitserwartungen als Resilienzfaktoren gegenüber Stress (emotionale Erschöpfung) identifiziert. Ähnliche positive Effekte der Selbstwirksamkeitserwartungen gegenüber dem Stresserleben einer Lehrkraft wurden in weiteren Studien belegt (Brouwers & Tomic, 2000; Klassen et al., 2011; Klassen & Chiu, 2011; Schwarzer & Hallum, 2008; Skaalvik & Skaalvik, 2016).

Mithilfe einer Teilstichprobe von 1789 Lehrkräften aus den COACTIV-Projekten (vgl. Abschnitt 2.4.1) haben Klusmann et al. (2008b) die Relevanz der selbstregulativen Fähigkeiten von Lehrkräften als eine personenbezogene Kompetenz (vgl. Abschnitt 2.1) auf das Wohlbefinden (operationalisiert durch emotionale Erschöpfung und Arbeitszufriedenheit) und die Unterrichtsperformanz von Lehrkräften untersucht. Die Ergebnisse zu letzterem werden zu einem späteren Zeitpunkt dargestellt. Hinsichtlich der Selbstregulationsmuster haben sie vier verschiedene Typen (H = gesund-ehrgeizig, U = nicht ehrgeizig, A = übermäßig ehrgeizig, R = resigniert) identifizieren können[1], die unterschiedliche Zusammenhänge mit dem arbeitsbezogenen Wohlbefinden aufzeigen. Der H-Typ zeigt eine signifikant geringere emotionale Erschöpfung als der U-Typ. Die höchsten Werte hinsichtlich der emotionalen Erschöpfung weisen der A- und R-Typ auf. Vergleichbare Werte zeigen sich auch bei der Arbeitszufriedenheit. Der H-Typ weist hier die höchsten Werte, gefolgt vom U-Typ, auf. Die niedrigsten Werte zeigen sich beim A- und R-Typ (Klusmann et al., 2008b). Daraus kann man schlussfolgern, dass die Selbstregulationstypen H und U ein höheres Wohlbefinden aufzeigen als die A- und R-Typen und somit die Kompetenz, die eigenen Ressourcen arbeitsoptimiert selbst zu regulieren, eine nicht unerhebliche Rolle für das eigene Wohlbefinden spielt.

Defizitorientierte Forschungsperspektive. Aus einer defizitorientierten Perspektive zeigten Brunsting et al. (2014) mithilfe einer metaanalytischen Auswertung von Studienergebnissen, die vorrangig das Lehrerburnout untersuchten, dass der Lehrerberuf eine nicht geringe Prävalenz für Burnout aufweist und dieser mit diversen Variablen korreliert. Untersucht wurden 23 Studien im Zeitraum von 1979 bis 2013, die sich auf die Population der Förderlehrpersonen beschränkten. Als zentrale Ergebnisse der Metaanalyse sind zu nennen, dass Burnout negativ mit steigendem Alter und hoher Berufserfahrung korreliert (Brunsting et al., 2014). Als bedeutsame Prädiktoren für Burnout wurden die Klassengröße, der Mangel an Ressourcen, das subjektiv wahrgenommene Arbeitspensum, Unterstützung durch Kolleginnen und Kollegen und Familie, Rollenkonflikte der Lehrkraft und mögliche präventive Interventionen in Form von Fortbildungen und Ähnliches identifiziert (Brunsting et al., 2014). Diese medizinische Prävalenz von Lehrkräften für psychische Erkrankungen wie Burnout wurde auch in anderen Studien bestätigt (Cramer et al., 2014; Krause & Dorsemagen, 2014; Lehr, 2014; Letzel et al., 2019; Seibt et al., 2007). Eine hohe psychische Beeinträchtigung von Lehrpersonen konnte auch durch zahlreiche Lehrerstudien von Schaarschmidt (2005) und Kieschke und Schaarschmidt (2008) mit ihrem AVEM-Instrument bzw. durch Verwendung ihres Instruments in anderen Studien im Lehrerkontext

[1] Diese vier Typen sind angelehnt an die (Belastungs-)Muster von Schaarschmidt et al. (2002). Die abweichende ‚Buchstaben-Benennung' der Typen ergibt sich durch die englische Übersetzung der Publikation.

belegt werden. Darüber hinaus konnten ebenso die clusteranalytischen Verhaltensmuster repliziert werden (vgl. u. a. J. Bauer et al., 2006; Klusmann et al., 2006). Schaarschmidt et al. (2017) konkludieren anhand ihrer abundanten Ergebnisse, dass rund 60 % der untersuchten Lehrpersonen zu einem der beiden Risikotypen A (Selbstüberforderung) oder B (Erschöpfung) tendierten. In einer Studie mit 408 deutschen Gymnasiallehrkräften unter Verwendung des AVEM-Instruments wiesen J. Bauer et al. (2006) nach, dass 32, 5 % dem Risikotyp B, 17,7 % dem Risikotyp A, 35,9 % dem Schonungstyp S und 15,8 % dem Gesundheitstyp G zuzuordnen waren. Darüber hinaus gaben die Lehrkräfte an, dass eine hohe Anzahl von Lernenden in einer Klasse sowie ein destruktives und aggressives Verhalten auf Seiten der Schüler die primären Stressoren im Berufsalltag sind (J. Bauer et al., 2006).

Einen großen Einfluss von störendem Schülerverhalten auf die psychische Gesundheit konnten auch Unterbrink et al. (2008) mithilfe einer Stichprobe von 949 deutschen Gymnasial- und Hauptschullehrern nachweisen, wohingegen sie positives Feedback von Eltern und Lernenden sowie Unterstützung durch Kollegen und die Schulleitung im Berufsalltag als signifikant positive und protektive Faktoren für die Lehrergesundheit identifizieren (Unterbrink et al., 2008).

Die Auswirkung diverser Prädiktoren auf das Arbeitsengagement und die emotionale Erschöpfung von Lehrkräften ($N = 1939$) untersuchten Klusmann et al. (2008a) sowohl auf individueller als auch auf Schulebene und differenzierten hierbei die vielschichtigen Einflüsse des schulischen Kontexts. Für diese Studie sind vor allem die Erkenntnisse auf der individuellen Ebene interessant, die zeigen, dass insbesondere die Unterstützung der Schulleitung mit einem höheren Arbeitsengagement bei den Lehrkräften assoziiert ist. Demgegenüber stehen als Prädiktor für eine höhere emotionale Erschöpfung die Disziplinprobleme im Klassenzimmer. Diese Ergebnisse stehen in einer Linie mit weiteren Studien, die bekräftigen, dass vor allem die Unterstützung durch Kollegen oder die Schulleitung im Berufsalltag förderlich für das Arbeitsengagement oder weitergefasst für das Wohlbefinden sind (Bakker & Demerouti, 2007). Ebenso werden die Disziplinprobleme von Lernenden signifikant häufig als Trigger für die psychische Belastung von Lehrpersonen identifiziert.

Mithilfe von 154 niederländischen High-School-Lehrkräften haben Bakker und Schaufeli (2000) untersucht, inwiefern sich arbeitsbezogene, burnoutähnliche Symptomatik unter den Lehrkräften übertragen. Das Phänomen einer möglichen Übertragung negativer Emotionen unter den Lehrkräften bezeichnen sie als emotional contagion (vgl. die positive emotionale Ansteckung des Lehrerenthusiasmus unter 2.4.3). Die Ergebnisse zeigen, dass sich insbesondere Lehrkräfte, die bereits anfällig für psychische Belastungen sind, von den arbeitsbezogenen und psychischen Problemen anderer Lehrkräfte anstecken ließen (Bakker & Schaufeli, 2000).

Eine ähnliche Forschungsfrage untersuchten Harding et al. (2019), indem sie an 25 Schulen den Zusammenhang zwischen dem arbeitsbezogenen Wohlbefinden der Lehrkräfte und den Lernenden querschnittlich untersuchten. Die Stichprobe von 3217 Schülern und 1167 Lehrkräften aus England und Wales zeigt, dass das Wohlbefinden beider Untersuchungsgruppen miteinander korreliert und dass sich insbesondere eine gute Lehrer-Schüler-Beziehung positiv auf das arbeitsbezogene Wohlbefinden der Lernenden auswirkt (Harding et al., 2019). Sowohl die Erkenntnisse von Bakker und Schaufeli (2000) als auch von Harding et al. (2019) zeigen die intersubjektive Bedeutung individueller Wohlbefindlichkeiten von Lehrkräften. Es ist daher nicht unwesentlich für das Schulumfeld, dass sich das Wohlbefinden auf Kollegen wie auch Lernende auswirken kann.

Diverse Studien haben nachgewiesen, dass sowohl positive als auch negative Erlebnisse aus dem privaten und sozialen Bereich der jeweiligen Person auf das arbeitsbezogene Wohlbefinden einwirken (T. D. Allen et al., 2000; Frone et al., 1996; Grant-Vallone & Donaldson, 2001; Ilies et al., 2015; Sonnentag, 2015). Um im Kontext des Lehrerberufs zu bleiben, kann sich beispielsweise ein Familienstreit am Morgen vor dem Unterricht negativ auf die Performanz des Instruktionsprozesses der Lehrkraft auswirken. Diese empirische Erkenntnis sogenannter Spillover-Effekte sollte daher immer beim Erforschen und methodischen Erheben des arbeitsbezogenen Wohlbefindens als potentielle Störvariable mitbedacht werden (Upadyaya et al., 2016).

Wirkungsforschung von Wohlbefinden. Hinsichtlich der Wirkung von arbeitsbezogenem Wohlbefinden der Lehrkräfte auf Outcomes von Lehrerperformanz zeigten Turner und Thielking (2019) aus einer salutogenen Perspektive, dass sich ein hohes arbeitsbezogenes Wohlbefinden sowie der Einsatz von Strategien aus der positiven Psychologie in der Unterrichtspraxis positiv auf den Lernerfolg der Schüler auswirkt. Qualitativ untersucht wurden fünf Lehrkräfte und deren jeweilige Schülerinnen und Schüler. Mithilfe einer Intervention zu Strategien positiver Psychologie (PERMA-Ansatz[2]) wurden Lehrkräfte um die Anwendung dieser Strategien im Unterricht gebeten und damit das arbeitsbezogene Wohlbefinden der Lehrkräfte gesteigert. Qualitative Interviews belegten das subjektive Gefühl

[2] Der PERMA-Ansatz der positiven Psychologie nach Martin Seligman verfolgt das Streben nach fünf positiven Aspekten (Positive Emotions, Engagement, Relationships, Meaning und Achievement).

von weniger Stress, einer besser wahrgenommenen Beziehung zu den Lernenden und einem besseren Engagement der Lernenden im Unterricht (Turner & Thielking, 2019).

In der eingangs erwähnten Studie von Klusmann et al. (2008b) zur Selbstregulation, dem Wohlbefinden und der Unterrichtsperformanz zeigte sich, dass Selbstregulationstypen mit einem engagierten Ehrgeiz und hohen Werten bei Bewältigungsstrategien und psychischer Stabilität (wie Muster H) mit hohen Werten bei Unterrichtsperformanzmaßen (Klassenführung, Tempo, kognitive Aktivierung und Lernunterstützung) aus Schülerperspektive einhergehen. Auch wenn keine direkten Zusammenhänge mit den Mathematikleistungen der Lernenden nachgewiesen werden konnten, so zeigt zumindest das Schülerrating, dass der Unterricht von Lehrkräften mit selbstregulativen Fähigkeiten des Typs H positiver wahrgenommen wird als von den anderen Typen (Klusmann et al., 2008b). Wenn man dem gesund-ehrgeizigen Typ H ein hohes Maß an arbeitsbezogenem Wohlbefinden unterstellt, lässt sich zumindest eine positive Korrelation mit der Unterrichtsperformanz aus Lernendenperspektive herstellen.

In einer weiteren Studie von Klusmann et al. (2006) wurde der Zusammenhang der Belastungsmuster nach Schaarschmidt und der Unterrichtsqualität aus Perspektive der Lernenden untersucht. In einer Stichprobe von 314 Mathematiklehrkräften und ihren zugehörigen Klassen (Berücksichtigung von Klassen mit mindestens zehn erfolgreichen Schülerratings) zeigten die Ergebnisse, dass durch die Schüler deutliche Unterschiede zwischen dem Gesundheitstyp G und dem am meisten beeinträchtigten Risikotyp B bewertet wurden. Hierbei betroffen waren vor allem die Dimensionen von Unterrichtsqualität, welche „die Fähigkeit der Lehrkraft zur Adaptivität an die Bedürfnisse der Schüler beschreiben“ (Klusmann et al., 2006, S. 171). Diese signifikanten Unterschiede bekräftigen, dass die Unterrichtsperformanz besonders belasteter Lehrkräfte (Risikotyp A und B) durch die Lernenden als nicht schülerorientiert und lernförderlich wahrgenommen wird. Dieses Ergebnis wird auch von den theoretisch postulierten Auswirkungen von Burnout bei Lehrkräften von Maslach und Leiter (1999) gestützt.

4 Unterrichtsqualität

Die kontinuierliche Schaffung eines schülerorientierten Unterrichtsangebots, die Gestaltung einer lernförderlichen Atmosphäre in Klassen sowie die Vermittlung von Problemlösekompetenzen über die fachlichen Inhalte hinaus sind Schlüsselaufgaben von Lehrkräften. In diesem Zusammenhang bildet ‚Unterrichtsqualität' die Effektivität des Instruktionsprozesses ab. Die Erforschung des Unterrichtsprozesses und dessen Wirkung auf den Lernerfolg der Schülerinnen und Schüler steht im Mittelpunkt der Instruktionsforschung.

Empirische Unterrichtsforschung. Aus einer theoretischen und allgemeindidaktischen Sicht konstruiert sich Unterricht durch die drei Komponenten Lehrperson, Lerngegenstand und Lernende, die zugleich die drei Eckpunkte eines didaktischen Dreiecks bilden (Praetorius, 2012; Reusser, 2008). Die Interdependenzen zwischen den drei Polen bilden eine Ziel-, Unterstützungs- und Verstehenskultur im Rahmen des Lehrens und Lernens (Reusser, 2008).

In Abgrenzung dazu fokussiert sich die ‚empirische Unterrichtsforschung' auf Qualitätsmerkmale, die die Güte und Effektivität des Unterrichts messen und auf Annahmen des ‚Prozess-Produkt-Paradigmas' beruhen (Clausen, 2002; Praetorius, 2012; Vogelsang, 2014; Weinert et al., 1989). An dieses Paradigma anknüpfend sowie unter Berücksichtigung der Modelle schulischer Lernprozesse nach Carroll (1963) und Walberg (1981) beschreiben Weinert et al. (1989) Unterrichtsqualität als Instruktionsverhalten, das durch feststehende Faktoren die Schulleistungen der Lernenden erklären kann. Konkret lässt sich die Wirkungsweise von Unterricht über ein sogenanntes ‚Angebots-Nutzungs-Modell' nach (Helmke, 2014) darstellen. Im Mittelpunkt des Modells stehen insbesondere der Unterricht als ein Angebot zum Lernen, die Lernaktivität als aktiver Nutzungsprozess des Lernangebots sowie die Wirkungen als Ertragsprodukt

M. Milius, *Professionelle Kompetenz von Biologielehrkräften*,
https://doi.org/10.1007/978-3-658-37590-4_4

des Lehr-Lern-Prozesses im Gesamten (vgl. Abb. 4.1). Der Konstruktion eines Instruktionsprozesses ist die Lehrperson mit ihren intrapersonellen Merkmalen und Kompetenzen vorgeschaltet und daher wesentlich am möglichen Lernertrag beteiligt. Nichtsdestotrotz führt ein Unterrichtsangebot nicht unweigerlich direkt zu einem Effekt auf der Ertragsseite. Dieser Prozess wird wesentlich durch die Nutzung auf der Schülerseite mediiert (Kohler & Wacker, 2013; Praetorius, 2012). Hierbei ist von Bedeutung, inwiefern das Lernangebot durch die Lernenden interpretiert wird und „zu welchen motivationalen, emotionalen und volitionalen […] Prozessen sie [= Lernangebote] auf Schülerseite führen" (Helmke, 2014, S. 71). Zusätzlich wird die Wirkungsweise von Unterricht auch noch von weiteren Faktoren wie der Familie, dem individuellen Lernpotenzial sowie dem Kontext beeinflusst, die den Unterricht als institutionalisiertes Lernsetting beschreiben (vgl. Abb. 4.1). Guter Unterricht bzw. ein Unterricht mit hoher Qualität wäre in diesem Modell jener, der effektiv und lernwirksam auf der Schülerseite einen nachhaltigen Lernertrag generiert (Helmke, 2014).

Umstritten bleibt jedoch, welche konkreten Kriterien effektiv zur Bestimmung von Unterrichtsqualität herangezogen werden sollen. Eine Reduzierung auf die Schulleistung der Lernenden zur Beurteilung von Unterrichtsqualität innerhalb des Prozess-Produkt-Paradigmas, obgleich häufig bei Vergleichsstudien angewandt, greift zu kurz und wird als unzureichend kritisiert (Clausen, 2002; Praetorius, 2012). Begründet wird dies mit längsschnittlichen Studien zur Effektivität von Lehrkräften, die zeigen, dass diese zu verschiedenen Messzeitpunkten variieren können und somit auf zeitliche Sicht keine stabilen Schülerleistungen generiert werden können (Kennedy, 2010 zitiert nach Praetorius, 2012). Die Mehrebenenstruktur des Unterrichts und dessen Wirkungsweise sind komplex. Guter Unterricht entsteht, wenn unterschiedliche (Qualitäts-)Merkmale in einer lernwirksamen und nachhaltigen Choreographie zusammenwirken (Oser & Baeriswyl, 2001). Man unterscheidet hierbei zwischen einer Oberflächen- und einer Tiefenstruktur des Unterrichts (Cauet, 2016; Decristan et al., 2020). Die ‚Oberflächenstruktur' setzt sich aus sichtbaren Merkmalen wie den Sozialformen, den Methoden und Konzepten des Unterrichts sowie der organisatorischen und räumlich-zeitlichen Struktur, welche einen Rahmen für den Unterricht schaffen, zusammen (Hess & Lipowsky, 2020). Die ‚Tiefenstruktur' bildet hingegen nicht beobachtbare Lehr-Lernprozesse ab, umfasst die Basisdimensionen der Unterrichtsqualität (Praetorius, 2012) und hat empirisch belegbar eine deutlich höhere Relevanz für die Lernwirksamkeit von Unterricht als die Oberflächenstruktur (Decristan et al., 2020; Hattie, 2009; Steffensky & Neuhaus, 2018). Außerdem findet Unterricht immer innerhalb des Rahmens einer Fachdomäne statt und ist

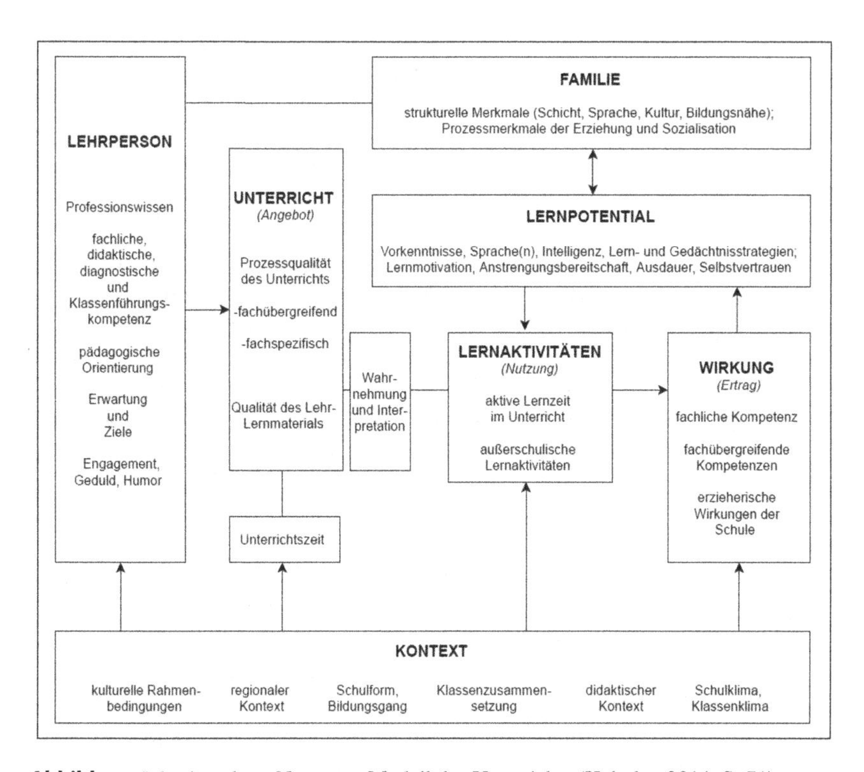

Abbildung 4.1 Angebots-Nutzungs-Modell des Unterrichts (Helmke, 2014, S. 71)

damit stets kontextabhängig (Kunter & Trautwein, 2013). Die Domänenspezifität von Unterricht muss daher bei der Betrachtung von Qualitätsmerkmalen mitgedacht werden.

Unterricht wird maßgeblich durch die Lehrkraft konzipiert. Somit ist die Gestaltung des Unterrichtsangebots unmittelbar von den persönlichen Ressourcen und Kompetenzen der Lehrperson abhängig. Für die Umsetzung fächerübergreifender Qualitätsmerkmale ist insbesondere das allgemeine pädagogische Wissen von besonderer Relevanz (Voss et al., 2015), wohingegen das Gelingen fachspezifischer Unterrichtsmerkmale vor allem von Fachwissen und dem fachdidaktischen Wissen abhängig ist (K.-O. Bauer & Logemann, 2011).

In den folgenden Abschnitten sollen die Strukturebenen des Unterrichts näher beleuchtet werden, indem zuerst allgemeine Merkmale für Unterrichtsqualität aufgezeigt werden, um daran anschließend biologiespezifische Qualitätsmerkmale abzuleiten und darzustellen. Zuletzt wird ein Überblick über den aktuellen Forschungsstand zur Unterrichtsforschung dargelegt.

4.1 Allgemeine Merkmale für Unterrichtsqualität

Der Forschungsdiskurs innerhalb der Instruktionsforschung zeigt keinen allgemeingültigen Konsens hinsichtlich idealer Merkmale zur Feststellung von Unterrichtsqualität (Helmke, 2014; Helmke & Schrader, 2008; Praetorius, 2012). Berliner (2005) klassifiziert Unterrichtsqualität als ein unbeschreibliches Konstrukt, da eine Definition normative Werturteile erfordert, die intersubjektiv variieren. Nichtsdestotrotz wurden innerhalb des Forschungszweiges diverse Merkmale guten Unterrichts formuliert, denen ein gemeinsamer Nexus zugrunde liegt. Im Folgenden sollen drei für die Unterrichtsforschung exemplarische Enumerationen von Qualitätsmerkmalen aufgeführt und im Anschluss die drei etablierten Basisdimensionen von Unterricht abgeleitet werden.

Generische Unterrichtsmerkmale. Basierend auf dem ‚Prozess-Mediations-Produkt-Paradigma' formuliert J. Brophy (2000) zwölf allgemeine und fächerübergreifende Prinzipien eines effektiven Unterrichts (vgl. Tab. 4.1). Er betont hierbei, dass diese Prinzipien anhand des Forschungsstandes universell sind, jedoch an den lokalen und inhaltlichen Kontext, die formalen Aspekte des jeweiligen Schulsystems sowie die Lerngruppe angepasst werden müssen (J. Brophy, 2000). Auf nationaler Ebene skizziert Helmke (2014) zehn Merkmale der Unterrichtsqualität, die sich fächerübergreifend auf verschiedene Qualitätsbereiche beziehen (vgl. Tab. 4.1). Die Aspekte 1, 4 und 8 beziehen sich unmittelbar auf die Förderung der Informationsverarbeitung im Unterricht. Die Merkmale 3, 5 und 10 konzentrieren sich auf die Förderung der Lernbereitschaft und damit indirekt auf den Lernerfolg. Die Punkte 6 und 7 hingegen richten sich nach der „Unterschiedlichkeit von Bildungszielen, fachlichen Inhalten und individuellen Lernvoraussetzungen" (Helmke, 2014, S. 169). Mit einem hohen Bezug zur Schulpraxis und an empirischen Forschungsergebnissen orientiert, konzipiert Meyer (2018) zehn Merkmale guten Unterrichts (vgl. Tab. 4.1). Er postuliert, dass seine Gütekriterien guten Unterrichts auf ein „gelingendes Arbeitsbündnis zwischen der Lehrerin/dem Lehrer und den Schülerinnen und Schülern" (Meyer, 2018, S. 130) abzielen und einen hohen Lernertrag auf der Seite der Lernenden mit sich bringen. Allen drei Enumerationen guten Unterrichts ist gemein, dass sie sowohl Merkmale der ‚Oberflächenstruktur' (z. B. Methodenvielfalt) als auch der ‚Tiefenstruktur' (z. B. lernförderliches Lernklima) abbilden. Ebenso zielen diese Qualitätsmerkmale vorrangig auf das kognitive Lernen der Schülerinnen und Schüler ab und begünstigen weniger den Erwerb sozialer, methodischer oder musischer Kompetenzen (vgl. u. a. Meyer, 2018).

Tabelle 4.1 Diverse Merkmale von Unterrichtsqualität im Vergleich. (Eigene Darstellung)

Brophy (2000, S. 8 ff.)	Helmke (2014, S. 168 f.)	Meyer (2018, S. 23 ff.)
(1) Unterstützung der Lerntätigkeit (scaffolding students task engagement) (2) Lerngelegenheiten (opportunity to learn) (3) Unterstützendes Unterrichtsklima (supportive classroom climate) (4) Inhaltliche Kohärenz (coherent content) (5) Lehrplanorientierung (curricula alignment) (6) Etablierung einer Lern- und Aufgabenorientierung (establishing learning orientations) (7) Durchdachter Unterrichtsdiskurs (thoughtful discourse) (8) Praxis- und Anwendungs- und Übungsaktivitäten (practice and application activities) (9) Kooperatives Lernen (co-operative learning) (10) Lehren von Lernstrategien (strategy teaching) (11) Zielorientierte Bewertung (goal-oriented assessment) (12) Angemessene Leistungserwartungen (achievement expectations)	(1) Klarheit und Strukturiertheit (2) Klassenführung (3) Lernförderliches Klima (4) Konsolidierung und Sicherung (5) Schülerorientierung (6) Angebotsvariation (7) Umgang mit Heterogenität (8) Aktivierung (9) Kompetenzorientierung (10) Motivierung	(1) Klare Strukturierung des Unterrichts (2) Hoher Anteil echter Lernzeit (3) Lernförderliches Unterrichtsklima (4) Inhaltliche Klarheit (5) Sinnstiftendes Kommunizieren (6) Methodenvielfalt (7) Individuelles Fördern (8) Intelligentes Üben (9) Transparente Leistungserwartungen (10) Vorbereitete Umgebung

Basisdimensionen der Unterrichtsqualität. Ein weiterer Ansatz innerhalb der empirischen Unterrichtsforschung zur Klassifizierung von Unterrichtsqualitätsmerkmalen ist jener der Basisdimensionen. Unter Basisdimensionen werden die „empirisch herausgeschälten einzelnen Qualitätsmerkmale" (Klieme, 2006, S. 769) von Unterricht verstanden.

Dieser Ansatz baut sowohl auf dem Prozess-Produkt-Paradigma als auch auf konstruktivistischen Forschungsparadigmen unter Berücksichtigung kognitiver und motivationaler Theorien auf und aggregiert systematisch die empirisch evidenten Qualitätsaspekte zu drei Basisdimensionen der Tiefenstruktur von Unterricht (Klieme, 2006; Klieme et al., 2009). Abgeleitet und empirisch gestützt wird diese Theorie der drei Basisdimensionen guten Unterrichts durch die Ergebnisse der ‚Third International Mathematics and Science Study' (TIMSS) und der ‚Pythagoras-Studie', bei denen die Unterrichtsqualität durch Auswertung von Videovignetten bewertet wurde (Klieme et al., 2001; Klieme et al., 2006). Die drei Grunddimensionen der Unterrichtsqualität umfassen Klassenführung, lernförderliches Unterrichtsklima und kognitive Aktivierung (Dorfner et al., 2017; Klieme et al., 2001; Kunter & Voss, 2011). Demnach ist Unterrichtsqualität gekennzeichnet durch das Angebot von kognitiv anspruchsvollen und schülerorientierten Lernmöglichkeiten sowie die Durchführung eines lernförderlichen und strukturierten Instruktionsprozesses (Kunter et al., 2008).

Klassenführung. Eine erfolgreiche ‚Klassenführung' zeichnet sich dadurch aus, dass potentiellen Störungen präventiv begegnet, die Lernzeit effektiv genutzt und ein klar strukturiertes Lernumfeld geschaffen wird (Baumert & Kunter, 2006). Die Lehrkraft nimmt hierbei eine proaktive, präsente Rolle im Klassenraum ein und schafft es, auf simultan auftretende Störungen des Unterrichtsablaufs reibungslos zu reagieren (Kounin, 2006). Daraus leitet sich ab, dass potentielle Disziplinprobleme und deren Lösung sowie insbesondere deren Prävention Teil des Konstrukts Klassenführung sind (Voss et al., 2014). Darüber hinaus betonen Klieme et al. (2001), dass eine funktionierende Klassenführung die Voraussetzung für das Gelingen der anderen Basisdimensionen ist. Schließlich ist es fast unmöglich, in einer unruhigen Klassenatmosphäre, bei der viel Lernzeit durch Störungen verloren geht, sowohl ein am Schüler orientiertes unterstützendes Lernklima[1] zu entfalten als auch im Instruktionsdiskurs auf ein kognitiv anspruchsvolles Niveau zu gelangen.

Lernförderliches Unterrichtsklima. Bei einem guten ‚lernförderlichen Unterrichtsklima' schafft die Lehrkraft eine soziale und konstruktive Lernumgebung,

---

[1] Unterstützendes Lernklima und lernförderliches Unterrichtsklima werden synonym verwendet.

in der sich jede Schülerin und jeder Schüler wertgeschätzt fühlt, in dem auf die Bedürfnisse des Lernenden eingegangen wird und in dem jeder Lernende individuelle Unterstützung erhält (Kunter & Voss, 2011; Pianta & Hamre, 2009). Ebenso zeichnet sich ein unterstützendes Lernklima durch einen konstruktiven Umgang mit Fehlern sowie einer positiven ‚Feedbackkultur' aus (Klieme et al., 2006). Dieses Konstrukt zielt auf die konstruktive Unterstützung der Lernenden auf ihrem Weg der Selbstbestimmung im unterrichtlichen Kontext (vgl. Selbstbestimmungstheorie, Abschnitt 2.2.1) durch die Lehrkraft ab (Cauet, 2016).

Kognitive Aktivierung. Bei einem hohen Grad an ‚kognitiver Aktivierung' im Unterricht initiiert die Lehrkraft eine kognitive Auseinandersetzung mit dem Lerngegenstand auf einem anspruchsvollen Niveau, die es den Lernenden auf Basis ihrer bereits vorhandenen Vorstellungen und ihres (Vor-)Wissens ermöglicht, neue Erkenntnisse zu entwickeln und in ihren Wissensbestand zu integrieren (Kunter et al., 2008; Milius & Nitz, 2018). Schülerinnen und Schüler können kognitiv aktiviert werden, indem die Lehrkraft herausfordernde Aufgaben bereitstellt, die auf dem Vorwissen des Lernenden beruhen, kognitive Konflikte hervorrufen und grundlegende Konzepte, Lösungen und Interpretationen hervorheben (Künsting et al., 2016). Darüber hinaus kann eine kognitive Aktivierung hervorgerufen werden, indem die Aufmerksamkeit der Schülerinnen und Schüler auf Ähnlichkeiten und Unterschiede zwischen Konzepten gelenkt wird, indem sie dazu angeregt werden, über ihr eigenes Lernen nachzudenken, indem sie aufgefordert werden, Gründe für ihre Antworten und Lösungen anzugeben, und indem sie ermutigt werden, sich auf Inhalte einzulassen (Klieme et al., 2001; Künsting et al., 2016; Lipowsky et al., 2009). Demnach ist die kognitive Aktivierung ein Instruktionsmerkmal, um die tiefe kognitive Auseinandersetzung und Verarbeitung sowie das intensive Engagement der Lernenden in einem Fach zu fördern und zu festigen (Künsting et al., 2016). Kognitiv aktive Lernprozesse auf Seiten der Schülerinnen und Schüler sind nicht direkt beobachtbar, sondern müssen über bestimmte Merkmale des gestalteten Unterrichtsprozesses abgeleitet werden (Lipowsky, 2015). Hierbei zentral ist die Schaffung herausfordernder Lerngelegenheiten, die beispielsweise durch Fragestellungen, die zum Nachdenken anregen, durch die Auseinandersetzung mit Schülervorstellungen und durch die Aktivierung und Vernetzung von Vorwissen sowie durch die Provokation kognitiver Konflikte mit dem Lerngegenstand und den Vorstellungen der Lernenden gelingen kann (Cauet, 2016; Förtsch, Werner, Dorfner et al., 2016; Praetorius et al., 2014; Rakoczy & Pauli, 2006). Klieme et al. (2009) betonen: "cognitive activation can only be judged with respect to the specific content that is being taught, the way it is implemented, and how the instructional process is related to students' prerequisites" (Klieme et al., 2009, S. 142). Folglich kann kognitive Aktivierung nur in einem fachspezifischen Kontext adäquat beurteilt werden, was sowohl methodische als auch forschungsrelevante Implikationen für die jeweiligen Fachdidaktiken bedeutet. Das Konstrukt der kognitiven Aktivierung flankiert die Schnittstelle zwischen allgemeinen und fachspezifischen Unterrichtsmerkmalen. Damit grenzt sie sich von der Klassenführung und dem lernförderlichen Unterrichtsklima, welche als eindeutig fächerübergreifend bestimmbare Basisdimensionen des Unterrichts gelten, ab.

4.2 Biologiespezifische Merkmale für Unterrichtsqualität

Innerhalb der Lehr-Lern-Forschung wurde lange Zeit der Ansatz verfolgt, universelle und fächerübergreifende Merkmale guten Unterrichts zu finden, die unabhängig für alle Schularten, alle Lehrpersonen und alle Fächer gelten (Steffensky & Neuhaus, 2018). Sowohl die wissenschaftliche als auch die schulpraktische Diskrepanz zwischen generisch postulierten Unterrichtsmerkmalen und der fachspezifischen Anwendung während des Instruktionsprozesses einer Schulstunde, erfordern eine domänenspezifische Forschung und Auseinandersetzung mit Qualitätsmerkmalen für den Fachunterricht (Dorfner, 2019; Wüsten et al., 2010). Dies belegen auch Metaanalysen zur Wirksamkeit des Unterrichts im wissenschaftlichen Bereich (Seidel & Shavelson, 2007) wie auch praktische Erfahrungen von Schwierigkeiten der Studierenden während der Lehrerausbildung (Steffensky & Neuhaus, 2018).

Dieser Abschnitt setzt sich daher mit den domänenspezifischen Merkmalen für Unterrichtsqualität am Beispiel des Faches Biologie auseinander. Hierbei wird der Frage nachgegangen, welche Merkmale die Qualität im Biologieunterricht auszeichnen und inwiefern sich diese von fächerübergreifenden Unterrichtsmerkmalen unterscheiden. Wie im vorhergehenden Kapitel deutlich wurde, weist die Basisdimension kognitive Aktivierung ein gewisses Maß an Fachspezifität auf. Die Hybridität der Klassifikation von kognitiver Aktivierung zeichnet sich dadurch aus, dass beispielsweise die Berücksichtigung von Schülervorstellungen zwar eine fächerübergreifende Relevanz hat, jedoch zur adäquaten Beurteilung fachspezifischer Vorstellungen der Lernenden im Reflexionsfokus stehen sollten (Steffensky & Neuhaus, 2018). Dieser Sachverhalt methodisch ausgedrückt bedeutet, „dass die Formulierung einer Dimension […] durchaus generisch erfolgen kann, auch wenn die darunterliegenden Ebenen erst durch eine Konkretisierung der Operationalisierung einen fachspezifischen Fokus erhalten" (Heinitz & Nehring, 2020, S. 324). Nach Lipowsky et al. (2009) setzt sich die kognitive Aktivierung im Kontext des Mathematikunterrichts aus drei Schlüsselkomponenten zusammen. Die erste Komponente umfasst das kognitive Level der Lernaktivitäten von Schülerinnen und Schülern. Dies bedeutet, dass Aufgaben und Probleme, die höhere Anforderungen an die Lernenden und den Unterricht insgesamt stellen, ein hohes Maß an kognitiven Funktionen und Verarbeitung erfordern (Lipowsky et al., 2009). Aufgrund dieser Annahme kann davon ausgegangen werden, dass eine kognitiv anspruchsvollere Verarbeitung zu höheren Schülerleistungen führt (Förtsch, Werner, Dorfner et al., 2016). Die zweite Komponente ist das konzeptuelle Unterrichten, welches darauf abzielt, das erlernte Wissen auf dem Vorwissen aufzubauen und dieses mit jenem zu verknüpfen, sowie einen Anwendungsbezug in der Lebenswelt der Lernenden herzustellen (Lipowsky et al., 2009). Die dritte Komponente ist der reflektierende Diskurs. Hierbei können Lehrkräfte Fragen stellen, damit die Lernenden die Inhalte verarbeiten und reflektieren können. Sie sollen Beziehungen und Implikationen über ihr erworbenes Wissen erkennen und dieses kritisch reflektieren und dessen Anwendung bei der Problemlösung und Entscheidungsfindung überdenken (Förtsch, Werner, Dorfner et al., 2016).

Biologiespezifische kognitive Aktivierung. Aufbauend auf den drei Schlüsselkomponenten der kognitiven Aktivierung nach Lipowsky et al. (2009) sowie unter Hinzuziehung bestehender und operationalisierter Konstrukte aus der Mathematik (Rakoczy & Pauli, 2006) und Physik (Vogelsang & Reinhold, 2013) haben Förtsch, Werner, Dorfner et al. (2016) sieben Komponenten der kognitiven Aktivierung fachspezifisch für den Biologieunterricht formuliert. Die erste Komponente bezeichnet die ‚Unterstützung der Wissensverknüpfung' (supporting knowledge linking) und zielt auf das Vernetzen von Lerninhalten mit Wissen aus vorherigen und künftigen Stunden ab. Die zweite Komponente umfasst das ‚Erkunden und die Auseinandersetzung mit dem Schülervorwissen und den Schülervorstellungen' (exploration of students preknowledge and conceptions) und intendiert die Beschäftigung mit dem Vorwissen und den Vorstellungen von Schülern. Die dritte Komponente ist das ‚Verstehen der Schülerdenkweisen' (exploration of students way of thinking) und verfolgt das Hinterfragen der Schülerantworten. Die vierte Komponente steht für den ‚Umgang mit Schülervorstellungen' (dealing with students conceptions) und zielt auf die konkrete Einbeziehung von Schülervorstellungen in den Unterricht ab. Die fünfte Komponente umfasst die ‚Lehrperson als Vermittler' (teacher as a mediator) und intendiert eine wissenskoordinierende Rolle der Lehrkraft, indem sie Schülerbeiträge verbindet. Die sechste Komponente bezeichnet das ‚Unterrichtsverständnis der Lehrkraft' (teachers receptive understanding of teaching) und bezweckt, inwiefern die Lehrperson den Unterricht anspruchsvoll gestaltet und führt. Die siebte Komponente ist das Schaffen ‚herausfordernder Lernangebote' (challenging learning opportunities) und zielt auf das Maß ab, inwiefern kognitiv anspruchsvolle Lerngelegenheiten zustande kommen. Diese Ausdifferenzierung der fachspezifischen kognitiven Aktivierung ermöglicht zugleich eine Operationalisierung für die empirische Erhebung von biologiespezifischer Unterrichtsqualität (Förtsch, Werner, Dorfner et al., 2016).

Kognitive aktivierende Aufgaben und kognitive Aktivierung im Unterrichtsprozess. Im Zuge der Auseinandersetzung mit der kognitiven Aktivierung weisen Steffensky und Neuhaus (2018) darauf hin, zwischen zwei Ebenen zu unterscheiden: Zum einen die Auswahl kognitiv anspruchsvoller Aufgaben und Unterrichtskonzepte durch die Lehrkraft und zum anderen die kognitive Aktivierung der Lernenden im Unterricht. Schließlich bedingt ersteres nicht unbedingt letzteres, denn die

> *„Berücksichtigung beider Aspekte ist wichtig, weil es durchaus denkbar ist, dass Lehrpersonen kognitiv herausfordernde Aufgaben auswählen, diese dann aber in einem so kleinschrittigen Verfahren im Unterricht einsetzen, dass sie für Lernende eben nicht kognitiv herausfordernd sind"* (Steffensky & Neuhaus, 2018, S. 305).

Anhand dessen haben Steffensky und Neuhaus (2018) literaturbasiert Indikatoren zur Identifikation von kognitiv aktivierendem naturwissenschaftlichem Unterricht zusammengestellt. In Tabelle 4.2 sind mögliche Indikatoren der kognitiven Aktivierung aufgelistet.

Neben den Ebenen der kognitiven Aktivierung führen Steffensky und Neuhaus (2018) im Zuge der Fachspezifität der Basisdimensionen auch eine inhaltliche Strukturierung als fachspezifisches Unterrichtsmerkmal an. In Abgrenzung zur allgemeinen Unterrichtsstrukturierung, die der Basisdimension der Klassenführung zuzuordnen ist, sind hier Maßnahmen gemeint, die den fachlichen Inhalt betreffen und die individuelle Wissenskonstruktion in Auseinandersetzung mit diesem erleichtern sollen (Steffensky & Neuhaus, 2018). Auch wenn das Ziel der inhaltlichen Strukturierung die Ermöglichung und Nutzung einer kognitiv anspruchsvollen Lernumgebung erleichtern soll, sind mögliche Indikatoren nicht immer trennscharf von der eigentlichen kognitiven Aktivierung zu differenzieren. Dies unterstreicht die fachspezifische Bedeutung der inhaltlichen Strukturierung.

Professionswissensorientierte Qualitätsmerkmale des Biologieunterrichts. Einen anderen Ansatz zur Identifikation biologiespezifischer Unterrichtsmerkmale verfolgt Wüsten (2010). Um fachlich guten Unterricht gestalten zu können,

Tabelle 4.2 Mögliche Indikatoren der kognitiven Aktivierung (Steffensky & Neuhaus, 2018, S. 306)

Indikatoren für kognitiv aktivierende Aufgaben	Indikatoren der kognitiven Aktivierung im Unterrichtsprozess
Aufgaben und Aktivitäten, die zum Nachdenken anregen	Exploration von Vorstellungen und Denkweisen der Lernenden
Aufgaben und Aktivitäten, die die kognitive Selbstständigkeit einfordern	Einfordern von Begründungen
Aktivitäten, die zum Thema passen	Anregen zur Interpretation und Argumentation über Daten
Schaffen von subjektiv bedeutungsvollen Lernanlässen	Anbahnung zum Aufbau neuer Vorstellungen, z. B. indem kognitive Konflikte provoziert werden
Aufgaben und Aktivitäten, die im Bezug zu Basiskonzepten (‚big ideas', ‚core concepts') stehen	Anregen zum Herstellen von Zusammenhängen, Verallgemeinerungen
Angemessenes Anforderungsniveau der Aufgaben	Anwendung und Transfer des Gelernten
	Angemessenes Anforderungsniveau der Aufgaben

benötigt es ein kompetentes Wissen über allgemeine und fachspezifische Qualitätsmerkmale von Unterricht (Bromme, 1995; Förtsch, Werner, Kotzebue & Neuhaus, 2016; Voss et al., 2014). Ansetzend an diesem Nexus leitet Wüsten (2010) mithilfe der Theorie des Professionswissens biologiespezifische Merkmale für den Biologieunterricht in Ergänzung zu den Basisdimensionen ab[2]. Sie

[2] Die Forschungsfragen dieser Arbeit (vgl. Kapitel 5) zielen auf den Einfluss des lehramtsbezogenen Berufswahlmotivs und der motivationalen Orientierung auf die Unterrichtsqualität ab. Die Beurteilung der Unterrichtsqualität als ein von einer Biologielehrperson gestaltetes und realisiertes Unterrichtsangebot kann daher als eine Performanzvariable aufgefasst werden. Zur Beurteilung der Unterrichtsgüte werden daher Indikatoren in Form der Basisdimensionen, die auf dem hier dargelegten theoretischen Qualitätsmodell von Unterricht beruhen, herangezogen. Begründet ist dies zum einen durch die Orientierung und Replikation der COACTIV-Studie, auf der unter anderem das in dieser Arbeit aufgegriffene Lehrerkompetenzmodell beruht und die ebenfalls die Unterrichtsqualität mithilfe der Basisdimensionen erfasst hat. Zum anderen bedingen forschungsökonomische Gründe die Wahl der Basisdimensionen, da die Messinstrumente hierzu weniger umfangreich und komplex sind als beispielsweise bei der professionswissensorientierten Erfassung von Unterrichtsqualität im Biologieunterricht.

unterscheidet hierbei zwischen allgemeinen Merkmalen, die aus dem pädagogischen Wissensbestand resultieren, fachdidaktischen Qualitätsmerkmalen, die aus dem fachdidaktischen Wissen einer Lehrkraft stammen, sowie inhaltsspezifischen Merkmalen, die durch das Fachwissen einer Lehrperson begründet sind (Steffensky & Neuhaus, 2018). In Abbildung 4.2 sind die Merkmale der Unterrichtsqualität im Fach Biologie nach Wüsten (2010) aufgeführt. Demnach ergänzen im Fach Biologie folgende fachspezifische Merkmale die allgemeinen Merkmale, welche größtenteils den Basisdimensionen guten Unterrichts zugeordnet werden können: Umgang mit Fachsprache, inhaltliche und verständliche Strukturierung der Lerninhalte, Einsatz naturwissenschaftlicher Arbeitsweisen, Umgang mit Modellen im Biologieunterricht, Vernetzung des Wissens und Herstellung des Alltagsbezugs zu den Lernenden, Einsatz realer Objekte im Unterricht, angemessene Komplexität der Lerninhalte und Umgang mit Schülervorstellungen (Wüsten, 2010 zitiert nach Milius & Nitz, 2018).

Unterrichtsqualität im Fach Biologie		
Klassenführung Schülerorientierung Individualisierung Klarheit Wahlmöglichkeiten Variation von Medien und Methoden ...	Einsatz realer Objekte Reflektierter Umgang mit Modellen Umgang mit Schülervorstellungen Fachsprache & Anthropomorphismen Vernetzung und Alltagsbezüge Verwendung von Operatoren ...	Fachliche Richtigkeit und Stimmigkeit Angemessene Komplexität Lernen im Kontext Inhaltliche Strukturierung Naturwissenschaftliche Arbeitsweisen ...
Pädagogisches Wissen	Fachdidaktisches Wissen	Fachwissen
Allgemeine Merkmale	Fachspezifische Merkmale	

Abbildung 4.2 Merkmale der Unterrichtsqualität im Fach Biologie (Wüsten, 2010, S. 44, ergänzt)

In Abgrenzung zu generischen Kriterien zeichnen sich fachspezifische Merkmale dadurch aus, dass sie in Abhängigkeit zum Lerninhalt für eine bestimmte Fachdomäne gelten und zur Umsetzung von Fachunterricht fachdidaktisches und fachliches Wissen notwendig ist (Heinitz & Nehring, 2020; Wüsten, 2010).

Des Weiteren umfassen fachspezifische Merkmale nach Wüsten (2010) auch inhaltsspezifische Kriterien, die

> „*sich weniger global für ein spezifisches Fach formulieren lassen, sondern vielmehr der inhaltsspezifischen Fachstruktur unterliegen. Beispielsweise ist der Einsatz von Fachbegriffen innerhalb eines ökologischen Rahmenthemas sicherlich anders zu bewerten als in der Genetik*“ (Wüsten, 2010, S. 43).

Letzteres bekräftigt auch den Konnex zwischen dem Professionswissen und den fachspezifischen Unterrichtsmerkmalen, die theoretisch von der Klassifikation des Professionswissens durch Wüsten (2010) abgeleitet worden sind.

4.3 Stand der Unterrichtsqualitätsforschung

Dieses Kapitel zeigt einen Ausschnitt der zentralsten Forschungsergebnisse aus dem Korpus der empirischen Unterrichtsqualitätsforschung auf. Bei der Auseinandersetzung mit der Forschung zur Unterrichtsqualität muss zwischen verschiedenen Forschungszweigen unterschieden werden. Hierbei sind die Studienbereiche der Generik und der Fachspezifität zu nennen, die Unterrichtsqualität allgemein (z. B. J. Brophy, 2000) oder fachspezifisch (z. B. Wüsten, 2010) untersuchen. Ebenso sind Studien zu differenzieren, die sich schwerpunktmäßig mit der validen Messung sowie den unterschiedlichen Perspektiven zur Messung von Unterrichtsqualität beschäftigen (z. B. Clausen, 2002) sowie Forschungsarbeiten, die hauptsächlich die Wirkung von Unterrichtsqualität auf abhängige Variablen, in der Regel die Lernleistung der Schüler, fokussieren (z. B. Hattie, 2009). Dieser evidente Einfluss ist selbstverständlich essentiell für die Bildungsinstitution Schule, spielt jedoch für die Forschungsfragen dieser Studie keine Rolle, weshalb sie an dieser Stelle nicht berücksichtig werden. Der Fokus dieser Arbeit liegt auf Studien, die empirisch bestätigte und replizierbare Indikatoren (vorrangig der Tiefenstruktur) zur Bestimmung von Unterrichtsqualität erforscht haben. In einem ersten Teil werden Studien dargestellt, die einen grundlegenden generischen Beitrag zur Unterrichtsforschung geleistet und damit den Forschungsdiskurs in besonderer Weise geprägt haben. In einem zweiten Teil werden vorrangig Studien behandelt, die im Kontext des Biologieunterrichts stattfanden und insbesondere Kenntnisse für die fachdidaktische Forschung liefern.

Die seit 1995 stattfindende ‚TIMS-Studie‘ (Trends in International Mathematics and Science Study) ist eine internationale Schulleistungsvergleichsstudie, die das mathematische und naturwissenschaftliche Grundverständnis von Schülerinnen und Schülern am Ende der vierten Jahrgangsstufe in einem vierjährigen

Turnus erfasst. Schwerpunkt dieser Studie ist die Erfassung der mathematischen Lernleistung der Lernenden zum Ende des Primarbereichs. Ein Teilelement des TIMS-Projekts ist die sogenannte TIMS-Video-Studie, bei der das Unterrichtsgeschehen der Teilnehmenden videografiert und diese Unterrichtsvignetten im Anschluss qualitativ durch Fremdeinschätzung ausgewertet werden (Clausen et al., 2003). Hierdurch kann Aufschluss über die verschiedenen Unterrichtskulturen der teilnehmenden Länder gegeben werden. Bezugnehmend auf die Ergebnisse der ersten TIMS-Studie 1995 haben Klieme et al. (2001) die Grundlage für die Basisdimensionen der Unterrichtsqualität gelegt. Nach Auswertung der Beobachter-Urteile haben sie empirisch drei übergeordnete Faktoren qualitätsvollen Unterrichts identifiziert: Unterrichts- und Klassenführung, Schülerorientierung und kognitive Aktivierung (Klieme et al., 2001). Diese Faktoren gelten als generisch und schulformübergreifend, auch wenn die Ergebnisse Unterschiede bei den Schulformen (Gymnasium, Realschule und Hauptschule) und der Ausprägung der jeweiligen Unterrichtsdimensionen zeigten (Klieme et al., 2001).

Aufbauend auf den Ergebnissen der TIMS-Studie wurde in den Jahren 2000 bis 2007 das sogenannte ‚Pythagoras-Projekt' zur Untersuchung der Unterrichtsqualität und des mathematischen Verständnisses in verschiedenen Unterrichtskulturen durchgeführt. Die Studie fand in Deutschland und der Schweiz statt und gliederte sich in drei Projektphasen. Während der ersten Phase wurden Lehrkräfte zu ihrer unterrichts- und selbstbezogenen Kognition befragt. In der zweiten Phase wurde der Unterricht von jeweils 20 Klassen (Realschule und Gymnasium) in den beiden genannten Ländern videografiert. Die dritte Projektphase diente als videogestützte Intervention der Lehrkräfte, basierend auf den Erkenntnissen der ersten beiden Phasen (Klieme et al., 2009). Die Analyse und Fremdeinschätzung der Unterrichtsqualität bestätigte die Annahme der drei Basisdimensionen von Unterrichtsqualität (Klieme et al., 2006). Jedoch wurde die Schülerorientierung um das Konstrukt des unterstützenden Lernklimas erweitert, das zwar individuelle schülerbezogene Lernunterstützungsangebote miteinschließt, aber auch die Interaktion zwischen Lehrperson und Lernenden berücksichtigt (Klieme et al., 2006; Lipowsky et al., 2009).

Das Modell der drei Basisdimensionen von Unterrichtsqualität wurde empirisch auch durch die Ergebnisse der COACTIV-Studie (ausführlich dargelegt unter 2.4.1) gestützt (Kunter & Voss, 2011). Methodisch wurde die Unterrichtsqualität ebenfalls über die drei Faktoren Klassenführung, konstruktive Unterstützung (= lernförderliches Unterrichtsklima) und das Potential zur kognitiven Aktivierung operationalisiert. Die Prüfung ihres Messmodells zeigte, dass sich die drei Basisdimensionen faktoriell abgrenzen lassen und diese positiv miteinander korrelieren (Kunter & Voss, 2011). Die drei hier exemplarisch aufgeführten Studien (TIMSS, Pythagoras, COACTIV) belegen die Validität der drei Basisdimensionen von Unterrichtsqualität und die empirische Erfassung dieser durch die Basisdimensionen.

Praetorius et al. (2014) haben die drei Basisdimensionen von Unterrichtsqualität herangezogen, um die Stabilität der Unterrichtsqualität zwischen den Unterrichtsstunden einer Lehrperson zu überprüfen. Als Datengrundlage dienten die Unterrichtsvignetten der Pythagoras-Studie. Die Auswertung durch Fremdeinschätzung und mittels Varianzkomponentenanalyse nach der Generalisierbarkeitstheorie nach Brennan (2001) zeigte, dass die Dimensionen Klassenführung und lernförderliches Unterrichtsklima über verschiedene Unterrichtsstunden hinweg relativ stabil blieben. Die kognitive Aktivierung wies hingegen eine hohe Variabilität auf (Praetorius et al., 2014). Darüber hinaus zeigt die Studie, dass durch die Stabilität der Dimensionen Klassenführung und lernförderliches Unterrichtsklima die Messung von einer Unterrichtsstunde ausreicht, um diese Konstrukte reliabel zu erfassen. Wohingegen etwa neun Stunden benötigt werden, um die schwankende kognitive Aktivierung reliabel und valide zu erfassen (Praetorius et al., 2014). Die Erkenntnisse von Praetorius et al. (2014) sind insbesondere von methodischer Relevanz zur Erfassung der Basisdimensionen von Unterrichtsqualität.

Im mathematikdidaktischen Diskurs zur Erfassung der Unterrichtsqualität zeichnete sich ab, dass die drei generisch gestalteten Dimensionen[3] nicht ausreichen, um die Qualität des Instruktionsprozesses vollständig zu erfassen (Praetorius et al., 2020). Um hierfür eine Lösung zu schaffen, haben Praetorius und Charalambous (2018) zwölf verschiedene Instrumente zur Erfassung von Unterrichtsqualität aus nationalen und internationalen Studien untersucht. Hierbei wurden induktiv die Komplementaritäten und Disparitäten auf generischer und fachspezifischer Dimensionsebene analysiert und die Ergebnisse in einem ‚Syntheseframework' zusammengeführt (Praetorius & Charalambous, 2018). Dieses Syntheseframework erhebt den Anspruch einer umfassenden Erfassung der Aspekte von Unterrichtsqualität (Praetorius et al., 2020) und besteht aus sieben Dimensionen mit jeweiligen Subdimensionen, die sowohl generisch als auch fachspezifisch klassifiziert sind. Neben den drei bekannten Basisdimensionen von Unterricht umfasst das Syntheseframework noch die folgenden Dimensionen: (1)

[3] Gemeint sind die Klassenführung, das lernförderliche Unterrichtsklima und die kognitive Aktivierung. Wobei letztere in ihrer hybriden Form auch fachspezifische Aspekte beinhaltet.

angemessene Auswahl und Thematisierung von Inhalten und Fachmethoden (content selection and presentation) zur Beschäftigung mit relevanten Lerninhalten, (2) formatives Assessment (assessment) zur Optimierung des Lernprozesses, (3) Unterstützung des Übens (practicing) zur Sicherung des Gelernten, (4) Unterstützung des Lernens aller Schülerinnen und Schüler (cutting-across instructional aspects aiming to maximize student learning) zur stärkeren Differenzierung und Passung des Unterrichtsgeschehens (Praetorius et al., 2020; Praetorius & Charalambous, 2018). In einer interdisziplinären Zusammenschau haben Praetorius et al. (2020) das genannte Syntheseframework metaanalytisch und komparativ in den ausgewählten Fachdidaktiken für Sport, Geschichte und Naturwissenschaften mit dem Schwerpunkt auf Chemie untersucht. Hierbei wurde der Forschungskorpus zur Unterrichtsqualität in den jeweiligen Fachdidaktiken analysiert und verglichen (Praetorius et al., 2020). Die Ergebnisse zeigen, dass sich das vorrangig im mathematikdidaktischen Kontext konstituierte Syntheseframework (Praetorius & Charalambous, 2018) nicht einfach auf die beteiligten Fachdidaktiken übertragen lässt und notwendige fachspezifische Anpassungen und Ergänzungen vorgenommen werden müssen (Praetorius et al., 2020). Dies bekräftigt die Schwierigkeit zur Erfassung von Unterrichtsqualität zwischen einem generischen und fachspezifischen sowie bezogen auf den Lerngegenstand methodischen und teleologischen Pol. Ebenso bekräftigen die Erkenntnisse, dass das Syntheseframework keine valide Alternative zur Erfassung generischer und biologiespezifischer Unterrichtsqualität darstellt.

Biologiespezifische Unterrichtsforschung. Mit Blick auf den biologiedidaktischen Forschungsstand zur Unterrichtsqualität zeigt sich, dass der Korpus zu Qualitätsmerkmalen oder (Basis-)Dimensionen und deren Indikatoren für biologiespezifische Unterrichtsqualität begrenzt ist. Der Fokus lag bisher auf Studien zu vereinzelten Aspekten des Biologieunterrichts, wie beispielsweise zur Erfassung von Unterrichtsqualität in Videostudien (Dorfner et al., 2017), zu einem digitalisierten (Förtsch et al., 2020; Kotzebue et al., 2020), oder sprachsensiblen Biologieunterricht (Behling et al., 2019) sowie Ansätzen zur reflektorischen Diagnostik von Biologieunterricht (M. Kramer et al., 2020) und dessen Wirkungsweise auf die Lernenden (Förtsch et al., 2018). Einen wesentlichen Beitrag zu Qualitätsmerkmalen im Biologieunterricht leistete die bereits im theoretischen Abschnitt genannte Studie von Wüsten (2010). Mithilfe zweier Videostudien mit über 50 videografierten Unterrichtsstunden im Fach Biologie zum Thema ‚Blut und Blutkreislauf‘ hat sie sowohl fachunabhängige als auch die in Abschnitt 4.2 aufgeführten fachspezifischen Unterrichtsmerkmale überprüft. Wüsten hat mit ihrer Arbeit einen auf Erkenntnissen des Professionswissens und der Unterrichtsforschung basierenden Merkmalskatalog für den Biologieunterricht erstellt und damit eine Grundlage für die biologiedidaktische Lehrforschung und Lehrerausbildung gelegt.

Die Basisdimensionen von Unterrichtsqualität aufgegriffen und dabei insbesondere die Messung und Wirkung der kognitiven Aktivierung im Biologieunterricht getestet haben Förtsch, Werner, Kotzebue und Neuhaus (2016) sowie Förtsch, Werner, Dorfner et al. (2016) in zwei Studien. In einer ersten Videostudie mit 28 bayrischen Biologielehrkräften am Gymnasium wurde mithilfe eines entwickelten Rating-Manuals zur Messung der kognitiven Aktivierung (vgl. Abschnitt 4.2 und 6.4.4) der Einfluss dieser auf das situative Interesse und die Lernleistung der Schülerinnen und Schüler untersucht (Förtsch, Werner, Dorfner et al., 2016). Die Auswertung mittels einer Multilevel-Analyse zeigte, dass die kognitive Aktivierung das Situationsinteresse der Lernenden positiv beeinflusste und dass die kognitive Aktivierung positiv mit den Leistungen der Schüler assoziiert war (Förtsch, Werner, Dorfner et al., 2016). Eine zweite Videostudie untersuchte die Auswirkungen der biologiespezifischen Dimensionen des Professionswissens (Fachwissen und fachdidaktisches Wissen) und der kognitiven Aktivierung des Biologieunterrichts auf das Lernen der Schülerinnen und Schüler (Förtsch, Werner, Kotzebue & Neuhaus, 2016). Hierbei wurde der Biologieunterricht von 39 deutschen Sekundarschullehrkräften zweimal videografiert und mit einer mehrstufigen Pfadanalyse ausgewertet. Die Ergebnisse der Pfadanalyse zeigten einen positiv signifikanten Effekt der kognitiven Aktivierung auf das Lernen der Schülerinnen und Schüler sowie einen indirekten Effekt des fachdidaktischen Wissens der Lehrkraft auf das durch die kognitive Aktivierung vermittelte Lernen der Schülerinnen und Schüler. Die Ergebnisse der beiden Studien zeigen zum einen, dass die kognitive Aktivierung reliabel und valide durch das konzipierte Rating-Manual von Förtsch, Werner, Dorfner et al. (2016) fachspezifisch erhoben werden kann. Zum anderen wird die Bedeutung der Basisdimension kognitive Aktivierung als Qualitätsmerkmal zum effektiven Lernen der Schülerinnen und Schüler im Biologieunterricht unterstrichen.

Dorfner et al. (2018) haben in einer Videostudie mit 28 Biologieklassen der sechsten Jahrgangsstufe, deren Unterricht jeweils drei Mal videografiert wurde, untersucht, wie sich die drei Basisdimensionen auf das situative Interesse der Lernenden auswirkt. Multilevelanalysen zeigen positive Effekte aller drei Dimensionen auf das situative Lerninteresse der Schülerinnen und Schüler (Dorfner et al., 2018). Es zeigt sich jedoch, dass der Effekt durch die kognitive Aktivierung am höchsten ist und die Effekte der Klassenführung sowie des lernförderlichen Unterrichtsklimas höher ausfallen, wenn sie durch die kognitive Aktivierung mediiert werden (Dorfner et al., 2018). Diese Ergebnisse verdeutlichen die Bedeutung der fachspezifischen Qualitätsmerkmale (hier: kognitive Aktivierung) für das Lernen der Schülerinnen und Schüler im Biologieunterricht. Der hier dargelegte Forschungsstand zur Unterrichtsqualität im Fach Biologie zeigt, dass weiterer Bedarf an der empirischen Erforschung von biologiespezifischer Unterrichtsqualität mit den Basisdimensionen besteht.

5 Ziele und Forschungsfragen der Arbeit

Anhand des dargelegten theoretischen Hintergrunds sowie des aktuellen Forschungsstands ergeben sich im Kontext motivationaler Kompetenzen (motivationale Orientierung und Berufswahlmotiv) von (Biologie-)Lehrkräften folgende Forschungsdesiderate:

Die Erforschung des Modells professioneller Handlungskompetenz von Lehrkräften wurde bisher insbesondere bei Mathematiklehrkräften umfassend untersucht (Blömeke et al., 2008; Kunter, Baumert et al., 2011). Mittlerweile liegen zwar auch Studienergebnisse aus den naturwissenschaftlichen Didaktiken (z. B. ProwiN oder Keila)[1] vor, aber generell lag der Forschungsfokus dieser Untersuchungen zur Lehrerkompetenz vorrangig auf dem Professionswissen. Daran anknüpfend besteht der Bedarf die Kompetenzaspekte professioneller Handlungskompetenz von Lehrkräften, neben dem Professionswissen, domänenspezifisch eingehender zu untersuchen (Analyse Binnenstruktur) und deren Wirkung auf Variablen wie die Unterrichtsqualität oder beispielsweise das arbeitsbezogene Wohlbefinden (Output-Analyse) aufzuklären (Terhart et al., 2014). Verbindet man diesen Umstand mit dem Forschungsinteresse dieser Arbeit fehlt es dementsprechend an empirischer Evidenz zur Rolle der motivationalen Orientierung und deren deterministischen Einfluss im Zusammenhang mit der Unterrichtsqualität

[1] ProwiN steht für „Professionswissen in den Naturwissenschaften" und ist ein universitätsübergreifendes Forschungsprojekt zur Erforschung des Professionswissens naturwissenschaftlicher Lehrkräfte und dessen Effekte auf den Lernerfolg der Schülerinnen und Schüler (vgl. auch Abschnitt 2.4).

KeiLa steht für „Kompetenzentwicklung in mathematischen und naturwissenschaftlichen Lehramtsstudiengängen" und ist ein interdisziplinäres Forschungsprojekt am IPN Kiel zur Erforschung des Professionswissens bei Lehramtsstudierenden und der institutionellen Faktoren für den Erwerb des Wissens.

M. Milius, *Professionelle Kompetenz von Biologielehrkräften*,
https://doi.org/10.1007/978-3-658-37590-4_5

(Kunter, Klusmann et al., 2013) bei Biologielehrkräften. Die diesbezügliche Studienlage im Kontext der Domäne Biologie, vornehmlich mit dem Schwerpunkt der motivationalen Orientierung, ist begrenzt (Mahler, 2017).

Wenige Studien haben sich bisher mit dem Zusammenhang zwischen motivationaler Orientierung der Lehrkraft und der Leistung der Lernenden als Outcome der Unterrichtsqualität befasst (Kunter et al., 2008). Jedoch analysiert keine dieser Studien die prädiktive Bedeutung motivationaler Orientierung (Mahler, 2017; Mahler et al., 2018). Ferner liegt bei Untersuchungen der motivationalen Orientierung meistens ein Fokus auf den Selbstwirksamkeitserwartungen und weniger auf dem Lehrerenthusiasmus (Mahler et al., 2018). Bisher hat nur Mahler (2017) die beiden Aspekte gleichwertig bei Biologielehrkräften untersucht. Sie untersuchte jedoch vorrangig den Einfluss motivationaler Orientierung auf die Performanz der Lernenden (Mahler et al., 2018). Inwiefern sich die motivationalen Kompetenzen auch auf die (selbsteingeschätzte) Unterrichtsqualität oder gesundheitsbezogene Variablen bei Biologielehrkräften auswirkt, ist ungeklärt. Wenn die motivationale Orientierung einer Lehrkraft nachweislich einen signifikanten Einfluss auf die Unterrichtsqualität hat, sollte in der Lehrerausbildung wie auch in der Berufspraxis nicht nur die Qualität des Unterrichts gefördert, sondern diese auch indirekt durch positive Veränderung der Lehrermotivation verbessert werden (Cramer, 2012; Praetorius et al., 2017). Die wissenschaftliche Evidenz solcher Effekte könnte die Argumentationsbasis bilden, das Curriculum der Lehrerausbildung dahingehend zu modifizieren und die Förderung motivationaler Kompetenzen (z. B. in fachdidaktischen Veranstaltungen) zu stärken.

Des Weiteren wurde das motivationale Konstrukt des lehramtsbezogenen Berufswahlmotivs zwar allgemein und vorrangig bei Lehramtsstudierenden bereits breit untersucht (Pohlmann & Möller, 2010; Watt & Richardson, 2007, 2008), jedoch gibt es nur wenige spezifische Studien zur Berufsmotivation von Biologielehrkräften (Urhahne, 2006). Gleichfalls wurde in diesen Studien das Konstrukt zumeist singulär betrachtet und nicht in einem größeren Kompetenzzusammenhang, wie beispielsweise als Teil der motivationalen Orientierung der professionellen Handlungskompetenz von Lehrkräften. Wie die Forschungsergebnisse in Abschnitt 2.4.4 zeigen, sind die meisten Studien mit Lehramtsstudierenden und weniger mit berufstätigen Lehrkräften durchgeführt worden. Ebenso wird zur besseren Einschätzung der Bedeutung des Berufswahlmotivs für die „Motivations- und Kompetenzentwicklung" (Pohlmann & Möller, 2010, S. 83) und das spätere Berufsleben als Lehrkraft weitere Forschung benötigt. An eben diesen Stellen der Forschungsdesiderate setzt die vorliegende Studie an und untersucht die Wirkung des lehramtsbezogenen Berufswahlmotivs sowie der motivationalen Orientierung als ein Teilaspekt professioneller Handlungskompetenz von Biologielehrkräften auf das arbeitsbezogene Wohlbefinden und die Unterrichtsqualität. Anhand dessen lassen sich folgende studienleitende Forschungsfragen ableiten:

5.1 Das lehramtsbezogene Berufswahlmotiv und die motivationale Orientierung von Biologielehrkräften

Forschungsfrage 1a: Inwiefern lässt sich das lehramtsbezogene Berufswahlmotiv als Teilbereich der motivationalen Orientierung von Biologielehrkräften zuordnen?

Wie die Einflussfaktoren des lehramtsbezogenen Berufswahlmotivs zeigen (vgl. Abschnitt 2.4.4), wird bereits vor Beginn des Studiums eine wichtige Entscheidung zur Berufswahl getroffen. Diese Entscheidung beruht auf einem komplexen motivationalen Wahlprozess und kann nicht unerhebliche Auswirkungen für das spätere Berufsleben haben (Dieterich & Dieterich, 2007; Klusmann et al., 2009; Klusmann, 2011b; Neuhaus & Vogt, 2005; Paulick et al., 2013; Pohlmann & Möller, 2010; Watt & Richardson, 2008). Wenige Studien zeigen bisher, dass das Berufswahlmotiv, trotz seiner retrospektiven Veranlagung, Einfluss auf die Performanz von praktizierenden Lehrkräften in der dritten Phase der Lehrerbildung hat (Bleck, 2019; Paulick et al., 2013). Diese Konstruktstabilität sowie die zeitliche Wirkungsdauer gilt es bei Biologiekräften zu überprüfen. Des Weiteren zeigen empirische Befunde, dass es Subgruppen von Lehramtsstudierenden gibt, die sich anhand ihres beruflichen Motivationsprofils unterscheiden (Billich-Knapp et al., 2012; Suryani et al., 2016; Watt & Richardson, 2008). Es ist daher nicht ausgeschlossen, dass diese motivationalen Unterschiede bei den angehenden Lehrkräften auch Effekte auf andere Aspekte motivationaler Orientierung haben. Vor dem Hintergrund der dargelegten Desiderate zum Berufswahlmotiv bei Biologielehrkräften liegt die Frage nahe, inwiefern das Lehrerkompetenzmodell von Baumert und Kunter (2006) beim Kompetenzaspekt der motivationalen Orientierung um das lehramtsbezogene Berufswahlmotiv erweitert werden kann. Schließlich wurde das Konstrukt bisher nur singulär (Pohlmann & Möller, 2010; Watt & Richardson, 2007) oder nicht als integraler Bestandteil motivationaler Orientierung von Lehrkräften untersucht (Kunter, 2011; Kunter, Baumert et al., 2011). Es erscheint daher sinnvoll zu überprüfen, ob das Berufswahlmotiv als fester Bestandteil motivationaler Orientierung im Lehrerkompetenzmodell nach Baumert und Kunter (2006) verankert werden kann.

Anhand dessen ergibt sich für die Fragestellung 1a folgende Forschungshypothese sowie ein gemeinsames Untersuchungsmodell mit Forschungsfrage 1b (vgl. Abb. 5.1):

H1_1: Das Modell der motivationalen Orientierung lässt sich durch den Kompetenzbereich des lehramtsbezogenen Berufswahlmotivs erweitern.

Forschungsfrage 1b: Welche Zusammenhänge bestehen zwischen dem Berufswahlmotiv und den Aspekten motivationaler Orientierung (Selbstwirksamkeitserwartung und Lehrerenthusiasmus)?

Wenige Studien haben die reziproke Binnenstruktur motivationaler Orientierung untersucht (Bleck, 2019; Holzberger et al., 2016; Kunter & Holzberger, 2014; Mahler et al., 2018). Wie aus den Kapiteln 2 und 2.2 abzuleiten, ist motivationale Orientierung neben einer allgemeinen Dimension auch immer domänenspezifisch und sollte entsprechend fachspezifisch erfasst werden (Klieme et al., 2007; Mahler et al., 2017a; 2018). Eine kontextspezifische Erhebung unter Biologielehrkräften mit entsprechend domänenspezifischen Messinstrumenten ist daher notwendig und folgerichtig. Vor dem Hintergrund, dass überprüft wird, inwiefern sich das Berufswahlmotiv der motivationalen Orientierung zuordnen lässt (Forschungsfrage 1a), ist es zugleich essentiell die Binnenstruktur und mögliche Zusammenhänge der Aspekte motivationaler Orientierung zu analysieren (Forschungsfrage 1b). Diesen Forschungsbedarf bekräftigt auch Bleck (2019), die den Lehrerenthusiasmus eingehender untersucht hat, jedoch weitere Untersuchungen zum Verhältnis der bestehenden Facetten von Lehrermotivation für notwendig erachtet.

Anhand dessen ergeben sich für die Fragestellung 1b folgende Forschungshypothesen sowie ein gemeinsames Untersuchungsmodell mit Forschungsfrage 1a (vgl. Abb. 5.1):

H1_2: Das Berufswahlmotiv korreliert positiv mit den Selbstwirksamkeitserwartungen.

H1_3: Das Berufswahlmotiv korreliert positiv mit dem Enthusiasmus.

H1_4: Die Selbstwirksamkeitserwartungen korrelieren positiv mit dem Berufswahlmotiv.

H1_5: Die Selbstwirksamkeitserwartungen korrelieren positiv mit dem Enthusiasmus.

H1_6: Der Enthusiasmus korreliert positiv mit dem Berufswahlmotiv.

H1_7: Der Enthusiasmus korreliert positiv mit den Selbstwirksamkeitserwartungen.

Der Nexus von Fragestellung 1a und 1b. Es ist anzumerken, dass Fragestellung 1a und 1b in einem engen inhaltlichen und kausalen Verhältnis zueinanderstehen und die Beantwortung der beiden Forschungsfragen ineinandergreift. Die Reihenfolge der Fragestellungen ist daher nicht streng konsekutiv zu verstehen, da beispielsweise eine positive Relation zwischen den motivationalen Variablen (Fragestellung 1b) eine Voraussetzung darstellt, um das Berufswahlmotiv einem höheren gemeinsamen Faktor in Form der motivationalen Orientierung zuordnen zu können. Diese Aspekte werden auch bei der statistischen Auswertung der beiden Fragen beachtet (vgl. Abschnitt 6.3.3.1).

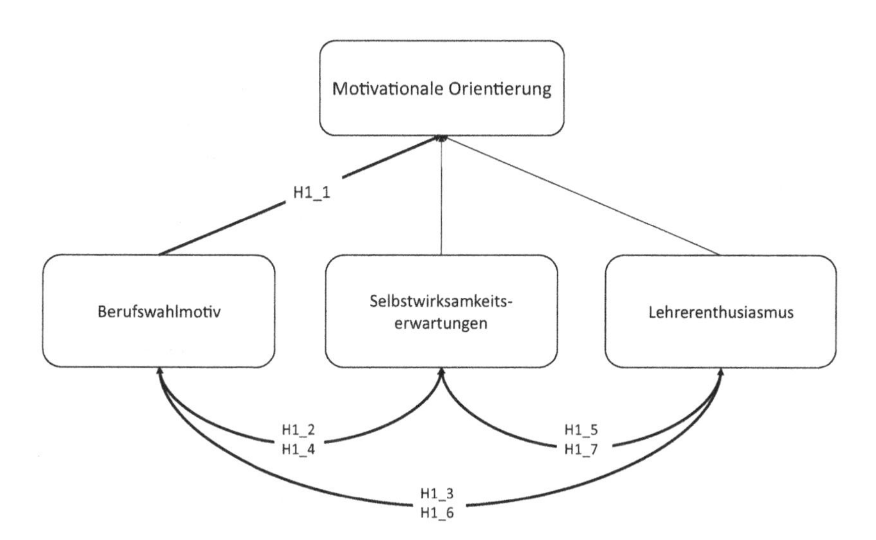

Abbildung 5.1 Untersuchungsmodell mit Hypothesen zu Forschungsfrage 1a und 1b. (Eigene Darstellung)

5.2 Der Einfluss des Berufswahlmotivs und der motivationalen Orientierung auf die Unterrichtsqualität und das Wohlbefinden von Biologielehrkräften

Anhand des dargelegten Forschungsstandes (vgl. Abschnitt 2.4) und den Ausführungen zu Beginn des Kapitels ist zwar ansatzweise die Bedeutung motivationaler Orientierung sowie des Berufswahlmotivs für die Unterrichtsqualität und das Wohlbefinden begründet, es fehlen aber insbesondere Studien zum Einfluss bei praktizierenden Biologielehrkräften.

Forschungsfrage 2a: Welchen Einfluss hat das lehramtsbezogene Berufswahlmotiv auf die Unterrichtsqualität und das Wohlbefinden der Biologielehrkräfte?

Wie die Studien von Paulick et al. (2013) und Bleck (2019) belegen, scheint das Berufswahlmotiv trotz seiner retrospektiven Veranlagung Wirkung bei berufstätigen Lehrkräften zu entfalten. Der Forschungskorpus bisheriger Studien zum Berufswahlmotiv bezieht sich größtenteils auf die Population der Lehramtsstudierenden (Besa, 2018; Pohlmann & Möller, 2010). Die Konstruktstabilität und die Wirkung der Berufswahlmotivation bei berufstätigen Lehrkräften ist gegenwärtig kaum erforscht. Ferner fehlen Studien zum Einfluss des Berufswahlmotivs bei Biologielehrkräften.

Anhand dessen ergeben sich für die Fragestellung 2a folgende Forschungshypothesen sowie ein gemeinsames Untersuchungsmodell mit Forschungsfrage 2b (vgl. Abb. 5.2):

H2_1: Das Berufswahlmotiv beeinflusst die Unterrichtsqualität positiv.
H2_2: Das Berufswahlmotiv beeinflusst das arbeitsbezogene Wohlbefinden positiv.

Forschungsfrage 2b: Inwiefern wird der Einfluss des retrospektiven Berufswahlmotivs durch die motivationale Orientierung (Selbstwirksamkeitserwartungen und Lehrerenthusiasmus) mediiert?

Darüber hinaus bedarf es weiterer Studien, die das Zusammenspiel motivationaler Faktoren auf das Wohlbefinden und den Instruktionsprozess auf einer intraindividuellen Ebene untersuchen (M. Keller, 2011; M. Keller, Chang et al., 2014).

In Anbetracht der retrospektiven Konstitution des Berufswahlmotivs erscheint es sinnvoll, neben der Überprüfung der direkten Effekte (Fragestellung 2a) auch mögliche indirekte Effekte, welche durch die motivationalen Variablen Selbstwirksamkeitserwartungen und Lehrerenthusiasmus mediiert werden, zu prüfen. Wie der Forschungsstand zur motivationalen Orientierung in Abschnitt 2.4 belegt, ließen sich insbesondere bei den Selbstwirksamkeitserwartungen diverse mediierte Effekte auf positive Berufsmerkmale (z. B. Jobzufriedenheit) oder den Instruktionsprozess nachweisen. Solche potentiellen Mediationseffekte sollten unter Hinzunahme des zweiten Aspekts motivationaler Orientierung, dem Lehrerenthusiasmus, zur vollständigen Aufklärung der Wirkmechanismen des Berufswahlmotivs sowie der motivationalen Orientierung geprüft werden. Gleichfalls bekräftigen Studienergebnisse zu reziproken Effekten von Belastungserleben bzw. im salutogenen Sinne vom arbeitsbezogenen Wohlbefinden im Lehrerberuf die Bedeutung des Verhaltenskorrelates im Unterricht (Klusmann et al., 2006). „Interessanterweise gibt es bislang wenig Verbindung zwischen der Forschung der Beanspruchung von Lehrkräften und der entsprechenden Forschung zur professionellen Kompetenz von Lehrkräften" (Klusmann et al., 2012, S. 278). Diese aufgezeigte Forschungslücke verdeutlicht, dass der Zusammenhang zwischen dem Belastungserleben von Lehrkräften (im salutogenen Sinne das arbeitsbezogenem Wohlbefinden) und der professionellen Handlungskompetenz von Lehrkräften noch nicht hinreichend untersucht ist. Bezogen auf diese Arbeit bekräftigt dies die Notwendigkeit den Zusammenhang zwischen motivationaler Orientierung als Teil professioneller Lehrerkompetenzen und dem arbeitsbezogenen Wohlbefinden von Biologielehrkräften aufzuklären. Ergänzend hierzu bilden professionelle Lehrerkompetenzen auch einen Grundstein für qualitätsvollen Unterricht (Kunter & Trautwein, 2013). Die Gestaltung und Durchführung von Unterricht bilden das berufliche Kerngeschäft einer Lehrkraft ab. Zuletzt ist der biologiedidaktische Forschungsstand zur fachspezifischen Unterrichtsqualität anhand der Basisdimensionen äußerst begrenzt (vgl. Abschnitt 4.3), weshalb die Qualität des Instruktionsprozesses als eine abhängige Performanz-Variable aus Perspektive der Lehrkraft ebenfalls in dieser Arbeit untersucht wird.

Anhand dessen ergeben sich für die Fragestellung 2b folgende Forschungshypothesen sowie ein gemeinsames Untersuchungsmodell mit Forschungsfrage 2a (vgl. Abb. 5.2):

H2_3: Der Einfluss des Berufswahlmotivs auf die Unterrichtsqualität wird durch die Selbstwirksamkeitserwartungen mediiert.

H2_4: Der Einfluss des Berufswahlmotivs auf die Unterrichtsqualität wird durch den Enthusiasmus mediiert.

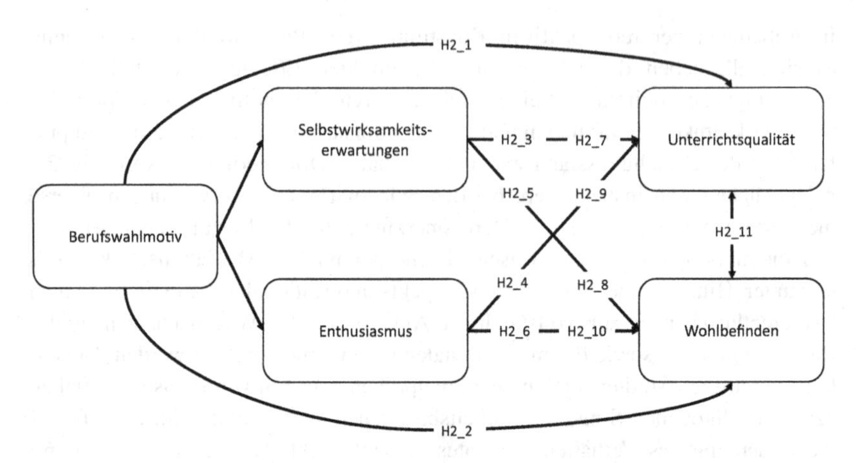

Abbildung 5.2 Untersuchungsmodell mit Hypothesen zu Forschungsfrage 2a und 2b. (Eigene Darstellung)

H2_5: Der Einfluss des Berufswahlmotivs auf das arbeitsbezogene Wohlbefinden wird durch die Selbstwirksamkeitserwartungen mediiert.

H2_6: Der Einfluss des Berufswahlmotivs auf das arbeitsbezogene Wohlbefinden wird durch den Enthusiasmus mediiert.

H2_7: Die Selbstwirksamkeitserwartungen beeinflussen die Unterrichtsqualität positiv.

H2_8: Die Selbstwirksamkeitserwartungen beeinflussen das arbeitsbezogene Wohlbefinden positiv.

H2_9: Der Enthusiasmus beeinflusst die Unterrichtsqualität positiv.

H2_10: Der Enthusiasmus beeinflusst das arbeitsbezogene Wohlbefinden positiv.

H2_11: Die Unterrichtsqualität und das arbeitsbezogene Wohlbefinden stehen in einem positiven Zusammenhang.

Design und Methode der Studien 6

Die aufgezeigten Fragestellungen und Hypothesen (Kapitel 5) werden mithilfe von Daten aus dem DFG[1] geförderten Forschungsprojekt ‚ResohlUt' sowie einer ergänzenden Online-Befragung untersucht. Die ResohlUt-Studie ist ein universitätsübergreifendes und interdisziplinäres Projekt zur Untersuchung des Wirkungszusammenhangs zwischen Arbeitsbedingungen, Ressourcen, Wohlbefinden und Unterrichtsqualität von Biologie- und Mathematiklehrkräften. In einer zusätzlichen Online-Befragung wurden Merkmale **mot**ivationaler **Or**ientierung (MotOr) erhoben, weshalb im Folgenden zur besseren Unterscheidung von der ‚MotOr-Befragung' gesprochen wird.

In diesem Kapitel werden das ResohlUt-Projekt sowie die MotOr-Befragung mit Studiendesign und Testdurchführung dargestellt. Darauf folgt eine getrennte Charakterisierung der Stichproben (Abschnitt 6.2), eine Erläuterung der Auswertungsverfahren (Abschnitt 6.3) und zuletzt die Darstellung der Messinstrumente (Abschnitt 6.4).

[1] Deutsche Forschungsgemeinschaft (Projektnummer: 385984253).

Ergänzende Information Die elektronische Version dieses Kapitels enthält Zusatzmaterial, auf das über folgenden Link zugegriffen werden kann https://doi.org/10.1007/978-3-658-37590-4_6.

M. Milius, *Professionelle Kompetenz von Biologielehrkräften*,
https://doi.org/10.1007/978-3-658-37590-4_6

6.1 Anlage der Studien und Testdurchführung von ResohlUt und MotOr

Die ResohlUt-Studie ist ein interuniversitäres Projekt zwischen der Humboldt-Universität zu Berlin und der Universität Koblenz-Landau, Campus Landau. Hierbei kooperierten die Abteilung Occupational Health Psychology der Humboldt-Universität mit der Arbeitsgruppe Biologiedidaktik der Universität Koblenz-Landau als interdisziplinärer Zusammenschluss. Das Forschungsvorhaben wurde von der DFG finanziert.

Ziel der ResohlUt-Studie. Das Untersuchungsziel bestand darin, Erkenntnisse zu reziproken Effekten zwischen persönlichen Ressourcen, Arbeitsressourcen, Wohlbefinden und Arbeitsengagement der Lehrkräfte in Beziehung zur Unterrichtsqualität festzustellen. Durch das Verständnis von Prozessen, die einen positiven Einfluss auf das Arbeitsengagement und die Unterrichtsqualität von Lehrkräften haben, können Ansatzpunkte für Interventionen identifiziert werden, die das arbeitsbezogene Wohlbefinden und die Leistungsfähigkeit von Lehrkräften fördern. Zielgruppe der Befragung waren Biologie- und Mathematiklehrkräfte, die vorrangig am Gymnasium oder einer Gesamtschule mit gymnasialem Zweig unterrichten. Die vorherige Festlegung auf die Gruppe der Gymnasiallehrkräfte kann damit begründet werden, dass Studien bereits gezeigt haben, dass es signifikante Unterschiede zwischen den Lehrkräften unterschiedlicher Schularten gibt (Nitz & Hoppe, 2014; Weschenfelder, 2014). Das ResohlUt-Projekt ist eine explanative Studie im Längsschnittdesign, das acht quantitative Befragungen und zwei qualitative Beobachtungen in Form von Unterrichtshospitationen umfasst. In Abbildung 6.1 ist das Studiendesign grafisch dargestellt. Darin enthalten sind die acht quantitativen Befragungszeitpunkte der Lehrkräfte sowie der Zeitraum, in dem die Unterrichtshospitationen stattfanden. Die Befragungen wurden online mithilfe des Umfragetools ‚SoSci Survey' durchgeführt. Durch eine automatisierte Versendung der jeweiligen Fragebogen-Links per Mail oder SMS konnten die Lehrkräfte die Befragungen entsprechend am Smartphone oder Computer ausfüllen.

Studienaufbau und Durchführung der ResohlUt-Studie. Die Teilnehmenden erhielten in Woche 1 einen Anfangsfragebogen (t_0)[2], der circa 25 Minuten Zeitaufwand in Anspruch nahm. Im ersten Fragebogen legten sich die Lehrkräfte unter anderem auf einen festen Wochentag sowie eine Biologie- oder Mathematikklasse für die anschließenden wöchentlichen Befragungen fest. Die

---

[2] Im elektronischen Zusatzmaterial ist unter A 1 im Anhang ein umfangreiches Skalenhandbuch aufgeführt.

wöchentlichen Befragungen fanden als Mehrfachmessungen in einem ‚Tagebuchdesign' über einen Zeitraum von sechs Wochen (t_1–t_6) mit zwei Befragungen pro Woche an einem festen Wochentag (z. B. immer montags) statt. Vor diesem Hintergrund mussten die Messinstrumente während der wöchentlichen Mehrfachmessungen entsprechend forschungsökonomisch und möglichst teilnehmerfreundlich gestaltet sein. Um die Teilnehmenden bei ihren wöchentlichen Befragungen nicht zu überfordern, wurden statt der Langskalen aus dem Anfangs- und Endfragebogen auf zeitökonomische Kurzskalen (vgl. Döring & Bortz, 2016) zurückgegriffen (vgl. Abschnitt 6.4). Die erste Befragung wurde morgens vor Schulbeginn und die zweite nach dem Unterricht in der ausgewählten Klasse durchgeführt. Der morgendliche Fragebogen dauerte circa zwei Minuten, der abendliche ungefähr acht Minuten.

Sofern die Lehrkräfte zugestimmt hatten, wurden während der 6-wöchigen Phase der wöchentlichen Befragungen zwei Hospitationstermine vereinbart und durch ein Rater-Team von mindestens zwei Personen durchgeführt. Ziel der Hospitationen war es, die Unterrichtsqualität und den Unterrichtsenthusiasmus aus Beobachtersicht zu erheben. Das Rater-Team, welches aus einem wissenschaftlichen Mitarbeiter und vier wissenschaftlichen Hilfskräften bestand, wurde vorab in mehrstündigen Ratertrainings mithilfe von Unterrichtsvignetten geschult. Die durchschnittliche Interraterreliabilität betrug nach den Ratertrainings 0.67 (Cohens Kappa) und 0.75 (gewichtetes Cohens Kappa) und gilt demnach als gut (Landis & Koch, 1977). Die aggregierte Interraterreliabilität über die zwei Hospitationszeitpunkte hinweg betrug zum ersten Hospitationszeitpunkt 0.64 und zum zweiten Hospitationszeitpunkt 0.67. Die Hospitationen fanden aus fachlichen Gründen (vgl. domänenspezifischer Forschungsschwerpunkt unter 6.2.1) nur bei Biologielehrkräften statt. Die Teilnehmenden schlossen die Studie in Woche 8 durch einen Abschlussfragebogen (t_7) ab. Dieser benötigte eine Bearbeitungszeit von circa 60 Minuten. Die Testdauer der jeweiligen Befragungen wurde durch Vortests mit zwei wissenschaftlichen Hilfskräften und zwei wissenschaftlichen Mitarbeitern der AG Biologiedidaktik am Campus Landau festgestellt.

Der Start der 8-wöchigen Erhebungszeiträume wurde jeweils individuell mit den Lehrkräften unter Beachtung der Ferienzeiträume vereinbart. Die Befragungen fanden alle zusammenhängend außerhalb der Ferienzeit statt. Befragt wurden insgesamt 175 Lehrkräfte im Zeitraum von August 2018 bis Juli 2019 in sieben deutschen Bundesländern. Von den 175 Lehrkräften waren 111 Biologielehrkräfte und 48 Mathematiklehrkräfte. 16 Lehrkräfte, die weder das Fach Biologie noch das Fach Mathematik hatten, zeigten ein großes Interesse an der Studie und wurden aus Gründen arbeitspsychologischer Fragestellungen des Projektteams in die Studie mit aufgenommen. Diese Lehrkräfte erhielten entsprechend keine

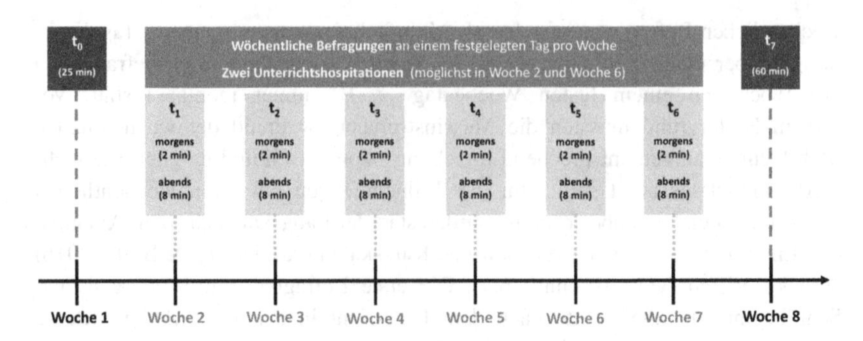

Abbildung 6.1 Studiendesign Projekt ResohlUt. (Eigene Darstellung)

domänenspezifischen Fragen. Für diese Arbeit ist nur die Stichprobe der Biologielehrkräfte relevant. Eine Begründung sowie eine weitergehende Darstellung der Stichprobenmerkmale erfolgen im anschließenden Abschnitt 6.2. Vor der Akquise fanden umfängliche Genehmigungsverfahren zur Zulassung und Durchführung der ResohlUt-Studie an Schulen bei den jeweils zuständigen Schulbehörden oder Bildungsministerien der Bundesländer statt. Der Hauptanteil der Lehrkräfte wurde durch direktes Anschreiben der Schulen mit Informationsmaterial zur Studie akquiriert. Zusätzlich wurden weitere Strategien angewandt (z. B. Multiplikation der Studie über Fachleiternetzwerk). In den Bundesländern Berlin, Brandenburg, Hessen, Mecklenburg-Vorpommern, Nordrhein-Westfalen, Rheinland-Pfalz und Thüringen wurden Schulen und deren Biologie- und Mathematiklehrkräfte eingeladen, an der ResohlUt-Studie teilzunehmen. Bis auf Mecklenburg-Vorpommern nahmen aus allen genannten Bundesländern Lehrkräfte teil.

Datenschutz. Hinsichtlich des Datenschutzes wird sich vollumfänglich an den wissenschaftlichen Vorgaben der DFG sowie der ‚europäischen Datenschutz-Grundverordnung' (EU-DSGVO) orientiert. Die Erhebung von personenbezogenen Daten wurde auf ein Minimum beschränkt und die Teilnehmenden wurden hinreichend aufgeklärt, sodass sie zu jedem Zeitpunkt eine informierte Einwilligung treffen konnten. Damit eine Zuordnung der Probanden und die Anonymisierung über die Messzeitpunkte gewährleistet war, wurde zu Beginn eines jeden Fragebogens ein Pseudonym in Form eines persönlichen Codes generiert. Dieser bestand aus den ersten zwei Buchstaben des Vornamens der Mutter, den ersten zwei Buchstaben des Geburtsortes und den beiden Ziffern des Geburtstages. Nach der Verknüpfung der Messzeitpunkte wurde das Pseudonym durch eine laufende Probandennummer (Serial) ersetzt.

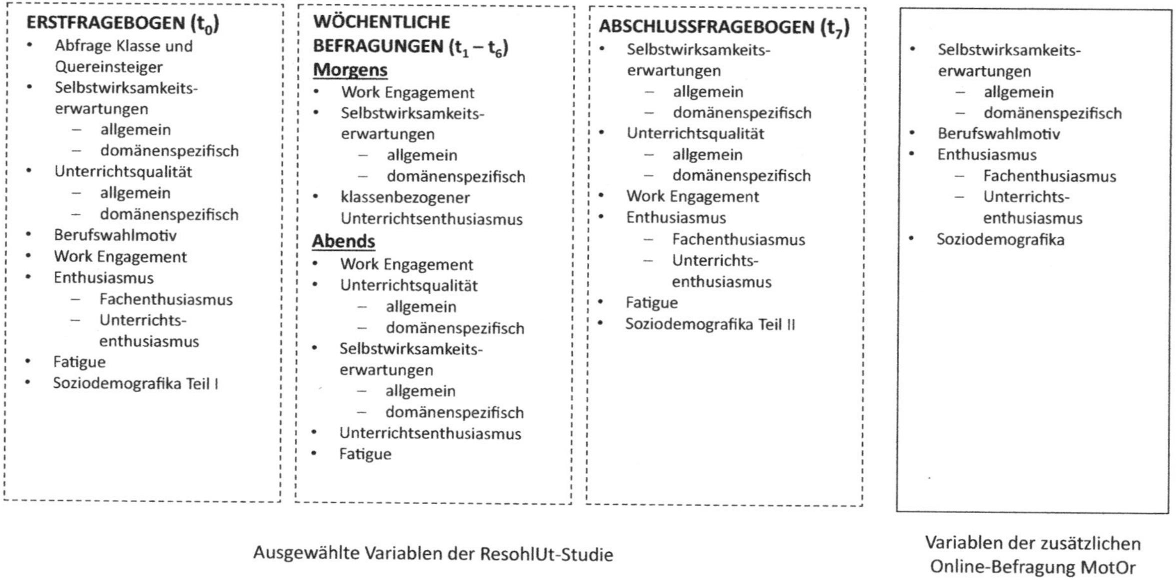

ERSTFRAGEBOGEN (t_0)
- Abfrage Klasse und Quereinsteiger
- Selbstwirksamkeits-erwartungen
  - allgemein
  - domänenspezifisch
- Unterrichtsqualität
  - allgemein
  - domänenspezifisch
- Berufswahlmotiv
- Work Engagement
- Enthusiasmus
  - Fachenthusiasmus
  - Unterrichts-enthusiasmus
- Fatigue
- Soziodemografika Teil I

WÖCHENTLICHE BEFRAGUNGEN ($t_1 - t_6$)

Morgens
- Work Engagement
- Selbstwirksamkeits-erwartungen
  - allgemein
  - domänenspezifisch
- klassenbezogener Unterrichtsenthusiasmus

Abends
- Work Engagement
- Unterrichtsqualität
  - allgemein
  - domänenspezifisch
- Selbstwirksamkeits-erwartungen
  - allgemein
  - domänenspezifisch
- Unterrichtsenthusiasmus
- Fatigue

ABSCHLUSSFRAGEBOGEN (t_7)
- Selbstwirksamkeits-erwartungen
  - allgemein
  - domänenspezifisch
- Unterrichtsqualität
  - allgemein
  - domänenspezifisch
- Work Engagement
- Enthusiasmus
  - Fachenthusiasmus
  - Unterrichts-enthusiasmus
- Fatigue
- Soziodemografika Teil II

Ausgewählte Variablen der ResohlUt-Studie

- Selbstwirksamkeits-erwartungen
  - allgemein
  - domänenspezifisch
- Berufswahlmotiv
- Enthusiasmus
  - Fachenthusiasmus
  - Unterrichts-enthusiasmus
- Soziodemografika

Variablen der zusätzlichen Online-Befragung MotOr

Abbildung 6.2 Übersicht ausgewählter Variablen ResohlUt-Studie und MotOr-Befragung. (Eigene Darstellung)

MotOr-Befragung. Da sich während des Akquiseprozesses der ResohlUt-Studie bereits abzeichnete, dass die Teilstichprobe der Biologielehrkräfte kleiner ausfallen wird als ursprünglich angenommen (vgl. Abschnitt 6.2), wurde zur Maximierung jener Stichprobengröße eine zusätzliche Onlinebefragung (MotOr) erstellt. Diese Befragung wurde zwar unabhängig vom ResohlUt-Projekt durchgeführt, war jedoch von den Vorgaben und der Variablenauswahl durch die Genehmigung der ResohlUt-Studie abgedeckt. Ebenfalls wurden in der MotOr-Befragung die Leitlinien der DFG zur Sicherung guter wissenschaftlicher Praxis sowie die europäische Datenschutz-Grundverordnung (EU-DSGVO) eingehalten. Die Erhebung von personenbezogenen Daten wurde auf ein Minimum distaler Merkmale (Alter, Bundesland der Schule, Berufserfahrung) beschränkt. Proximale personenbezogene Daten (z. B. Name und Adresse), die eine direkte Zuordnung zur Person ermöglichen, wurden nicht erhoben. Der Fragebogen enthielt neben diesen reduzierten soziodemografischen Fragen nur für diese Arbeit relevante Items zu Variablen motivationaler Orientierung (vgl. Abbildung 6.2). Die MotOr-Befragung war auf zehn Minuten Bearbeitungszeit konzipiert und musste durch die Lehrkräfte nur zu einem Befragungszeitpunkt durch Öffnen des Links ausgefüllt werden. Die Erhebung erfolgte Online über SoSci Survey. Potentielle Biologielehrkräfte erhielten eine Einladung zum Fragebogen per Veröffentlichung in Lehreronline-Foren und per Rundmail an die rheinland-pfälzischen Realschulen. Die Veröffentlichung des Links in den Foren erfolgte im Mai 2019, die Versendung der Rundmail an die Realschulen im August 2019. Im November 2019 erfolgte eine Erinnerungsmail an die Realschulen. Laut der Bearbeitungsstatistik in SoSci Survey wurde der Fragebogen zum letzten Mal im Januar 2020 bearbeitet und anschließend der Link deaktiviert. In Abbildung 6.2 sind die erhobenen Konstrukte zu den verschiedenen Zeitpunkten des Längsschnittdesigns in der Zusammenschau mit der zusätzlichen Online-Befragung MotOr aufgezeigt. Die Abbildung stellt jedoch nur einen Ausschnitt der für diese Arbeit relevanten Variablen der ResohlUt-Studie dar. Für einen vollständigen Überblick aller Konstrukte der ResohlUt-Studie siehe elektronisches Zusatzmaterial Anhang A 2.

6.2 Charakterisierung der Stichproben

Im Anschluss an die Darlegung des Studiendesigns und der Testdurchführung werden in diesem Kapitel die Stichproben der ResohlUt-Studie und der Online-Befragung MotOr getrennt voneinander charakterisiert. Vorab sei angemerkt, dass im Zuge der Projektkonzeption sowie des Drittmittelantrages bei der DFG für das ResohlUt-Projekt a priori eine Poweranalyse zur Bestimmung der Fallzahl durchgeführt wurde. Diese Fallzahlanalyse ergab einen Stichprobenumfang von 180 Teilnehmenden (bei statistischer Power = 0.80). Es wurde eine Ausfallquote von 10 % angenommen (Nitz & Hoppe, 2014). Zusätzlich wurde eine Post-Hoc-Poweranalyse mit der gegebenen Stichprobengröße ($N = 111$) durchgeführt, um die statistische Power des Alternativmodells zu Fragestellung 2a und 2b zu überprüfen (vgl. Abschnitt 7.3.2). Für die MotOr-Stichprobe wurde im Vorhinein keine Fallzahlanalyse durchgeführt, da diese als maximierende Komplettierungsstichprobe für die ResohlUt-Stichprobe gilt (vgl. hierzu auch Abschnitt 6.1).

6.2.1 ResohlUt-Stichprobe

Die Daten der ResohlUt-Studie wurden mittels Online-Befragungen in SoSci Survey im Längsschnittdesign erhoben (vgl. Abschnitt 6.1). Der Erhebungszeitraum fand von August 2018 bis Juli 2019 statt. Zur Überprüfung der postulierten Hypothesen im mathematisch-naturwissenschaftlichen Kontext wurde als Teil der DFG-Studie ResohlUt auch eine kleine Populationsstichprobe der Mathematiklehrkräfte ($N = 48$) erhoben. Durch den domänenspezifischen Forschungsfokus der vorliegenden Arbeit auf Biologielehrkräften wird jedoch ausschließlich die Stichprobe der Biologielehrkräfte aus dem ResohlUt-Datensatz zur Auswertung herangezogen.

Umgang mit unaufmerksamen Teilnehmenden. Der Rohdatensatz wurde sowohl um die Teilnehmenden, die durchgängig keine Angabe machten, als auch um unaufmerksame Teilnehmende bereinigt. Um unaufmerksame Teilnehmende zu identifizieren, wurde eine Analyse zum homogenen Antwortverhalten durchgeführt (Curran, 2016). Ebenso wurde das Kreuzverhalten inverser Items bei den Skalen der Unterrichtsqualität und der Selbstwirksamkeitserwartungen untersucht und als mögliches Kriterium für eine Selektion unaufmerksamer Teilnehmenden herangezogen. Nach Bereinigung der Daten teilte sich die Stichprobe in 111 Biologielehrkräfte, 48 Mathematiklehrkräfte und 16 Lehrkräfte, die weder Biologie noch Mathematik unterrichten, auf. Im Folgenden wird die Stichprobe der Biologielehrkräfte aus dem ResohlUt-Projekt charakterisiert.

Stichprobencharakterisierung. Von den 111 Biologielehrkräften unterrichtete der größte Anteil in Rheinland-Pfalz (41,4 %). Das Bundesland mit der zweithöchsten Lehrkräfte-Anzahl ist Brandenburg (24,3 %). Darauf folgen die Bundesländer Berlin (6,3 %), Hessen (5,4 %) und Nordrhein-Westfalen (2,7 %). Das Bundesland wurde durch eine freiwillige Angabe der Schul-Postleitzahl erhoben und 24,3 % der Befragten gaben keine Auskunft über ihren Schulort. Der größte Teil der Studienteilnehmenden ist mit 66,7 % weiblich, wohingegen 31,5 % männlich sind und 1,8 % keine Angabe zu ihrem Geschlecht machten. Die Teilnehmenden sind zwischen 25 Jahren und 64 Jahren alt. Das Durchschnittsalter der Befragten beträgt 42,5 Jahre (*SD* = 10,5). Im Durchschnitt unterrichten die Biologielehrkräfte bereits 14,3 Jahre (*SD* = 9,9). Am Gymnasium unterrichteten 83,8 % der befragten Lehrkräfte. Rund 11,7 % waren an einer Gesamtschule mit Oberstufenzweig tätig, 2,7 % an der Realschule und 1,8 % machten keine Angabe. Unter den Befragten waren acht Quereinsteiger im Lehrerberuf, wohingegen die überwiegende Mehrheit (103 Probanden) ein Lehramtsstudium absolvierte und nach dem Referendariat an der Schule tätig ist. Für die wöchentlichen Befragungen wählten 74,8 % der Biologielehrkräfte eine Klasse aus der Mittelstufe aus (*M* = 8,3, *SD* = 1,8), auf die sich die klassenbezogenen Konstrukte (wie z. B. Unterrichtsqualität und Unterrichtsenthusiasmus) bezogen. 13,5 % wählten eine Klasse aus der Unterstufe und 11,7 % einen Oberstufenkurs für die Befragungen.

6.2.2 MotOr-Stichprobe

Der Rohdatensatz mit 47 Befragten wurde ebenso sowohl um die Teilnehmenden, die durchgängig keine Angabe machten, als auch um unaufmerksame Teilnehmende bereinigt. Für die Selektion der unaufmerksamen Teilnehmenden wurde ebenfalls das oben genannte Kriterium des homogenen Antwortverhaltens nach Curran (2016) herangezogen. Hierbei wurden Probanden aussortiert, die innerhalb einer Skala mehr als 50 % der Items hintereinander homogen (sog. Longstring-Kreuzverhalten) beantwortet haben (Curran, 2016). Nach Bereinigung des Datensatzes umfasst die Stichprobe 41 Teilnehmende.

Stichprobencharakterisierung. Von den 41 Biologielehrkräften unterrichtet der größte Teil in Rheinland-Pfalz (65,9 %). Darauf folgt Nordrhein-Westfalen mit 14,6 %. Auf die Bundesländer Hessen, Bayern und Baden-Württemberg entfallen jeweils 4,9 % der Teilnehmenden sowie auf das Saarland und Hamburg jeweils 2,4 %. Über zwei Drittel der Befragten sind weiblich (75,6 %), wohingegen 24,4 % männlich sind. Das Durchschnittsalter der Lehrkräfte beträgt 40,7 Jahre (*SD* = 10,5). Der jüngste Teilnehmende ist 28 Jahre und der älteste 63 Jahre. Durchschnittlich unterrichteten die Biologielehrkräfte bereits 12,5 Jahre (*SD* = 7,6). Hinsichtlich der Schulform unterrichten 26 Personen (63,4 %) an einer Realschule, jeweils sechs Befragte (14,6 %) am Gymnasium und an einer Gesamtschule sowie drei Lehrkräfte (7,3 %) an einer Förderschule. Unter den

Befragten war ein Quereinsteiger im Lehrerberuf, die restlichen 40 Teilnehmende haben ein Lehramtsstudium sowie ein Referendariat absolviert.

Vor der Zusammenführung der Stichproben des ResohlUt-Projekts sowie der MotOr-Befragung wurden zum einen die Soziodemografika verglichen und zum anderen die Skalenverteilung durch einen Mittelwertvergleich überprüft. Der Vergleich der Soziodemografika Geschlecht, Alter und Berufserfahrung zeigt (vgl. Werte in diesem Kapitel), dass die beiden Stichproben sehr ähnlich sind. Ebenso belegt ein Mittelwertvergleich der motivationalen Variablen Berufswahlmotiv, Selbstwirksamkeitserwartungen und Lehrerenthusiasmus beider Stichproben, dass in diesen Schlüsselvariablen keine signifikanten Unterschiede festzustellen sind. Der zusammengeführte Datensatz umfasst 152 Biologielehrkräfte. Dieser generierte Datensatz wird nur zur Berechnung der Fragestellung 1a und 1b herangezogen. Fehlende Werte (−9) bei einzelnen Items wurden in der Statistik-Software R zu „NA“ für keine Angabe umkodiert und werden entsprechend fallweise nicht in die Berechnungen miteinbezogen.

6.3 Auswertungsverfahren der Studie

In diesem Abschnitt werden die statistischen Auswertungsverfahren der Studie erläutert. Eingangs wird das Auswertungsverfahren zur Prüfung der Anpassungsgüte und Modifikation der Messmodelle erläutert. Darauf aufbauend wird auf die deskriptive Auswertung eingegangen, um anschließend das statistische Vorgehen zur Auswertung der Forschungsfragen zu beschreiben. Die Forschungsfragen bedürfen unterschiedlicher Auswertungsverfahren und Stichproben und werden daher in jeweiligen Unterkapiteln behandelt.

6.3.1 Auswertung zur Prüfung der Anpassungsgüte und Modifikation der Messmodelle

Vor Beginn der deskriptiven Auswertung und der Hypothesenprüfung wird die Anpassungsgüte der theoretisch angenommenen Messmodelle jeder Skala an die empirischen Daten mittels konfirmatorischer Faktorenanalysen überprüft. Nach Bühner (2011) sollte neben dem Vorliegen eines Intervallskalenniveaus und einer in Abhängigkeit zur Anzahl der zu schätzenden Parameter entsprechenden Stichprobengröße auch eine multivariate Normalverteilung sowie keine Kollinearität als Voraussetzungen zur Durchführung einer konfirmatorischen Faktorenanalyse gegeben sein. Die Prüfung auf multivariate Normalverteilung bei den jeweiligen

Skalen wurde mittels eines Mardia-Tests des R-Pakets ‚MVN' festgestellt. Sofern nicht die Voraussetzung einer multivariaten Normalverteilung erfüllt war, wurde als Schätzmethode die Variante ‚MLR' in R angewandt, um die Standardfehlerschätzungen und die $\chi 2$-Teststatistiken entsprechend durch robuste Schätzungen anzupassen (Werner, 2015). Ebenso wurden potentiell ausreißerbedingte Verzerrungen durch entsprechende Inspektionen der Histogramme überprüft (Bühner, 2011). Die Ergebnisse zu den jeweiligen Modell-Fits, den Faktorladungen (< 6) und die Modifikationsindizes (*MI* > 4; Saris et al., 2009) gaben Aufschluss darüber, inwiefern durch eine empirisch und inhaltlich begründete Eliminierung einzelner Items die Anpassungsgüte der Messmodelle verbessert werden konnte (Gäde et al., 2020). Die Modellgüte einer Faktorenanalyse hängt maßgeblich von der Anzahl der zu schätzenden Parameter ab (Bühner, 2011). Als Richtwert gilt hier eine ‚Daumenregel' von „5 bis 10 Personen pro zu schätzendem Parameter" (Schermelleh-Engel & Werner, 2009, S. 1). Insbesondere bei kleinen Stichproben wird die „Konvergenz der Gütemaße […] als besonders wichtig erachtet" (Sedlmeier & Renkewitz, 2018, S. 785). In Anbetracht der Stichprobengröße (Fragestellung 1a und 1b: $N = 152$, Fragestellung 2a und 2b: $N = 111$) und der Komplexität der zu testenden Modelle (Parameteranzahl > 50) erscheint eine indirekte Reduzierung der Parameterzahl durch die konstruktspezifische Modifikation der Messmodelle in Form einer Itemreduktion zusätzlich als sinnvoll und begründet. Die konfirmatorischen Faktorenanalysen werden mithilfe der Statistiksoftware R und den R-Zusatzpaketen ‚lavaan' und ‚semplot' durchgeführt.

Gütemaße der Faktorenanalyse. Zur Beurteilung der Passungsgüte eines Modells sollten die Informationen des $\chi 2$-Tests, der Signifikanz (*p*-Wert) und die Fit-Indizes Comparative-Fit-Index (*CFI*), Root-Mean-Square-Error (*RMSEA*) sowie Standardized-Root-Mean-Residual (*SRMR*) dargestellt werden (Bühner, 2011). Diese Modell-Gütemaße und deren Konvergenz für das zu prüfende Modell spielen insbesondere bei kleinen Stichproben eine besondere Rolle (Sedlmeier & Renkewitz, 2018). Der $\chi 2$-Test gibt die Validität eines Modells wieder, indem er die Passung der empirischen Kovarianzmatrix mit der modelltheoretischen Kovarianzmatrix prüft (Schermelleh-Engel et al., 2003). Ein hoher $\chi 2$-Wert in Beziehung zur Anzahl der Freiheitsgrade gibt an, dass sich die genannten Kovarianzmatrizen signifikant (*p*-Wert) voneinander unterscheiden (Schermelleh-Engel et al., 2003). Für einen guten Modell-Fit sollte der $\chi 2$-Wert demnach möglichst nahe Null und nicht signifikant sein (Schermelleh-Engel et al., 2003; Sedlmeier & Renkewitz, 2018). Die Anzahl der Freiheitsgrade gibt die Möglichkeiten an, „in denen die Daten vom Modell abweichen können" (Bühner, 2011, S. 402). Demnach spricht eine niedrige Anzahl von Freiheitsgraden für ein komplexeres und weniger falsifizierbares Modell (Bühner, 2011). Der inkrementelle Fit-Index *CFI* vergleicht das formulierte Modell mit einem restriktiveren Basismodell (Bühner, 2011; Sedlmeier & Renkewitz, 2018). Der literaturbasierte Cut-off-Wert für Stichproben bis $N = 250$ liegt bei 0.95 und höher (Sivo et al., 2006). Der Fit-Index *RMSEA* gibt an, inwiefern das Messmodell die Daten beschreibt und damit, ob sich das Messmodell entsprechend der Realität annähert (Bühner, 2011). Der literaturbasierte Cut-off-Wert für einen guten Modell-Fit liegt bei ≤ 0.08 (Sivo et al., 2006). Der Fit-Index *SRMR* „kennzeichnet die standardisierte durchschnittliche Abweichung (Residuum) zwischen der beobachteten und der implizierten Korrelationsmatrix" (Bühner, 2011, S. 427). Der literaturbasierte Cut-off-Wert für Stichproben bis $N = 250$ liegt bei < 0.10 und niedriger (Sivo et al., 2006).

6.3.2 Auswertung der deskriptiven und korrelativen Ergebnisse

Durch univariate Analysen und Mittelwertvergleiche sollen erste Erkenntnisse über die Merkmalsverteilung der Stichprobe erlangt werden. Ebenso werden in diesem Schritt die Skalen- und Itemqualität mithilfe von reliabilitätsbezogenen Parametern der internen Konsistenz geprüft. Die Auswertung hierzu erfolgt mithilfe der Software R und neben den Basis-Funktionen werden noch die des R-Pakets ‚psych' verwendet. Die anschließenden multivariaten Auswertungen, in Form von Korrelationsanalysen, können einen ersten Aufschluss darüber geben, inwiefern mögliche Zusammenhänge zwischen Variablen und deren Subskalen bestehen. Hierbei werden neben den hypothesenbezogenen Variablen auch die Bedeutung personenbezogener Variablen (z. B. Berufserfahrung) durch Einbeziehung in die Korrelationsanalyse geprüft. Zur Auswertung der Korrelationsanalysen wird ebenfalls die Software R, jedoch die R-Pakete ‚psych', ‚data.table' und ‚Hmisc' genutzt. Die Auswertung der deskriptiven Ergebnisse erfolgt auf Basis der geprüften und gegebenenfalls modifizierten Messmodelle (vgl. Abschnitt 6.3.1). Wie Tabelle 6.1 (vgl. Abschnitt 6.3.3) zu entnehmen ist, werden unterschiedliche Messzeitpunkte der Variablen zur Auswertung der Forschungsfragen herangezogen. Dieser Analogie folgend werden bei der deskriptiven Auswertung ebenfalls nur die Messzeitpunkte herangezogen, wie sie für die Forschungsfragen relevant sind (z. B. werden die Daten der Unterrichtsqualität von Messzeitpunkt t0 nicht deskriptiv ausgewertet, sondern hier die wöchentlichen Daten (t_1-t_6) sowie die Daten des Abschlussfragebogens (t_7) herangezogen; vgl. Tab. 6.1).

6.3.3 Auswertung der Forschungsfragen

Die Forschungsfragen 1a und 1b sowie die Forschungsfragen 2a und 2b sind inhaltlich wie methodisch kohärent und werden daher im Folgenden gebündelt in jeweils zwei Kapiteln dargestellt. Zur Übersicht sind in Tabelle 6.1 die Stichproben und deren Verwendung für die Auswertung der Forschungsfragen zusammengefasst.

Tabelle 6.1 Übersicht der Stichproben und deren Verwendung für die Auswertung. MZP = Messzeitpunkt, BWM = lehramtsbezogenes Berufswahlmotiv, SWE = Selbstwirksamkeitserwartungen, LE = Lehrerenthusiasmus, WB = arbeitsbezogenes Wohlbefinden, UQ = Unterrichtsqualität

		Forschungsfragen 1a und 1b	**Forschungsfragen 2a und 2b**[3]
Datensatz	***ResohlUt-Studie*** ($N = 111$ Biologielehrkräfte)	**MZP t_0:** BWM, SWE, LE	**MZP t_0:** BWM, SWE, LE **MZP t_1–t_6:** WB, UQ **MZP t_7:** WB, UQ
	MotOr-Studie ($N = 41$ Biologielehrkräfte)	BWM, SWE, LE	Keine Verwendung

Die statistische Auswertung erfolgt bei allen vier Forschungsfragen latent und mit z-standardisierten Werten, um möglichen Verzerrungen durch unterschiedliche Antwortformate der Skalen (vgl. Abschnitt 6.4) vorzubeugen (Eid et al., 2010). Wie eingangs dargelegt, werden vor der Durchführung der hypothesenprüfenden Rechnungen die Anpassungsgüte aller Messmodelle mithilfe einer konfirmatorischen Faktorenanalyse überprüft und gegebenenfalls modifiziert. Die Fragestellungen werden dann entsprechend, wie die deskriptiven Ergebnisse, mit den modifizierten Messmodellen berechnet. Die Variablen (BWM, SWE, LE, WB und UQ) und damit einhergehend die Fragestellungen werden vorrangig auf Konstruktebene analysiert und ausgewertet. Anhand der konstruktspezifischen Theorien und Forschungserkenntnisse ist davon auszugehen, dass die Subskalen der Konstrukte (z. B. Fachenthusiasmus und Unterrichtsenthusiasmus beim

[3] Bei diesen Fragestellungen wird ein ‚Trait-Modell' angenommen und die Daten auf ‚Between-Ebene' sowie die wöchentlichen Daten hinzugezogen (vgl. auch Abschnitt 6.3.3.2). Vor diesem Hintergrund werden analog für die Fragestellung 1a und 1b die Pre-Daten (t0) zur Auswertung verwendet.

LE) gleichgerichtete Effekte auf die angenommenen abhängigen Variablen verursachen[4]. Eine Ausnahme bildet das Berufswahlmotiv, dessen intrinsisch- und extrinsisch-orientierten Skalen unterschiedliche Effekte bedingen können. Hier wird daher zuerst überprüft, ob auf Konstruktebene signifikante Effekte zu verzeichnen sind, um dann in einem möglichen zweiten Schritt[5] auf Subskalenebene differenziertere Ergebnisse zu analysieren. Die Auswertung der Fragestellungen wird mithilfe der Statistik-Software R und diversen R-Zusatzpaketen durchgeführt.

6.3.3.1 Auswertung der Forschungsfragen 1a und 1b

Forschungsfrage 1a untersucht, ob das lehramtsbezogene Berufswahlmotiv als ergänzender Kompetenzaspekt das theoretische Modell der motivationalen Orientierung nach Baumert und Kunter (2006) erweitern kann. Forschungsfrage 1b zielt auf die Analyse der Binnenstruktur motivationaler Orientierung und damit auf den Zusammenhang zwischen dem Berufswahlmotiv, den Selbstwirksamkeitserwartungen und dem Lehrerenthusiasmus ab (vgl. Abb. 5.1). Wie bereits bei der Herleitung der Forschungsfragen in Kapitel 5 erwähnt, stehen Fragestellung 1a und 1b in einem engen inhaltlichen und kausalen Verhältnis zueinander. Die numerische Reihenfolge der Fragestellungen ist daher nicht streng konsekutiv zu verstehen.

Auf Basis der t_0-Daten der ResohlUt-Stichprobe ($N = 111$) und den Daten der Onlinebefragung MotOr ($N = 41$) wird eine konfirmatorische Faktorenanalyse mit einem hierarchischen Modell, bei der die motivationale Orientierung als übergeordneter Faktor fungiert, durchgeführt (Fragestellung 1a). Im Anschluss wird der Zusammenhang der motivationalen Variablen ebenfalls mithilfe einer konfirmatorischen Faktorenanalyse analysiert (Fragestellung 1b). Hierbei wird ein korrelatives Modell auf (Sub-)Skalenebene (ohne High-Order Faktor) für die Faktorenanalyse vorgegeben. Um zu identifizierbaren Modellen zu gelangen, muss ein Parameter fixiert werden. Hierzu kann entweder die Varianz der latenten Variablen oder die Ladung einer Referenzvariable fixiert werden (Sedlmeier & Renkewitz, 2018). Bei der Fixierung der Ladung einer Referenzvariable wird die Ladung einer einzigen manifesten Variable auf eins gesetzt, um die Identifizierung der Varianz der latenten Variablen zu ermöglichen (Bühner, 2011). Hier wird die

---

[4] Dies wird hypothetisch auch mithilfe korrelativer Analysen im deskriptiven Ergebnisteil überprüft.

[5] Dieser Schritt kommt im Ergebnisteil zum Tragen, wenn in einem ersten Schritt auf Konstruktebene signifikante Ergebnisse des Berufswahlmotivs zu verzeichnen sind. Andernfalls entfällt dieser Schritt in dieser Arbeit.

Ladung der Variable Lehrerenthusiasmus als Referenzvariable fixiert. Die konfirmatorischen Faktorenanalysen werden mithilfe der Statistiksoftware R und den R-Zusatzpaketen ‚lavaan' und ‚semplot' durchgeführt. Als Schätzmethode in R wird die Variante ‚MLR' angewandt.

Auf eine vorgeschaltete explorative Faktorenanalyse wurde verzichtet, da zum einen die Skalen bereits faktoriell in mehreren Studien überprüft wurden (vgl. Abschnitt 2.4) und zum anderen die Stichprobe ($N = 152$) für eine Teilung und valide Durchführung in zwei getrennten Faktorenanalysen (explorative und konfirmatorische) zu klein ist (vgl. u. a. Bühner, 2011; Schermelleh-Engel & Werner, 2009).

6.3.3.2 Auswertung der Forschungsfragen 2a und 2b

Die Forschungsfragen 2a und 2b untersuchen, ob das lehramtsbezogene Berufswahlmotiv einen Einfluss auf das Performanzmaß der Unterrichtsqualität sowie das arbeitsbezogene Wohlbefinden der Biologielehrkräfte hat. In einem ersten Schritt werden direkte Effekte auf die Unterrichtsqualität und das Wohlbefinden überprüft (Fragestellung 2a). In einem zweiten Schritt wird überprüft, inwiefern (indirekte) Effekte durch Faktoren motivationaler Orientierung (Selbstwirksamkeitserwartungen und Enthusiasmus) mediiert werden (Fragestellung 2b). In Abbildung 5.2 ist das Mediationsmodell zu den Fragestellungen dargestellt (vgl. Kapitel 5).

Zur Überprüfung der Forschungsfragen 2a und 2b werden nur die Daten der ResohlUt-Studie verwendet, da die Variablen Unterrichtsqualität und arbeitsbezogenes Wohlbefinden in der MotOr-Befragung nicht erhoben wurden. Es wird ein ‚Trait-Modell' angenommen und daher werden für den Prädiktor (BWM) und die Mediatoren (SWE und LE) die Pre-Daten (t_0) und für die abhängigen Variablen (UQ und WB) die Post- (t_7) und wöchentlichen Befragungsdaten (t_1–t_6) entsprechend Tabelle 6.1 herangezogen. Auch hier wird forschungsfragenbezogen nur die Stichprobe der Biologielehrkräfte ($N = 111$) genutzt. Auch Fragestellung 2a und 2b werden mit den überprüften und modifizierten Messmodellen (vgl. Abschnitt 6.3.1) gerechnet. Die Hypothesen werden mithilfe eines linearen Strukturgleichungsmodells in R überprüft. Hierzu werden die R-Zusatzpakete ‚lavaan' und ‚semplot' sowie als Schätzmethode die Variante ‚MLR' genutzt. Die Parameterfixierung erfolgt gleichermaßen wie in Abschnitt 6.3.3.1 dargelegt.

Wie in Abbildung 5.2 zu sehen ist, fungieren als exogene Variablen das lehramtsbezogene Berufswahlmotiv, die Selbstwirksamkeitserwartungen und der Lehrerenthusiasmus, wohingegen die Unterrichtsqualität und das arbeitsbezogene Wohlbefinden als endogene Variablen auftreten. Die latente Berechnung des

Strukturgleichungsmodells wird ebenfalls basierend auf der Prüfung der Anpassungsgüte der Messmodelle durchgeführt (vgl. Abschnitt 7.1). Sollte die Auswertung des Strukturgleichungsmodells aufgrund von ‚Power-Schwierigkeiten' ($N = 111$) einen unzureichenden Modell-Fit ergeben, werden infolgedessen die einzelnen Pfade des Strukturmodells in eigenständigen multiplen Regressionsmodellen (Modell 1: Unterrichtsqualität, Modell 2: Wohlbefinden) mit Mediationsanalyse gerechnet und die Mediatorsignifikanz mittels Sobel-Test überprüft. Der Sobel-Test ist ein Signifikanztest für indirekte Effekte auf die abhängige Variable über einen Mediator (Baron & Kenny, 1986; MacKinnon et al., 2002). Hierbei zeigt der z-Wert (> 1.96) an, ob die Mediationseffekte signifikant werden (MacKinnon et al., 2002). Beide Verfahren lassen sich statistisch auch mit kleineren Stichproben durchführen (Keith, 2019).

6.4 Messinstrumente der Studie

Aufbauend auf dem Theorieteil sollen in diesem Kapitel die theoretischen Konstrukte operationalisiert und die jeweiligen Messinstrumente mit Subskalen und Itemanzahl dargelegt werden. Zur Messung wurde aus forschungsökonomischen Gründen auf vorhandene standardisierte Testinstrumente, die bereits durch den Einsatz in anderen Studien validiert wurden, zurückgegriffen. Eine Pilotierung der Messinstrumente war daher nicht notwendig. Sofern Modifikationen an den Messinstrumenten vor dem Testeinsatz vorgenommen wurden (z. B. Erweiterung der Antwortskala), werden diese in den Unterkapiteln der jeweiligen Konstrukte dargelegt. Zum direkten Vergleich werden in diesem Kapitel die internen Konsistenzen (Cronbachs Alpha) der Skalen sowohl aus der Literatur als auch aus dieser Studie variablenspezifisch angegeben. Alle Skalen und deren Items, die für diese Arbeit verwendet wurden, befinden sich ausführlich in einem Skalenhandbuch im elektronischen Zusatzmaterial im Anhang (vgl. A 1).

6.4.1 Messung der motivationalen Orientierung

Motivational-affektive Aspekte, wie die motivationale Orientierung, können nicht direkt durch Beobachtung gemessen, sondern müssen indirekt durch Auswertungen von Aussagen und Verhalten analysiert werden (Döring & Bortz, 2016). Motivationale Orientierung stellt demnach ein latentes Konstrukt dar, welches durch manifeste Merkmale in Form des selbsteingeschätzten Antwortverhaltens einer Person gemessen werden muss. Das Konstrukt der motivationalen Orientierung teilt sich in die Aspekte Selbstwirksamkeitserwartungen und Enthusiasmus auf. Im Folgenden werden die Messinstrumente sowie deren Verwendung in den jeweiligen Fragebögen dargelegt.

Lehrerselbstwirksamkeitserwartungen. Selbstwirksamkeitserwartungen lassen sich in die Subskalen allgemeine Selbstwirksamkeitserwartungen und domänenspezifische Selbstwirksamkeitserwartungen unterteilen. Ersteres wurde mithilfe von vier von zehn Items von Schmitz und Schwarzer (2002) erhoben. Bei der Auswahl der vier von zehn Items für die allgemeinen Selbstwirksamkeitserwartungen wurde die Kurzskala der COACTIV-Studie als Referenz herangezogen, die ebenfalls nur vier Items enthielt und gute empirischer Itemkennwerte aufwies (Baumert et al., 2008; Holzberger et al., 2013, 2014). Riggs und Enochs (1990) haben in Form des ‚Science Teacher Efficacy Belief Instrument' (STEBI) ein Instrument zur Messung von Selbstwirksamkeitserwartungen bei naturwissenschaftlichen Lehrkräften entwickelt, auf dem die zweite Subskala (domänenspezifische Selbstwirksamkeit) basiert. Dieses wurde durch Bleicher (2004) empirisch überprüft und hinsichtlich der internen Validität überarbeitet. Deehan (2017) hat in einer Metaanalyse diverse Studien mit Verwendung des STEBI-Instruments untersucht. Er kam zu dem Ergebnis, dass das Instrument zur Erhebung der Selbstwirksamkeitserwartungen bei praktizierenden Lehrkräften (STEBI-A) ein „valid and reliable instrument that can provide contextually transferable data and insights in an area of science education where effects and changes are difficult to identify and measure" (Deehan, 2017, S. 72) ist. In der vorliegenden Studie als Teil des ResohlUt-Projektes wurden die 13 überarbeiteten STEBI-Items der Subskala ‚Personal Science Teaching Efficacy Belief Scale' (Bleicher, 2004)[6] zur Erhebung der domänenspezifischen Selbstwirksamkeitserwartungen in deutscher Übersetzung genutzt. In dieser Itemübersetzung wurde das Domänenspezifikum „Science" gegen „Biologie" ausgetauscht. Für die wöchentlichen Befragungen der ResohlUt-Studie wurden die Items der domänenspezifischen Selbstwirksamkeitserwartungen auf eine Kurzskala reduziert. Diese besteht aus vier Items für die allgemeinen Selbstwirksamkeitserwartungen und fünf Items für die domänenspezifischen. Auswahlkriterium der entsprechenden fünf domänenspezifischen Items waren die Werte der Faktorladungen aus der Literatur (Bleicher, 2004; Deehan, 2017). Des Weiteren wurden in der ursprünglichen Itemversion der allgemeinen Selbstwirksamkeitsskala eine 4-stufige Antwortrange (1 = stimmt nicht bis 4

---

[6] Die zweite Subskala ‚Science Teaching Outcome Expectancy Scale' (vgl. Bleicher, 2004) des STEBI mit zehn weiteren Items wurde aus inhaltlichen und forschungsökonomischen Gründen nicht aufgegriffen.

Tabelle 6.2 Übersicht Messinstrumente motivationaler Orientierung

	Subskala	Itemanzahl		Exemplarisches Item	Instrument / Quelle	Interne Konsistenz der Skala (Cronbachs Alpha > 0.70)	Vorkommen Fragebogen
		Langskala (t_0 & t_7)	Kurzskala (t_1 - t_6)				
Selbstwirksam-keitserwartungen	Allgemeine Selbstwirksam-keitserwartung	4	4	Ich bin mir sicher, dass ich auch mit den problematischen SuS in guten Kontakt kommen kann, wenn ich mich darum bemühe.	Individuelle Lehrerselbstwirk-samkeitsskala (Schmitz & Schwarzer, 2002)	Laut Literatur: $\alpha = 0.76$–0.82 Eigene Studie: $\alpha = 0.87$	ResohlUt-Studie: t_0 & t_7 (Langskala) t_1–t_6 (Kurzskala) MotOr-Befragung: Langskala
	Domänenespezi-fische Selbstwirksam-keitserwartung	13	5	Ich finde es schwierig, SuS zu erklären, warum biologische Experimente funktionieren.	STEBI (Riggs & Enochs, 1990; Bleicher, 2004; Deehan, 2017)	Laut Literatur: $\alpha = 0.72$ Eigene Studie: $\alpha = 0.92$	ResohlUt-Studie: t_0 & t_7 (Langskala) t_1–t_6 (Kurzskala) MotOr-Befragung: Langskala
Enthusiasmus	Fachenthusias-mus	5	-	Ich beschäftige mich mit Freude mit dem Fach Biologie.	Kunter et al., 2011	Laut Literatur: $\alpha = 0.69$ Eigene Studie: $\alpha = 0.91$	ResohlUt-Studie: t_0 & t_7 (Langskala) MotOr-Befragung: Langskala
	Klassenbezoge-ner Unterrichtsen-thusiasmus	5	3	Ich unterrichte Biologie in dieser Klasse mit Begeisterung.	Kunter et al., 2011	Laut Literatur: $\alpha = 0.69$–0.90 Eigene Studie: $\alpha = 0.94$	ResohlUt-Studie: t_0 & t_7 (Langskala) t_1–t_6 (Kurzskala) MotOr-Befragung: Langskala

= stimmt genau) und in der domänenspezifischen Selbstwirksamkeitsskala eine 5-stufige Antwortrange (1 = widerspreche völlig bis 5 = stimme völlig zu) verwendet. Zur Vereinheitlichung und Erhöhung der Antwortvarianz (vgl. Döring & Bortz, 2016) wurde diese im ResohlUt-Projekt auf eine 6-stufige Antwortskala (1 = stimme gar nicht zu bis 6 = stimme voll zu) erweitert. Die interne Konsistenz der Subskalen dieser Studie (vgl. Tab. 6.2) reicht von $\alpha = 0.87$ bis $\alpha = 0.92$ (Cronbachs Alpha) und ist mit einem Mittelwert von $\alpha = 0.90$ gut (Blanz, 2015). Die Cronbachs Alpha dieser Studie liegen über den Vergleichswerten aus der Literatur ($\alpha = 0.77$).

Lehrerenthusiasmus. Der Lehrerenthusiasmus wird durch zwei Subskalen gemessen: dem Fachenthusiasmus und dem klassenbezogenen Unterrichtsenthusiasmus. Der Fachenthusiasmus wird mithilfe von fünf Items von Kunter et al. (2008) nur auf der between-Ebene (t_0 und t_7) erhoben. Es ist davon auszugehen, dass der Fachenthusiasmus nicht über einen wöchentlichen Zeitraum fluktuiert und daher eine Erhebung auf der within-Ebene (t_1–t_6) nicht notwendig erscheint (Kunter et al., 2008), wohingegen der klassenbezogene Unterrichtsenthusiasmus in allen Fragebögen (t_0 – t_7) erhoben wird. Im Anfangs- und Endfragebogen wird eine Langversion mit fünf Items verwendet. Bei der wöchentlichen Befragung wird auf eine Kurzskala mit drei Items zurückgegriffen. Alle Items sind Kunter, Frenzel et al. (2011) entlehnt. Die Auswahl der drei Items für die wöchentliche Kurzskala erfolgte anhand der Faktorenladungen aus der Literatur (Kunter, Frenzel et al., 2011). Auch beim Enthusiasmus wurde die Antwortskala von vier (1 = stimme gar nicht zu bis 4 = stimme voll zu) auf sechs Stufen (1 = stimme gar nicht zu bis 6 = stimme voll zu) erweitert (vgl. Döring & Bortz, 2016). Die interne Konsistenz der Subskalen dieser Studie (vgl. Tab. 6.2) reicht von $\alpha = 0.91$ bis $\alpha = 0.94$ (Cronbachs Alpha) und ist mit einem Mittelwert von $\alpha = 0.92$ gut (Blanz, 2015) und liegt damit über dem Vergleichswert aus der Literatur ($\alpha = 0.79$).

In der folgenden Tabelle 6.2 sind die Variablen Selbstwirksamkeitserwartungen und Enthusiasmus mit ihren Subskalen und deren Verwendung in den jeweiligen Erhebungen (ResohlUt- und MotOr-Studie) dargestellt.

6.4.2 Messung des lehramtsbezogenen Berufswahlmotivs

Pohlmann und Möller (2010) haben einen Fragebogen zur Erfassung der Motivation für die Wahl des Lehramtsstudiums (FEMOLA) entworfen und diesen an Studierenden ($N = 896$) im ersten Semester der Universität Kiel in drei

Studien erprobt. Das Messinstrument wurde bereits in zahlreichen deutschen Studien eingesetzt und validiert (Besa & Schüle, 2016; Billich-Knapp et al., 2012; Künsting & Lipowsky, 2011; Pohlmann & Möller, 2010; Schüle et al., 2014). Zudem fallen bei der Verwendung dieses Instruments mögliche Fehlerquellen durch Übersetzungsprozesse internationaler Messinstrumente (z. B. FIT-Skala) weg.

Das Studien- bzw. Berufswahlmotiv wird hierbei durch sechs Subskalen abgebildet[7]. Diese teilen sich auf in Nützlichkeit, pädagogisches Interesse, Fähigkeitsüberzeugung, soziale Einflüsse, geringe Schwierigkeit des Lehramtsstudiums und fachliches Interesse (Pohlmann & Möller, 2010). In der ResohlUt-Studie und der MotOr-Befragung wurden die FEMOLA-Items genutzt, um die retrospektive Motivation der Entscheidung für ein Lehramtsstudium und damit einhergehend die Entscheidung für den Lehrerberuf, bei praktizierenden Lehrkräften zu messen. Die Gesamtskala zum Studienwahlmotiv nach Pohlmann und Möller (2010) umfasst 39 Items. Da in der ResohlUt-Studie neben dem Berufswahlmotiv viele weitere Variablen erhoben wurden, war die Kapazität hinsichtlich der Bearbeitungszeit beschränkt. Daher wurden mithilfe der Faktorenladungen aus Pohlmann & Möller (2010) die Subskalen forschungsökonomisch auf jeweils drei Items reduziert. Insgesamt umfasste damit die Berufswahlmotiv-Skala 18 Items. Die ursprüngliche 4-stufige Likert-Skala (1 = trifft gar nicht zu bis 4 = trifft völlig zu) wurde zur Erhöhung der Antwortvarianz sowie zur besseren Vergleichbarkeit mit den Selbstwirksamkeitserwartungen und dem Lehrerenthusiasmus auf sechs Stufen (1 = stimme gar nicht zu bis 6 = stimme voll zu) erweitert (Döring & Bortz, 2016). Das Berufswahlmotiv wurde in der ResohlUt-Studie nur im Anfangsfragebogen (t_0) erhoben, da davon ausgegangen wurde, dass die befragte Lehrkraft ihre Entscheidung zum Berufswahlmotiv bereits in der Vergangenheit getroffen hat und diese sich nicht innerhalb des 8-wöchigen Befragungszeitraums ändern wird. Die interne Konsistenz der Subskalen dieser Studie (vgl. Tab. 6.3) reicht von $\alpha = 0.58$ bis $\alpha = 0.86$ (Cronbachs Alpha). Einzig die Subskala ‚soziale Einflüsse' verfehlt einen akzeptablen Wert ($\alpha > 0.70$) und sollte insbesondere bei der Überprüfung der Messmodelle (Abschnitt 7.1) und der Analyse der Itemqualität (Abschnitt 7.2.1) eingehender betrachtet werden. Insgesamt ist die Skala mit einem Mittelwert von $\alpha = 0.72$ akzeptabel (Blanz, 2015), liegt jedoch etwas unter dem Vergleichswert ($\alpha = 0.82$) der Literatur.

[7] Bei ‚Quereinsteiger-Lehrkräften' wurde das Berufswahlmotiv nur mit den drei Subskalen Nützlichkeit, pädagogisches Interesse und Fähigkeitsüberzeugung mit jeweils drei Items gemessen. Es wird vorausgesetzt, dass die Erhebung studienbezogener Skalen wie sozialer Einfluss, geringe Schwierigkeit des Lehramtsstudiums oder fachliches Interesse hier keine Rolle spielen.

Tabelle 6.3 Übersicht Messinstrument lehramtsbezogenes Berufswahlmotiv

	Subskala	Itemanzahl	Exemplarisches Item	Instrument / Quelle	Interne Konsistenz der Skala (Cronbachs Alpha > 0.70)	Vorkommen Fragebogen
Berufswahlmotiv	Nützlichkeit	3	Ich habe das Lehramtsstudium gewählt, weil **ich auch neben dem Beruf noch Zeit für Familie, Freunde und Hobbies haben wollte.**	FEMOLA (Pohlmann & Möller, 2010)	Laut Literatur: $\alpha = 0.90$ Eigene Studie: $\alpha = 0.85$	ResohlUt-Studie: t_0 MotOr-Befragung
	Pädagogisches Interesse	3	Ich habe das Lehramtsstudium gewählt, weil **es für mich wichtig war, einen Beitrag zur Ausbildung von Kindern und Jugendlichen zu leisten.**		Laut Literatur: $\alpha = 0.88$ Eigene Studie: $\alpha = 0.86$	

(Fortsetzung)

Tabelle 6.3 (Fortsetzung)

	Subskala	Itemanzahl	Exemplarisches Item	Instrument / Quelle	Interne Konsistenz der Skala (Cronbachs Alpha > 0.70)	Vorkommen Fragebogen
	Soziale Einflüsse	3	Ich habe das Lehramtsstudium gewählt, weil **ich dachte, dass meine Eltern es befürworten würden, wenn ich Lehrkraft werde.**		Laut Literatur: $\alpha = 0.80$ Eigene Studie: $\alpha = 0.58$	
	Fähigkeitsüberzeugung	3	Ich habe das Lehramtsstudium gewählt, weil **ich dachte, dass ich gut erklären kann.**		Laut Literatur: $\alpha = 0.83$ Eigene Studie: $\alpha = 0.82$	

(Fortsetzung)

Tabelle 6.3 (Fortsetzung)

	Subskala	Itemanzahl	Exemplarisches Item	Instrument / Quelle	Interne Konsistenz der Skala (Cronbachs Alpha > 0.70)	Vorkommen Fragebogen
	Geringe Schwierigkeit des Lehramtsstudiums	3	Ich habe das Lehramtsstudium gewählt, weil **ich dachte, dass es leichter ist als andere Studiengänge.**		Laut Literatur: $\alpha = 0.81$ Eigene Studie: $\alpha = 0.73$	
	Fachliches Interesse	3	Ich habe das Lehramtsstudium gewählt, weil **ich die Inhalte meiner Fächer interessant fand.**		Laut Literatur: $\alpha = 0.73$ Eigene Studie: $\alpha = 0.84$	

In der folgenden Tabelle 6.3 ist die Variable Berufswahlmotiv mit ihren Subskalen und deren Verwendung in den jeweiligen Erhebungen (ResohlUt- und MotOr-Studie) dargestellt.

6.4.3 Messung des arbeitsbezogenen Wohlbefindens

Forschungen zum arbeitsbezogenen Wohlbefinden von Lehrkräften legen nahe, dass zur Bestimmung dieses Konstrukts sowohl die Ausprägung der positiven als auch der negativen Erlebnisqualitäten einer Lehrperson gemessen werden sollten (Klusmann et al., 2008a). In der ResohlUt-Studie wurde daher das arbeitsbezogene Wohlbefinden von Biologielehrkräften mithilfe der Variablen des Arbeitsengagements als eine positive Erlebensqualität und der beruflichen Ermüdung als eine negative Erlebensqualität operationalisiert.

Arbeitsengagement. Zur Messung des Konstrukts Arbeitsengagement (work engagement) wurde die niederländische Utrecht Work Engagement Scale (UWES) mit neun Items und einer 7-stufigen Häufigkeitsskala (1 = nie bis 7 = immer) als Antwortrange genutzt (Schaufeli et al., 2006). Arbeitsengagement lässt sich in die drei Subskalen Vitalität (vigour), Jobhingabe (dedication) und Absorbiertheit (absorption) aufteilen, die jeweils durch drei Items repräsentiert werden (Schaufeli et al., 2006). Für die wöchentlichen Befragungen (t_1–t_6) wurde eine gekürzte Skala genutzt, die jeweils zwei Items pro Subskala und somit insgesamt sechs Items enthält. Die Kürzung der drei Items für die wöchentliche Befragung wurde anhand der höchsten Faktorenladung in der Literatur vorgenommen (Schaufeli et al., 2006). Die interne Konsistenz der Subskalen dieser Studie (vgl. Tab. 6.4) reicht von $\alpha = 0.73$ bis $\alpha = 0.90$ (Cronbachs Alpha) und ist mit einem Mittelwert von $\alpha = 0.82$ gut (Blanz, 2015). Die Cronbachs Alpha dieser Studie liegen über den Vergleichswerten aus der Literatur ($\alpha = 0.75$).

Berufliche Ermüdung. Zur Messung der negativen Erlebnisqualitäten im Berufsalltag der Lehrkräfte wurde der Grad an beruflicher Ermüdung (fatigue) erfasst. Hierzu wurde die Subskala ‚Fatigue-Inertia' des POMS-Instruments (Profile of Mood States) nach McNair et al. (1971, 1992) in deutscher Übersetzung genutzt. Das POMS-Instrument ist eine psychologische Selbsteinschätzungsskala zur Bestimmung und Bewertung von Stimmungszuständen. Das Messinstrument umfasst ursprünglich acht Subskalen mit über 65 Items und die Güte des Instruments wurde in mehreren Test-Reviews repliziert und bestätigt (Lin et al., 2014; Searight & Montone, 2020; Terry et al., 2003). Für die Erfassung des beruflichen Ermüdungsgrads der Lehrkräfte wurde jedoch in der ResohlUt-Studie nur eine Kurzversion der Subskala berufliche Ermüdung mit vier Items verwendet. Die

Tabelle 6.4 Übersicht Messinstrument arbeitsbezogenes Wohlbefinden

	Subskala	Itemanzahl		Exemplarisches Item	Instrument / Quelle	Interne Konsistenz der Skala (Cronbachs Alpha > 0.70)	Vorkommen Fragebogen
		Langskala (t_0 & t_7)	Kurzskala (t_1–t_6)				
Arbeitsengagement	Vitalität	3	2	Bei meiner Arbeit bin ich voller Energie.	UWES (Schaufeli et al., 2006)	Laut Literatur: $\alpha = 0.60–0.88$ Eigene Studie: $\alpha = 0.82–0.84$	ResohlUt-Studie: t_0 & t_7 (Langskala) t_1–t_6 (Kurzskala)
	Hingabe	3	2	Meine Arbeit ist für mich anregend und inspirierend.		Laut Literatur: $\alpha = 0.75–0.90$ Eigene Studie: $\alpha = 0.78–0.84$	

(Fortsetzung)

Tabelle 6.4 (Fortsetzung)

	Subskala	Itemanzahl		Exemplarisches Item	Instrument / Quelle	Interne Konsistenz der Skala (Cronbachs Alpha > 0.70)	Vorkommen Fragebogen
		Langskala (t_0 & t_7)	Kurzskala (t_1–t_6)				
	Absorption	3	2	Wenn ich arbeite, werde ich völlig mitgerissen.		Laut Literatur: $\alpha =$ 0.66–0.86 Eigene Studie: $\alpha =$ 0.73–0.88	
Berufliche Ermüdung	Fatigue ist eine Subskala des POMS-Instruments zur Messung von Stimmungszuständen	4		Wie haben Sie sich in der letzten Woche gefühlt? **z. B. erschöpft**	POMS (McNair, Lorr & Droppelman, 1971, 1992)	Laut Literatur: $\alpha =$ 0.78–0.96 (Lin et al., 2014) Eigene Studie: $\alpha =$ 0.90–0.96	ResohlUt-Studie: t_0–t_7 t_1–t_6

vier Items entsprachen vier emotionsbezogenen Adjektiven, die durch die Lehrkräfte zur Bewertung der eigenen Stimmung eingeschätzt wurden (vgl. Tab. 6.4). Die berufliche Ermüdung wurde zu allen Befragungszeiträumen (t_0-t_7) mit jeweils vier Items erfasst. Sowohl im Anfangs- (t_0) als auch im Endfragebogen (t_7) wurde der Ermüdungsgrad in einem Cluster mit positiven Affekten erhoben und hierbei auf eine 7-stufige Antwortrange (1 = nie bis 7 = immer) zurückgegriffen. In den wöchentlichen Befragungen war die Antwortskala auf fünf Stufen (1 = überhaupt nicht bis 5 = äußerst) reduziert. Die interne Konsistenz der Subskalen dieser Studie (vgl. Tab. 6.4) reicht von $\alpha = 0.90$ bis $\alpha = 0.96$ (Cronbachs Alpha) und ist mit einem Mittelwert von $\alpha = 0.93$ gut (Blanz, 2015). Die Cronbachs Alpha dieser Studie liegen sogar über den Vergleichswerten aus der Literatur ($\alpha = 0.87$).

In der folgenden Tabelle 6.4 sind die Variablen Arbeitsengagement und berufliche Ermüdung mit ihren Subskalen und deren Verwendung in den jeweiligen Erhebungen (ResohlUt) dargestellt.

6.4.4 Messung der Unterrichtsqualität

Um die Qualität des Instruktionsprozesses valide messen zu können, benötigt es eine Operationalisierung des theoretischen Konstrukts in konkrete Beobachtungsitems, um Aspekte von Unterrichtsqualität explizierbar zu machen (Heinitz & Nehring, 2020). Zur Erfassung von Unterrichtsqualität stellt Clausen (2002) folgendes heraus:

> *„Unterrichtsqualität läßt sich lediglich indirekt erfassen, vermittelt über die Wahrnehmungen der Teilnehmenden, d. h. über die Sichtweisen von Schülern und Lehrern, oder aber über die Wahrnehmungen von außenstehenden Beobachtern, die den Unterricht in vivo oder anhand von Videoaufzeichnungen beurteilen*" (Clausen, 2002, S. 43).

Möglichkeiten der Messung von Unterrichtsqualität. Damit wird deutlich, dass neben der Fremdeinschätzung durch geschulte Rater sowie der Einschätzung durch die Lernenden, Unterrichtsqualität auch durch die Selbsteinschätzung der Lehrkraft erhoben werden kann (Clausen et al., 2002; Clausen, 2002; Praetorius, 2012; Praetorius et al., 2017). Mithilfe einer Stichprobe von über 152 Klassen in Deutschland aus dem TIMSS-Projekt hat Clausen (2002) die Unterrichtsqualität aus allen drei Perspektiven untersucht und verglichen. Er unterscheidet hierbei zwischen zwei Beobachtungsweisen: Zum einen die ‚niedrig-inferenten Beobachtungen', die sich auf rein beobachtbares Verhalten beziehen, welches sich relativ objektiv durch Einschätzung von Auftretenshäufigkeiten messen lässt und somit perspektivenübergreifend sein kann. Zum anderen die ,hoch-inferenten Vorgehensweisen', die sich auf abstrakteres Verhalten beziehen und interpretative Schlussfolgerungen des Beobachters erfordern, wodurch perspektivenspezifische Merkmale in den Beurteilungsprozess mit einfließen (Clausen et al., 2003). Als zentrale Erkenntnis seiner Studie zeigte sich, dass die „Übereinstimmungen zwischen Schülern, Lehrern und Videobeurteilern in der Beurteilung von Unterricht [...] insgesamt gering" (Clausen, 2002, S. 185) sind. Vor diesem Hintergrund scheinen für die Möglichkeiten der Messung von Unterrichtsqualität relevant, was die Zielsetzung der jeweiligen Studie im Zusammenhang mit der Instruktionsqualität vorgibt. Wird eine möglichst objektive Erfassung von Unterrichtsqualität forciert, sollten im besten Fall alle drei Arten der Qualitätserfassung miteinbezogen werden. Wenn Unterrichtsqualität, wie in dieser Studie, als eine Performanzvariable aus Perspektive der Lehrkraft untersucht wird, erscheint eine Selbsteinschätzung, trotz potentieller selbstdienlicher Verzerrungen, gerechtfertigt.

Innerhalb der ResohlUt-Studie wurde Unterrichtsqualität zum einen durch die Selbsteinschätzung der Lehrkraft und zum anderen durch Rater während Hospitationen des Unterrichts fremd eingeschätzt (vgl. 6.1). Eine Analyse der Daten zur Unterrichtsqualität aus ResohlUt zeigt, dass die Interkorrelationen der Korrelationsmatrix aus Selbst- und Fremdeinschätzung kaum signifikant ($p < 0.05$) sind und wenig bis stellenweise schwach negativ miteinander korrelieren (vgl. elektronisches Zusatzmaterial Anhang B 1). Letzteres deckt sich mit den Ergebnissen aus der Studie von Clausen (2002). Wie erwähnt, liegt der Fokus dieser Arbeit auf der Unterrichtsqualität als ein Output einer personenbezogenen Instruktionsperformanz. Der Schwerpunkt richtet sich demnach auf die intraindividuellen motivationalen Einflüsse auf die selbst wahrgenommene Unterrichtsqualität der Biologielehrkräfte. Folglich liegt das Interesse dieser Studie weniger auf dem Anspruch einer möglichst objektiven Messung von Unterrichtsqualität als vielmehr auf der eigenen Wahrnehmung der Unterrichtsleistung in Abhängigkeit zu prädikativen Faktoren wie dem Berufswahlmotiv oder die motivationale Orientierung. Hierdurch müssen zwar selbstdienliche Verzerrungen bei der Datenauswertung beachtet werden (vgl. Abschnitt 8.3), wie der Korrelationsvergleich der Selbst- und Fremdeinschätzung scheinbar belegt. Daher werden die Hospitationsdaten von ResohlUt bei der Datenauswertung sowie die Messinstrumente für die Fremdeinschätzung an dieser Stelle nicht berücksichtigt.

Zur Selbsteinschätzung der Unterrichtsqualität werden die drei Basisdimensionen Klassenführung, unterstützendes Lernklima und kognitive Aktivierung herangezogen. Während Klassenführung und unterstützendes Lernklima fachunspezifisch erhoben werden, muss die kognitive Aktivierung fachabhängig und demnach domänenspezifisch erfasst werden. Die Unterrichtsqualität in der ResohlUt-Studie wurde zu allen Messzeitpunkten (t_0-t_7) erhoben. Für die wöchentlichen Befragungen wurde eine Kurzskala benutzt, wohingegen im Anfangs- und Endfragebogen eine Langskala verwendet wurde.

Allgemeine Unterrichtsqualität. Zur Messung der zwei allgemeinen Merkmale wurde auf Selbsteinschätzungsitems der COACTIV-Studie zurückgegriffen. In der Langversion waren sieben Items für Klassenführung und vier Items für unterstützendes Lernklima enthalten. Für die wöchentliche Kurzskala wurden die Items auf jeweils drei pro Subskala reduziert. Als Auswahlkriterium zur Reduzierung der Itemanzahl wurde der Trennschärfekoeffizient (r_{it}) aus dem Skalenhandbuch der COACTIV-Studie herangezogen (Baumert et al., 2008). Des Weiteren wurde zur Erhöhung der Antwortvarianz die 4-stufige Antwortrange (1 = trifft nicht zu bis 4 = trifft zu) auf eine 6-stufige Antwortskala (1 = trifft überhaupt nicht zu bis 6 = trifft voll und ganz zu) erweitert (vgl. Döring & Bortz, 2016). Die interne Konsistenz der Subskalen allgemeiner Unterrichtsqualität in dieser Studie reicht von $\alpha = 0.90$ bis $\alpha = 0.94$ (Cronbachs Alpha) und ist mit einem Mittelwert von $\alpha = 0.92$ gut (vgl. Tab. 6.5). Die Cronbachs Alpha dieser Studie liegen sogar etwas über den Vergleichswerten aus der Literatur ($\alpha = 0.89$).

Domänenspezifische Unterrichtsqualität. Als Grundlage zur Messung der kognitiven Aktivierung wurde die Fremdeinschätzungsskala von Förtsch, Werner, Dorfner et al. (2016) genutzt und die Items zur Verwendung der Selbsteinschätzung geringfügig umformuliert (z. B. Förtsch et al, 2017: „Die Lehrkraft verwendet Aufgaben- oder Fragestellungen im Unterricht, die kognitiv anspruchsvolle Aktivitäten erfordern“; ResohlUt: „Ich verwende Aufgaben- oder Fragestellungen im Unterricht, die kognitiv anspruchsvolle Aktivitäten erfordern“). Insgesamt wurden 27 der 37 Items von Förtsch et al. (2017) genutzt. Diese verteilten sich auf sieben biologieunterrichtsspezifische Subskalen, die im t_0- und t_7-Fragebogen eingesetzt wurden (vgl. Tab. 6.5). Bedingt durch die Verwendung der Skala als Selbsteinschätzungsinstrument mussten aus inhaltlichen Gründen zehn Items gestrichen werden. Bei den wöchentlichen Erhebungen wurde eine Kurzskala mit drei Subskalen und jeweils drei Items verwendet. Auch hier wurden zur Reduzierung der Itemanzahl die Faktorenladungen aus der Literatur benutzt. Zusätzlich wurde die ursprünglich 3-stufige Likert-Skala (1 = nicht beobachtet bis 3 = beobachtet) zur Fremdeinschätzung (Förtsch, Werner, Dorfner et al., 2016) zu einer 6-stufigen Ratingskala (1 = trifft überhaupt nicht zu bis 6 = trifft voll und ganz zu) analog zu den allgemeinen Unterrichtsqualitätsmerkmalen modifiziert (vgl. Döring & Bortz, 2016). Die internen Konsistenzen der Subskalen kognitiver Aktivierung reichen von $\alpha = 0.70$ bis $\alpha = 0.85$ (Cronbachs Alpha) und sind mit

Tabelle 6.5 Übersicht Messinstrument Unterrichtsqualität

	Subskala	Itemanzahl		Exemplarisches Item	Instrument / Quelle	Interne Konsistenz der Skala (Cronbachs Alpha > 0.70)	Vorkommen Fragebogen
		Langskala (t_0 & t_7)	Kurzskala (t_1 - t_6)				
Allg. Unterrichtsqualität	Klassenführung	7	3	Heute musste ich in dieser Klasse viel ermahnen, um für Ruhe zu sorgen.	COACTIV (Baumert et al., 2008)	Laut Literatur: $\alpha = 0.93$ Eigene Studie: $\alpha = 0.93$–0.94	ResohlUt-Studie: t_0 & t_7 (Langskala) t_1–t_6 (Kurzskala)
	Unterstützendes Lernklima	4	3	Heute kümmerte ich mich um meine SuS, als sie Probleme hatten.		Laut Literatur: $\alpha = 0.84$ Eigene Studie: $\alpha = 0.90$–0.92	
Kognitive Aktivierung	Unterstützung der Wissensverknüpfung (*supportive knowledge linking*)	3	–	Ich vernetze in meinem Biologieunterricht Lerninhalte vergangener Unterrichtsstunden mit Themen aus der aktuellen Stunde.	Förtsch et al. (2017)	Das Cronbachs Alpha aus der Literatur wird an dieser Stelle nicht angegeben, weil sich dieses auf die Fremdeinschätzung bezieht und in dieser Studie das Instrument zur Selbsteinschätzung eingesetzt wurde. Eigene Studie: $\alpha = 0.70$–0.85	ResohlUt-Studie: t_0 & t_7 (Langskala)

(Fortsetzung)

Tabelle 6.5 (Fortsetzung)

	Subskala	Itemanzahl		Exemplarisches Item	Instrument / Quelle	Interne Konsistenz der Skala (Cronbachs Alpha > 0.70)	Vorkommen Fragebogen
		Langskala (t_0 & t_7)	Kurzskala (t_1 - t_6)				
	Erkunden des Schülervorwissens und der -vorstellungen (*exploration of students preknowledge and conceptions*)	4	–	Ich frage nach Vorwissen und Vorstellungen meiner SuS zum biologischen Fachinhalt ohne auf eine bestimmte Antwort abzuzielen.			ResohlUt-Studie: t_0 & t_7 (Langskala)
	Verstehen der Schülerdenkweisen (*exploration of students ways to thinking*)	4	3	In meinem Biologieunterricht fordere ich meine SuS explizit dazu auf, begründete Antworten zu geben.			ResohlUt-Studie: t_0 & t_7 (Langskala) t_1–t_6 (Kurzskala)

(Fortsetzung)

Tabelle 6.5 (Fortsetzung)

	Subskala	Itemanzahl		Exemplarisches Item	Instrument / Quelle	Interne Konsistenz der Skala (Cronbachs Alpha > 0.70)	Vorkommen Fragebogen
		Langskala (t_0 & t_7)	Kurzskala (t_1 - t_6)				
	Umgang mit Schülervorstellungen (*dealing with students conceptions*)	4	3	Ich greife die Vorstellungen meiner SuS auf, um sie im Biologieunterricht verwenden zu können.			ResohlUt-Studie: t_0 & t_7 (Langskala) t_1–t_6 (Kurzskala)
	Lehrperson als Vermittler (*teacher as a mediator*)	5	–	Ich fordere meine SuS im Biologieunterricht dazu auf, ihre Beiträge aufeinander zu beziehen.			ResohlUt-Studie: t_0 & t_7 (Langskala)

(Fortsetzung)

Tabelle 6.5 (Fortsetzung)

	Subskala	Itemanzahl		Exemplarisches Item	Instrument / Quelle	Interne Konsistenz der Skala (Cronbachs Alpha > 0.70)	Vorkommen Fragebogen
		Langskala (t_0 & t_7)	Kurzskala (t_1 - t_6)				
Kognitive Aktivierung	Unterrichtsverständnis der Lehrkraft (*teachers receptive understanding of teaching*)	3	–	Ich stelle in meinem Unterricht meistens Fragen, die nur mit einer Antwort oder einem Begriff beantwortet werden können.			ResohlUt-Studie: t_0 & t_7 (Langskala)
	Herausfordernde Lernangebote und -möglichkeiten (*challenging learning opportunities*)	4	3	Ich verwende Aufgaben- oder Fragestellungen im Unterricht, die kognitiv anspruchsvolle Aktivitäten erfordern.			ResohlUt-Studie: t_0 & t_7 (Langskala) t_1–t_6 (Kurzskala)

einem Mittelwert von $\alpha = 0.78$ akzeptabel (vgl. Tab. 6.5). Eine Vergleichsreferenz aus der Literatur wird an dieser Stelle nicht angegeben, weil sich diese auf die Fremdeinschätzung bezieht und in dieser Studie das Instrument von Förtsch et al. (2017) zur Selbsteinschätzung eingesetzt wurde. Die Werte sind daher an dieser Stelle nicht miteinander vergleichbar.

In der folgenden Tabelle 6.5 ist die Variable Unterrichtsqualität mit ihren Subskalen und deren Verwendung in den jeweiligen Erhebungen (ResohlUt) dargestellt.

Ergebnisse der Studie 7

Im Anschluss an die Darlegung des theoretischen Diskurses und Forschungsstandes, der Ableitung von Forschungsfragen und Hypothesen sowie der Deskription der Studienmethodik ist ausstehend, inwiefern sich die hypothetischen Annahmen (vgl. Kapitel 5) empirisch verifizieren lassen. Dazu wird in einem ersten Schritt die Anpassungsgüte der Messmodelle überprüft und diese bei einem unzureichenden Modell-Fit modifiziert (Abschnitt 7.1). Darauf aufbauend werden die deskriptiven Ergebnisse der erhobenen Variablen analysiert (Abschnitt 7.2.1), um daraufhin in einem zweiten Abschnitt mögliche Zusammenhänge zwischen den Variablen zu prüfen (Abschnitt 7.2.2). Abschließend erfolgt anhand der Forschungsfragen die Überprüfung der Hypothesen (Abschnitt 7.3).

7.1 Prüfung der Anpassungsgüte und Modifikation der Messmodelle

Im Folgenden sind die Skalen dokumentiert, die bedingt durch einen unzureichenden Modell-Fit, bei der Prüfung der Anpassungsgüte, eine substantiierte Modifikation der Modellstruktur erfahren haben. Im Skalenhandbuch (vgl. elektronisches Zusatzmaterial Anhang A 1) sind die ursprünglichen Messmodelle und darin fett markiert die Items der modifizierten Messmodelle angegeben.

Ergänzende Information Die elektronische Version dieses Kapitels enthält Zusatzmaterial, auf das über folgenden Link zugegriffen werden kann https://doi.org/10.1007/978-3-658-37590-4_7.

M. Milius, *Professionelle Kompetenz von Biologielehrkräften*,
https://doi.org/10.1007/978-3-658-37590-4_7

Messmodell Berufswahlmotiv. Das Messmodell des lehramtsbezogenen Berufswahlmotivs (BWM) unterteilt sich in einen High-Order Faktor mit sechs Subskalen, die jeweils drei Items umfassen (vgl. Abschnitt 6.4.2). Die faktoranalytische Prüfung dieses hierarchischen Messmodells in seiner ursprünglichen Zusammensetzung ergab einen unzureichenden Modell-Fit ($\chi 2[130] = 283.880$, $p = 0.000$, $CFI = 0.83$, $RMSEA = 0.93$, $SRMR = 0.11$). Infolgedessen wurden auf Subskalenebene in einem kleinschrittigen Verfahren die in Abschnitt 6.3.1 genannten Parameter der Faktorladungen und der Modifikationsindizes überprüft und unter Einbeziehung inhaltlicher Kriterien über eine Eliminierung einzelner Items entschieden. In Tabelle 7.1 sind die eliminierten Items mit entsprechender Begründung aufgeführt. Bei allen Subskalen wurden jeweils ein Item gestrichen. Ausnahme bilden die Skalen Fähigkeitsüberzeugung und soziale Einflüsse. Hier mussten jeweils zwei Items eliminiert werden[1]. Diese Modifikation führte zu einer deutlichen Verbesserung des Modell-Fits ($\chi 2[31] = 34.187$, $p = 0.317$, $CFI = 0.99$, $RMSEA = 0.03$, $SRMR = 0.05$).

Tabelle 7.1 Modifikationen am Messmodell des lehramtsbezogenen Berufswahlmotivs. Datengrundlage sind die Daten zum Messzeitpunkt t0 aus dem ResohlUt-Datensatz sowie die entsprechenden Daten aus dem MotOr-Datensatz

Skala & eliminiertes Item	Begründung der Elimination $[FL < 0.6; MI > 4]$
Nützlichkeit	
SM01_03_t0	Modifikationsindex ($MI = 12.766$) Inhaltliche Kohärenz zu Item SM01_01_t0
Pädagogisches Interesse	
SM01_06_t0	Modifikationsindex ($MI = 13.404$) Inhaltliche Kohärenz zu Item SM01_05_t0
Fähigkeitsüberzeugung	
SM01_07_t0	Modifikationsindex ($MI = 21.211$)
SM01_09_t0	Faktorladung ($FL = 0.54$) Modifikationsindex ($MI = 15.605$)
Soziale Einflüsse	

(Fortsetzung)

[1] Die Repräsentation einer Skala ist durch ein einziges Item aus testkonstruktiver Sicht eigentlich nicht sinnvoll (Brandt und Moosbrugger, 2020), jedoch bilden diese beiden Skalen zusammen nur ein Drittel des gesamten Konstrukts Berufswahlmotiv ab, weshalb die ‚1-Item-Skala' vertretbar erscheint.

Tabelle 7.1 (Fortsetzung)

Skala & eliminiertes Item	Begründung der Elimination [$FL < 0.6$; $MI > 4$]
SM01_10_t0	Trennschärfe ($r_{it} = 0.27$) Faktorladung ($FL = 0.27$) Modifikationsindex ($MI = 9.471$)
SM01_12_t0	Modifikationsindex ($MI = 23.761$)
Schwierigkeit LA-Studium	
SM01_15_t0	Faktorladung ($FL = 0.54$) Modifikationsindex ($MI = 5.558$)
Fachliches Interesse	
SM01_16_t0	Modifikationsindex ($MI = 17.661$)

Zusätzlich wurden alternative Modelle überprüft, indem auf die Skalen Fähigkeitsüberzeugung und soziale Einflüsse verzichtet und der Modell-Fit mittels Faktorenanalyse getestet wurde. Allerdings verschlechterte sich hierbei die Modellgüte ($\chi 2[16] = 24.223$, $p = 0.085$, $CFI = 0.97$, $RMSEA = 0.62$, $SRMR = 0.44$). Ferner wurde ein weiteres Alternativmodell gerechnet, in dem die eher extrinsischen Motive (Nützlichkeit, soziale Einflüsse und geringe Schwierigkeit des Lehramtsstudiums) sowie die intrinsischen Motive (Fähigkeitsüberzeugung, pädagogisches Interesse und fachliches Interesse) zu zwei Subskalen zusammengefasst wurden. Hierdurch könnte die ‚1-Item-Repräsentation' der Skalen soziale Einflüsse und Fähigkeitsüberzeugung gemildert werden. Jedoch zeigt die faktoranalytische Überprüfung dieses Modells eine deutlich schlechtere Modellgüte als das modifizierte Modell mit der ‚1-Item-Repräsentation' bei zwei Skalen. In Tabelle 7.2 sind in der Zusammenschau die Modell-Fits des ursprünglichen, des alternativen sowie des modifizierten Modells gegenübergestellt.

Messmodell Selbstwirksamkeitserwartungen. Das Messmodell der Selbstwirksamkeitserwartungen (SWE) unterteilt sich in einen High-Order Faktor mit den zwei Subskalen ‚allgemeine SWE' (aSWE) und ‚domänenspezifische SWE' (dSWE) mit jeweils unterschiedlich vielen Items (vgl. Abschnitt 6.4.1). Die faktoranalytische Prüfung des hierarchischen Messmodells in seiner ursprünglichen Zusammensetzung ergab eine unzureichende Modellgüte ($\chi 2[65] = 105.116$, $p = 0.002$, $CFI = 0.63$, $RMSEA = 0.07$, $SRMR = 0.08$). Folglich wurden auch hier Items auf Subskalenebene nach der im Methodenteil erläuterten Vorgehensweise eliminiert. In Tabelle 7.4 ist eine Übersicht der eliminierten Items mitsamt Begründung aufgeführt. Bei der Skala allgemeine SWE wurde nur ein

Tabelle 7.2 Modellfits des Konstrukts lehramtsbezogenes Berufswahlmotiv. Dargestellt werden die $\chi 2$-Teststatistik, der p-Wert und die Fit-Indizes Comparative Fit Index (CFI), Root Mean Square Error of Approximation (RMSEA) sowie Standardized Root Mean Square Residual (SRMR) des ursprünglichen Messmodells, des Alternativmodells ohne die Skalen ‚Fähigkeitsüberzeugung' und ‚soziale Einflüsse' und des modifizierten Modells zur Verbesserung des Modell-Fits. Datengrundlage für die ausgewählte Skala sind die ResohlUt-Daten zum Messzeitpunkt t0 sowie die MotOr-Daten

		Ursprüngliches Messmodell	Alternativmodell	Modifiziertes Messmodell
$\chi 2$ [*df*]		283.880 [130]	24.223 [16]	34.187 [31]
p	[$\geq$ 0.05]	0.00	0.09	0.32
CFI	[$\geq$ 0.95]	0.83	0.97	0.99
RMSEA	[$\leq$ 0.08]	0.93	0.62	0.03
SRMR	[< 0.10]	0.11	0.44	0.05

Tabelle 7.3 Modellfits des Konstrukts Selbstwirksamkeitserwartungen. Dargestellt werden die $\chi 2$-Teststatistik, der p-Wert und die Fit-Indizes Comparative Fit Index (CFI), Root Mean Square Error of Approximation (RMSEA) sowie Standardized Root Mean Square Residual (SRMR) des ursprünglichen Messmodells, des Alternativmodells ohne Subskalenstruktur und des modifizierten Modells zur Verbesserung des Modell-Fits. Datengrundlage für die ausgewählte Skala sind die ResohlUt-Daten zum Messzeitpunkt t0 sowie die MotOr-Daten

		Ursprüngliches Messmodell	Alternativmodell	Modifiziertes Messmodell
$\chi 2$ [*df*]		105.116 [65]	56.761 [9]	10.549 [7]
p	[$\geq$ 0.05]	0.00	0.00	0.16
CFI	[$\geq$ 0.95]	0.63	0.89	0.99
RMSEA	[$\leq$ 0.08]	0.07	0.02	0.07
SRMR	[< 0.10]	0.08	0.07	0.03

Item im Vergleich zum ursprünglichen Messmodell eliminiert, wohingegen bei der domänenspezifischen SWE-Skala zehn Items wegen der aufgeführten Gründe eliminiert werden mussten. Durch die Modifikationen ergab sich ein deutlich verbesserter Modell-Fit (vgl. Tab. 7.3). Als Alternative zum bestehenden Modell mit den beiden Subskalen ‚allgemeine SWE' und ‚domänenspezifische SWE' wurde ein Modell gerechnet, in dem die Subskalenstruktur aufgelöst[2] wurde. Dieses Alternativmodell wies jedoch eine schlechtere Modellgüte, insbesondere bei der $\chi 2$-Teststatistik, ($\chi 2[9] = 59.761, p = 0.000$, $CFI = 0.89$, $RMSEA = 0.02$, $SRMR = 0.07$) als das oben genannte modifizierte Messmodell auf (vgl. Tab. 7.3).

Tabelle 7.4 Modifikationen am Messmodell der Selbstwirksamkeitserwartungen. Datengrundlage sind die Daten zum Messzeitpunkt t0 aus dem ResohlUt-Datensatz sowie die entsprechenden Daten aus dem MotOr-Datensatz

Skala & eliminiertes Item	Begründung der Elimination [$FL < 0.6$; $MI > 4$]
Allgemeine SWE	
SW01_04_t0	Faktorladung ($FL = 0.55$) Modifikationsindex ($MI = 5.467$)
Domänenspezifische SWE	
DS01_01_r_t0	Modifikationsindex ($MI = 11.217$) Inhaltliche Kohärenz zu Item DS01_09_r_t0
DS01_02_t0	Faktorladung ($FL = 0.46$) Modifikationsindex ($MI = 21.355$)
DS01_04_r_t0	Faktorladung ($FL = 0.39$) Modifikationsindex ($MI = 6.116$) Inhaltlich zielt das Item weniger auf die Personenfähigkeit ab, sondern mehr auf die arbeitsbezogene Autonomie
DS01_05_r_t0	Faktorladung ($FL = 0.48$) Modifikationsindex ($MI = 8.434$)
DS01_06_t0	Faktorladung ($FL = 0.36$) Modifikationsindex ($MI = 5.813$) Inhaltlich weist dieses Item im Gegensatz zu den anderen eine hohe Prospektivität auf
DS01_08_t0	Faktorladung ($FL = 0.32$) Modifikationsindex ($MI = 16.646$)
DS01_09_r_t0	Modifikationsindex ($MI = 8.411$) Inhaltliche Kohärenz zu Item DS01_01_r_t0

(Fortsetzung)

[2] Wenn von Alternativmodellen „ohne Subskalenstruktur" oder der „Auflösung der Subskalenstruktur" gesprochen wird, laden alle Items direkt auf den übergeordneten Faktor und es besteht in diesem Fall keine ‚Second-Order Ebene'.

Tabelle 7.4 (Fortsetzung)

Skala & eliminiertes Item	Begründung der Elimination [*FL* < 0.6; *MI* > 4]
DS01_10_r_t0	Modifikationsindex (*MI* = 6.829)
DS01_11_t0	Faktorladung (*FL* = 0.51) Modifikationsindex (*MI* = 33.205) Inhaltliche Formulierung erfasst womöglich auch allgemeine und nicht nur domänenspezifische Aspekte (Verzerrungspotential)
DS01_12_r_t0	Modifikationsindex (*MI* = 7.378)

Messmodell Lehrerenthusiasmus. Das Messmodell des Lehrerenthusiasmus (LE) unterteilt sich in einen High-Order Faktor mit den zwei Subskalen ‚Fachenthusiasmus' (FE) und ‚Unterrichtsenthusiasmus' (UE) mit jeweils unterschiedlich vielen Items (vgl. Abschnitt 6.4.1). Die faktoranalytische Prüfung des hierarchischen Messmodells in seiner ursprünglichen Zusammensetzung ergab eine unzureichende Modellgüte ($\chi 2[18] = 88.341$, $p = 0.000$, $CFI = 0.93$, $RMSEA = 0.18$, $SRMR = 0.08$). Folglich wurden auch hier Items auf Subskalenebene nach der im Methodenteil erläuterten Vorgehensweise eliminiert. In Tabelle 7.5 ist eine Übersicht der eliminierten Items mitsamt Begründung aufgeführt.

Tabelle 7.5 Modifikationen am Messmodell des Lehrerenthusiasmus. Datengrundlage sind die Daten zum Messzeitpunkt t0 aus dem ResohlUt-Datensatz sowie die entsprechenden Daten aus dem MotOr-Datensatz

Skala & eliminiertes Item	Begründung der Elimination [*FL* < 0.6; *MI* > 4]
Fachenthusiasmus	
EN01_04_t0	Faktorladung (*FL* = 0.53) Modifikationsindex (*MI* = 25.275)
EN01_05_t0	Faktorladung (*FL* = 0.56) Modifikationsindex (*MI* = 8.158) Inhaltliche Kohärenz zu Item EN01_03_t0
Unterrichtsenthusiasmus	
EN01_08_t0	Faktorladung (*FL* = 0.52) Modifikationsindex (*MI* = 5.133)

(Fortsetzung)

Tabelle 7.5 (Fortsetzung)

Skala & eliminiertes Item	Begründung der Elimination [*FL* < 0.6; *MI* > 4]
EN01_09_t0	Modifikationsindex (*MI* = 14.744) Inhaltliche Kohärenz zu Item EN01_06_t0

Tabelle 7.6 Modellfits des Konstrukts Lehrerenthusiasmus. Dargestellt werden die $\chi 2$-Teststatistik, der p-Wert und die Fit-Indizes Comparative Fit Index (CFI), Root Mean Square Error of Approximation (RMSEA) sowie Standardized Root Mean Square Residual (SRMR) des ursprünglichen Messmodells, des Alternativmodells ohne Subskalenstruktur und des modifizierten Modells zur Verbesserung des Modell-Fits. Datengrundlage für die ausgewählte Skala sind die ResohlUt-Daten zum Messzeitpunkt t0 sowie die MotOr-Daten

		Ursprüngliches Messmodell	Alternativmodell	Modifiziertes Messmodell
$\chi 2$ [*df*]		88.341 [18]	250.115 [9]	12.136 [7]
p	[≥ 0.05]	0.09	0.00	0.09
CFI	[≥ 0.95]	0.93	0.69	0.99
RMSEA	[≤ 0.08]	0.18	0.45	0.08
SRMR	[< 0.10]	0.08	0.15	0.02

Bei der Skala Fachenthusiasmus wurden zwei Items im Vergleich zum ursprünglichen Messmodell eliminiert. Beim klassenbezogenen Unterrichtsenthusiasmus wurden ebenso zwei Items wegen der aufgeführten Gründe eliminiert. Durch die Modifikationen ergab sich ein deutlich verbesserter Modell-Fit (vgl. Tab. 7.6). Ein Alternativmodell ohne Subskalenstruktur zeigte einen deutlich schlechteren Fit als das modifizierte Modell ($\chi 2[9] = 250.115$, $p = 0.000$, $CFI = 0.69$, $RMSEA = 0.45$, $SRMR = 0.15$). In Tabelle 7.14 sind in der Zusammenschau die Modell-Fits des ursprünglichen, des alternativen sowie des modifizierten Modells gegenübergestellt.

Für die Messmodellprüfung der abhängigen Variablen Unterrichtsqualität und arbeitsbezogenes Wohlbefinden wurden die Daten sowohl aus den wöchentlichen Befragungen (t_1-t_6, Kurzskalen) als auch aus dem Abschlussfragebogen (t_7, Langskalen) herangezogen (vgl. Kapitel 6). Entsprechend fanden die konfirmatorischen Faktorenanalysen sowohl mit den wöchentlichen Kurzskalen als auch den Langskalen im Abschlussfragebogen statt. Beide Konstrukte werden durch komplexe Messmodelle mit unterschiedlichen Skalen zu unterschiedlichen

Messzeitpunkten abgebildet. Daher wird bei den folgenden Prüfungs- und Modifikationsprozessen neben den empirischen Kriterien insbesondere eine ‚inhaltliche Harmonisierung' der Kurzskalen mit den Langskalen angestrebt.

Messmodell Wohlbefinden. Wie theoretisch angenommen (vgl. Kapitel 3) und methodisch operationalisiert (vgl. Abschnitt 6.4.3) setzt sich das hierarchische Messmodell des arbeitsbezogenen Wohlbefindens (WB) aus einem High-Order Faktor mit den Konstrukten des Arbeitsengagements (WE) und der beruflichen Ermüdung (FT) als Subskalen zusammen. Eine faktoranalytische Prüfung des komplexen Messmodells in seiner ursprünglichen Zusammensetzung ergab eine unzureichende Modellgüte ($\chi 2[135] = 351.373$, $p = 0.000$, $CFI = 0.59$, $RMSEA = 0.12$, $SRMR = 0.14$). Vor diesem Hintergrund wurden die Skalen WE und FT einzeln in eigenständigen Messmodellanalysen überprüft. Insbesondere bei der Skala der beruflichen Ermüdung ungenügende Modell-Fits ($\chi 2[135] = 564.063$, $p = 0.000$, $CFI = 0.36$, $RMSEA = 0.35$, $SRMR = 0.13$). In Anbetracht der unzureichenden Modellgüte des Wohlbefindensmodells und dem damit einhergehenden Bedarf zur Komplexitätsreduzierung, soll das Wohlbefinden in den folgenden Analysen nur durch den Indikator des Arbeitsengagements repräsentiert werden. Diese Modellierung des arbeitsbezogenen Wohlbefindens, durch die Variable des

Arbeitsengagements, wird auch durch diverse Studien (Bakker & Bal, 2010; Klusmann et al., 2008a; Salmela-Aro & Upadyaya, 2014; Skaalvik & Skaalvik, 2016) empirisch gestützt. Folglich wurde das Messmodell des Arbeitsengagements[3] auf Subskalenebene nach der im Methodenteil erläuterten Vorgehensweise modifiziert. In Tabelle 7.7 ist eine Übersicht der eliminierten Items mitsamt Begründung aufgeführt.

Tabelle 7.7 Modifikationen am Messmodell des arbeitsbezogenen Wohlbefindens. Datengrundlage sind die Daten aus den wöchentlichen Befragungen (t1–t6) sowie zum Messzeitpunkt t7 aus dem ResohlUt-Datensatz

Skala & eliminiertes Item	Begründung der Elimination [$FL < 0.6$; $MI > 4$]
Vitalität (weekly)	
WK14_02_t1–t6	Faktorladung ($FL = 0.36$) Modifikationsindex ($MI = 14.276$)

(Fortsetzung)

[3] Das Arbeitsengagement wurden ebenfalls mit einem High-Order Faktor und den drei Subskalen ‚Vitalität', ‚Hingabe' und ‚Absorption' modelliert (vgl. Auch Abschnitt 6.4.3).

Tabelle 7.7 (Fortsetzung)

Skala & eliminiertes Item	Begründung der Elimination [*FL* < 0.6; *MI* > 4]
Vitalität (t_7)	
WE01_01_t7	Modifikationsindex (*MI* = 5.001)
WE01_03_t7	Modifikationsindex (*MI* = 11.267) Inhaltlich nicht in wöchentlicher Kurzskala enthalten
Hingabe (weekly)	
WK14_04_t1–t6	Faktorladung (*FL* = 0.56) Modifikationsindex (*MI* = 9.874)
Hingabe (t_7)	
WE01_05_t7	Inhaltlich analog zu Item WK14_04_t1–t6 eliminiert
WE01_06_t7	Faktorladung (*FL* = 0.55) Inhaltlich nicht in wöchentlicher Kurzskala enthalten
Absorption (weekly)	
WK14_06_t1–t6	Faktorladung (*FL* = 0.55) Modifikationsindex (*MI* = 6.193)
Absorption (t_7)	
WE01_08_t7	Faktorladung (*FL* = 0.57) Modifikationsindex (*MI* = 7.025) Inhaltlich analog zu Item WK14_06_t1–t6 eliminiert
WE01_09_t7	Modifikationsindex (*MI* = 6.562) Inhaltlich nicht in wöchentlicher Kurzskala enthalten

Durch die Modifikationen ergab sich ein deutlich verbesserter Modell-Fit (vgl. Tab. 7.8). Auch beim Arbeitsengagement wurde alternativ geprüft, ob eine Auflösung der Subskalenstruktur zu einer besseren Modellgüte führt. Jedoch ergab sich hier ebenfalls ein schlechterer Modell-Fit ($\chi 2[9] = 17.470$, $p = 0.042$, $CFI = 0.92$, $RMSEA = 0.09$, $SRMR = 0.05$) im Vergleich zum modifizierten Messmodell. In Tabelle 7.8 sind in der Zusammenschau die Modell-Fits des ursprünglichen, des alternativen sowie des modifizierten Modells gegenübergestellt.

Tabelle 7.8 Modellfits des Konstrukts arbeitsbezogenes Wohlbefinden.Dargestellt werden die $\chi 2$-Teststatistik, der p-Wert und die Fit-Indizes Comparative Fit Index (CFI), Root Mean Square Error of Approximation (RMSEA) sowie Standardized Root Mean Square Residual (SRMR) des ursprünglichen Messmodells, des Alternativmodells ohne Subskalenstruktur und des modifizierten Modells zur Verbesserung des Modell-Fits. Datengrundlage für die ausgewählte Skala sind die ResohlUt-Daten der wöchentlichen Befragungen (t1–t6) sowie zum Messzeitpunkt t7

		Ursprüngliches Messmodell	Alternativmodell	Modifiziertes Messmodell
$\chi 2$ [*df*]		351.373 [135]	17.470 [9]	13.485 [8]
p	[≥ 0.05]	0.00	0.04	0.10
CFI	[≥ 0.95]	0.59	0.92	0.95
RMSEA	[≤ 0.08]	0.12	0.09	0.08
SRMR	[< 0.10]	0.14	0.05	0.05

Messmodell Unterrichtsqualität. Das hierarchische Messmodell der Unterrichtsqualität (UQ) ist das komplexeste dieser Arbeit. Es setzt sich aus einem High-Order Faktor und den zwei Dimensionen allgemeine und domänenspezifische Unterrichtsqualität (vgl. Abschnitt 6.4.4) zusammen, die sich wiederum in verschiedene Subskalen untergliedern. Die allgemeine Unterrichtsqualität wird durch die Subskalen Klassenführung (CM) und lernförderliches Unterrichtsklima (UL) abgebildet, wohingegen die domänenspezifische Unterrichtsqualität durch die kognitive Aktivierung (KA) und deren insgesamt sieben Subskalen repräsentiert wird. Infolgedessen modelliert sich Unterrichtsqualität über neun Subskalen und über 128 Items[4] (vgl. Abb. 7.1). Eine faktoranalytische Prüfung dieses komplexen hierarchischen Messmodells in seiner ursprünglichen Zusammensetzung ergab eine unzureichende Modellgüte ($\chi 2[321] = 587.960$, $p = 0.000$, $CFI = 0.73$, $RMSEA = 0.12$, $SRMR = 0.14$). Vor dem Hintergrund der komplexen Modellstruktur und der damit einhergehenden großen Anzahl an zu schätzenden Parametern in der Faktorenanalyse sowie unter Einbeziehung der Stichprobengröße ($N = 111$) muss das Messmodell vereinfacht werden (vgl. u. a. Bühner, 2011; Schermelleh-Engel & Werner, 2009).

[4] Die wöchentlichen Kurzskalen umfassen zusammen 15 Items (verteilt auf fünf Subskalen). Multipliziert mit sechs Messzeitpunkten ergibt dies 90 Itemwerte. Die Langskalen im Abschlussfragebogen zum Messzeitpunkt t_7 umfassen zusammen 38 Items (verteilt auf neun Subskalen).

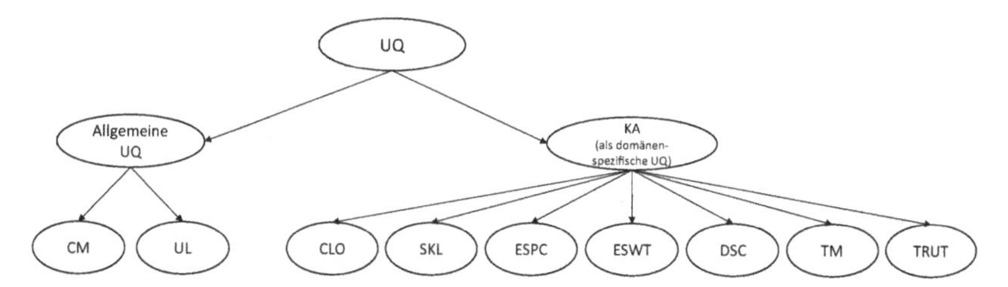

Abbildung 7.1 Ursprüngliches Messmodell der Unterrichtsqualität in vereinfachter Darstellung ohne faktorielle Itemebene. Dargestellt sind der High-Order Faktor Unterrichtsqualität (UQ) und die Subskalen Klassenführung (CM), lernförderliches Unterrichtsklima (UL) sowie Kognitive Aktivierung (KA) (SKL = Unterstützung der Wissensverknüpfung, ESPC = Erkunden des Schülervorwissens und der Vorstellungen, ESWT = Verstehen der Schülerdenkweisen, DSC = Umgang mit Schülervorstellungen, TM = Lehrperson als Vermittler, TRUT = Unterrichtsverständnis der Lehrkraft, CLO = Herausfordernde Lernangebote)

In einem kleinschrittigen Analyseverfahren wurden die Subskalen sowohl der wöchentlichen Messzeitpunkte (Kurzskalen) als auch der zum Zeitpunkt t_7 (Langskalen) sukzessive überprüft. In der Zusammenschau zeigten sich insbesondere bei zahlreichen Subskalen der kognitiven Aktivierung zum Messzeitpunkt t_7 unzureichende Werte bei den Faktorladungen und Modifikationsindizes sowohl auf Skalen- als auch auf Itemebene. Unter dem Gesichtspunkt der inhaltlichen Harmonisierung der Kurz- und Langskalen wurden alle Subskalen der kognitiven Aktivierung, die nicht in der wöchentlichen Kurzskala enthalten sind (betroffene Subskalen: SKL, ESPC, TM und TRUT), eliminiert. In einem nächsten Schritt wurde eine erneute faktoranalytische Prüfung der Messmodelle zu den genannten Messzeitpunkten durchgeführt. Die Modellgüte war weiterhin unzureichend ($\chi 2[53] = 70.929$, $p = 0.049$, $CFI = 0.93$, $RMSEA = 0.11$, $SRMR = 0.14$). Daher wurden die Subskalen UL (allgemeine Unterrichtsqualität), CLO und ESWT der kognitiven Aktivierung anhand ihrer skalenbezogenen Modifikationsindizes (UL, $MI = 9.125$; CLO, $MI = 8.015$; ESWT, $MI = 13.273$) zum Messzeitpunkt t_7 eliminiert. Mit gleicher Begründung wurde ESWT auch aus der wöchentlichen Skala ausgeschlossen. An den verbliebenen Skalen der Unterrichtsqualität wurden zur Verbesserung der Modellgüte noch folgende vereinzelte Item-Modifikationen vorgenommen (vgl. Tab. 7.9).

Das komplexe Messmodell der Unterrichtsqualität wurde infolgedessen umfangreich modifiziert (vgl. Abb. 7.2), sodass es eine entsprechende Güte aufweist. Nichtsdestotrotz müsste das modifizierte ‚Post-Hoc-Modell' (vgl. Abb. 7.2) ordnungsgemäß an weiteren unabhängigen Stichproben getestet und validiert werden, bevor es zur Hypothesenprüfung herangezogen werden kann (Sedlmeier &

Tabelle 7.9 Modifikationen am Messmodell der Unterrichtsqualität. Datengrundlage sind die Daten aus den wöchentlichen Befragungen (t1–t6) sowie zum Messzeitpunkt t7 aus dem ResohlUt-Datensatz

Skala & eliminiertes Item	Begründung der Elimination [$FL < 0.6$; $MI > 4$]
Klassenführung (weekly)	
WK16_02_r_t1–t6	Modifikationsindex (MI = 11.433)
WK16_03_r_t1–t6	Modifikationsindex (MI = 12.344)
Klassenführung (t_7)	
UQ02_03_r_t7	Inhaltlich analog zu Item WK16_03_t1–t6 eliminiert
UQ02_04_r_t7	Modifikationsindex (MI = 4.276) Inhaltliche Kohärenz zu Item UQ02_02_r_t7
UQ02_05_r_t7	Modifikationsindex (MI = 6.224) Inhaltliche Kohärenz zu Item UQ02_02_r_t7
UQ02_06_r_t7	Inhaltlich nicht in wöchentlicher Kurzskala enthalten
UQ02_07_r_t7	Modifikationsindex (MI = 8.954) Inhaltlich nicht in wöchentlicher Kurzskala enthalten
Lernförderliches Unterrichtsklima (weekly)	
WK16_06_t1–t6	Faktorladung (FL = 0.56) Modifikationsindex (MI = 14.873)
Kognitive Aktivierung (weekly)	
Umgang mit Schülervorstellungen (DSC)	
WK17_05_t1–t6	Faktorladung (FL = 0.37) Modifikationsindex (MI = 6.667)
WK17_06_t1–t6	Inhaltlich nicht in der Langskala (t_7) enthalten
Herausfordernde Lerngelegenheiten (CLO)	
WK17_09_t1–t6	Faktorladung (FL = 0.33) Modifikationsindex (MI = 9.947)

(Fortsetzung)

Tabelle 7.9 (Fortsetzung)

Skala & eliminiertes Item	Begründung der Elimination [$FL < 0.6$; $MI > 4$]
Kognitive Aktivierung (t_7)	
Umgang mit Schülervorstellungen (DSC)	
DU01_12_t7	Faktorladung ($FL = 0.45$) Modifikationsindex ($MI = 4.981$) Inhaltlich nicht in wöchentlicher Kurzskala enthalten
DU01_13_t7	Modifikationsindex ($MI = 9.501$) Inhaltlich nicht in wöchentlicher Kurzskala enthalten
DU01_14_t7	Faktorladung ($FL = 0.54$) Modifikationsindex ($MI = 5.231$)

Renkewitz, 2018). Da die Erhebungsphase dieser Studie jedoch bereits abgeschlossen ist, müssen die folgenden hypothesenprüfenden Analysen mit dieser validitätsbezogenen Limitation durchgeführt werden. Auch beim Messmodell der Unterrichtsqualität wurden explorativ alternative Messmodelle, bezogen auf die Subskalenstruktur, hinsichtlich ihrer Modellgüte überprüft. Zum einen wurde getestet (Alternativmodell 1), ob eine reine Subskalenstruktur in Form von allgemeiner und domänenspezifischer Unterrichtsqualität, ohne weitere Subskalen auf einer untergeordneten Ebene, zu einem besseren Modell-Fit führt. Dieses erste Alternativmodell musste jedoch hinsichtlich der Modellgüte ($\chi 2[53] = 91.972$, $p = 0.000$, $CFI = 0.84$, $RMSEA = 0.08$, $SRMR = 0.14$) verworfen werden. Zum anderen wurde als Alternative geprüft (Alternativmodell 2), ob eine Auflösung der gesamten Subskalenstruktur zu einem besseren Modell-Fit führen würde. Jedoch muss auch dieses zweite Alternativmodell hinsichtlich der Modellgüte ($\chi 2[54] = 117.585$, $p = 0.000$, $CFI = 0.73$, $RMSEA = 0.11$, $SRMR = 0.16$) verworfen werden.

Das final-modifizierte Messmodell setzt sich dementsprechend aus den Subskalen Klassenführung und lernförderliches Unterrichtsklima (beide allgemeine Unterrichtsqualität) sowie den Skalen herausfordernde Lerngelegenheiten und Umgang mit Schülervorstellungen (beide Skalen der kognitiven Aktivierung als domänenspezifisches Qualitätsmerkmal) zusammen (vgl. Abb. 7.2). In Tabelle 7.10 sind in der Zusammenschau die Modell-Fits des ursprünglichen und des modifizierten Modells sowie die Alternativmodelle gegenübergestellt.

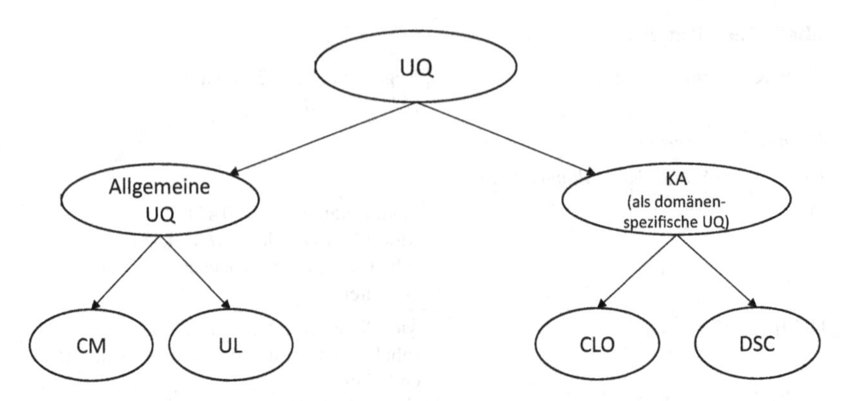

Abbildung 7.2 Modifiziertes Messmodell der Unterrichtsqualität in vereinfachter Darstellung (ohne faktorielle Itemebene). Dargestellt sind der High-Order Faktor Unterrichtsqualität und die Subskalen Klassenführung (CM), lernförderliches Unterrichtsklima (UL) sowie Kognitive Aktivierung (KA) (DSC = Umgang mit Schülervorstellungen, CLO = Herausfordernde Lernangebote)

Tabelle 7.10 Modellfits des Konstrukts Unterrichtsqualität. Dargestellt werden die $\chi 2$-Teststatistik, der p-Wert und die Fit-Indizes Comparative Fit Index (CFI), Root Mean Square Error of Approximation (RMSEA) sowie Standardized Root Mean Square Residual (SRMR) des ursprünglichen Messmodells, des Alternativmodells 1 mit gebündelter Subskalenstruktur (allgemeine und domänenspezifische UQ), des Alternativmodells 2 ohne Subskalenstruktur und des modifizierten Modells zur Verbesserung des Modell-Fits. Datengrundlage für die ausgewählte Skala sind die ResohlUt-Daten der wöchentlichen Befragungen (t1–t6) sowie zum Messzeitpunkt t7

		Ursprüngliches Messmodell	Alternativ-modell 1	Alternativ-modell 2	Modifiziertes Messmodell
$\chi 2$ [*df*]		587.960 [321]	91.972 [53]	117.585 [54]	64.474 [53]
p	[≥ 0.05]	0.00	0.00	0.00	0.13
CFI	[≥ 0.95]	0.73	0.84	0.73	0.96
RMSEA	[≤ 0.08]	0.12	0.08	0.11	0.04
SRMR	[< 0.10]	0.11	0.14	0.16	0.09

7.2 Deskriptive und korrelative Ergebnisse

In diesem Abschnitt werden zuerst die erhobenen Variablen deskriptiv ausgewertet und beschrieben. Daran anschließend wird durch Korrelationsanalysen überprüft, inwiefern die Variablen zusammenhängen. Hierbei werden die modifizierten Messmodelle aus dem vorherigen Kapitel sowie die in Abschnitt 6.3.2 dargelegten Messzeitpunkte herangezogen.

7.2.1 Univariate Analysen deskriptiver Parameter

Im Folgenden werden die Ergebnisse der univariaten Analysen deskriptiver Parameter dargestellt. Begonnen wird mit den motivationalen Variablen (Selbstwirksamkeitserwartungen, Lehrerenthusiasmus, Berufswahlmotiv), auf welche die abhängigen Variablen in Form des arbeitsbezogenen Wohlbefindens und der Unterrichtsqualität folgen.

Selbstwirksamkeitserwartungen. Die Tabelle 7.11 zeigt die Itemanzahl, die deskriptiven Parameter sowie die Spannbreite der Itemtrennschärfe pro Subskala der Variable Selbstwirksamkeitserwartungen (SWE) an. Die deskriptiven Ergebnisse zeigen, dass die befragten Biologielehrkräfte sowohl ihre eigenen allgemeinen ($M = 4.23$, $SD = 1.12$) als auch ihre domänenspezifischen SWE ($M = 4.80$, $SD = 1.59$) hoch einschätzen. Demnach liegt eine Stichprobe von Biologielehrkräften vor, die sich selbst als selbstwirksam im beruflichen Kontext einschätzt. Die Selbsteinschätzung der fachspezifischen SWE liegt sogar höher als die der allgemeinen SWE, sodass die Lehrkräfte überzeugt sind, dass ihre biologiespezifischen Fähigkeiten und Kompetenzen für den Fachunterricht etwas höher ausgeprägt sind als ihre Überzeugungen im Kontext der allgemeinen SWE. Die Items weisen eine Trennschärfe von über 0.30 auf, sodass alle Items an der Vorhersage des Gesamtergebnisses durch Beantwortung der Skala beteiligt sind (Döring & Bortz, 2016).

Lehrerenthusiasmus. Auch beim Lehrerenthusiasmus zeigt sich, dass die Biologielehrkräfte ihren eigenen Fachenthusiasmus für das Fach Biologie mit einem Mittelwert von 4.83 ($SD = 1.10$) hoch einschätzen (vgl. Tab. 7.12). Gleiches gilt für den klassenbezogenen Unterrichtsenthusiasmus ($M = 4.30$, $SD = 1.15$). Folglich ist die befragte Stichprobe der Biologielehrkräfte weiterhin von ihrem Fach Biologie begeistert und fachlich interessiert. Ebenso verbinden sie das Unterrichten mit positiven Emotionen wie Freude und Begeisterung. Insbesondere der hohe Wert bei der Einschätzung des eigenen Fachenthusiasmus deckt sich mit der hohen Selbsteinschätzung der domänenspezifischen SWE. Die Lehrkräfte sind

Tabelle 7.11 Deskriptive Kennwerte der Variable Selbstwirksamkeitserwartungen. Dargestellt sind Itemanzahl, Mittelwert (M), Standardabweichung (SD), Minimum und Maximum (Min-Max) sowie der Item-Trennschärfekoeffizient (r_{it}) der beiden Subskalen zum Messzeitpunkt t0 mit einem bereinigten N = 152 (Stichprobe ResohlUt und MotOr). Die Antwortskala reicht von 1 = stimme gar nicht zu bis 6 = stimme sehr zu

Konstrukt	*Itemanzahl*	*M*	*SD*	*Min-Max*	r_{it} >0.30
Selbstwirksamkeitserwartungen (*N* = 152)					
Allgemeine SWE	3	4.23	1.12	1 – 6	0.67 – 0.71
Domänenspezifische SWE	3	4.80	1.59	1 – 6	0.53 – 0.88

Tabelle 7.12 Deskriptive Kennwerte der Variable Lehrerenthusiasmus. Dargestellt sind Itemanzahl, Mittelwert (M), Standardabweichung (SD), Minimum und Maximum (Min-Max) sowie der Item-Trennschärfekoeffizient (r_{it}) der beiden Subskalen zum Messzeitpunkt t0 mit einem bereinigten N = 152 (Stichprobe ResohlUt und MotOr). Die Antwortskala reicht von 1 = stimme gar nicht zu bis 6 = stimme sehr zu

Konstrukt	*Itemanzahl*	*M*	*SD*	*Min-Max*	r_{it} >0.30
Lehrerenthusiasmus (*N* = 152)					
Fachenthusiasmus	3	4.83	1.10	1 – 6	0.67 – 0.87
Klassenbezogener Unterrichtsenthusiasmus	3	4.30	1.15	1 – 6	0.82 – 0.89

demnach nicht nur von ihrem Fach begeistert, sondern auch überzeugt, dass sie die entsprechenden fachlichen Fähigkeiten besitzen, um Biologie erfolgreich zu unterrichten (vgl. Tab. 7.11, SWE). Über alle Skalen hinweg weisen die Items eine gute Itemtrennschärfe auf ($r_{it} > 0.30$).

Berufswahlmotiv. Die deskriptiven Daten in Tabelle 7.13 zum lehramtsbezogenen Berufswahlmotiv zeigen, dass die (intrinsisch-orientierten) Faktoren pädagogisches Interesse ($M = 4.63$, $SD = 1.25$), Fähigkeitsüberzeugung ($M = 4.15$, $SD = 1.46$) und fachliches Interesse ($M = 4.93$, $SD = 1.26$) für die Entscheidung zum Lehramtsstudium bzw. Lehrerberuf als relativ hoch eingeschätzt wurden. Demnach haben die befragten Lehrkräfte sich vor allem für den Lehrerberuf entschieden, weil sie ihr Fach Biologie interessant fanden und ihr Wissen dazu erweitern wollten. Ebenso waren sie davon überzeugt eine gute

Lehrkraft zu sein und fachliche Inhalte gut vermitteln zu können (Fähigkeitsüberzeugungen) sowie gerne mit Kindern und Jugendlichen zusammenzuarbeiten zu wollen (pädagogisches Interesse). Die Werte des fachlichen Interesses stehen in einer inhaltlichen Kohärenz zum Fachenthusiasmus und den domänenspezifischen SWE, das unterstreicht, dass für die befragten Lehrkräfte die fachliche Dimension eine besondere Rolle spielt. Der extrinsische Faktor Nützlichkeit ist mit einem Mittelwert von 3.06 ($SD = 1.58$) leicht erhöht. Die Lehrkräfte haben daher scheinbar monätere und vertragliche Rahmenbedingungen in ihre Berufsentscheidung miteinbezogen. Die extrinsisch-orientierten Aspekte soziale Einflüsse ($M = 1.88$, $SD = 1.30$) und geringe Schwierigkeit des Lehramtsstudiums ($M = 1.22$, $SD = 0.56$) wurden tendenziell niedrig durch die Lehrkräfte eingeschätzt. Folglich spielten, retrospektiv eingeschätzt, der Einfluss des sozialen Umfelds, wie etwa eine Empfehlung der Eltern Lehrer zu werden, sowie die potentielle Schwierigkeit eines Lehramtsstudiums keine Rolle bei der Entscheidung für den Lehrerberuf.

Tabelle 7.13 Deskriptive Kennwerte der Variable Berufswahlmotiv.Dargestellt sind Itemanzahl, Mittelwert (M), Standardabweichung (SD), Minimum und Maximum (Min-Max) sowie der Item-Trennschärfekoeffizient (r_{it}) der sechs Subskalen zum Messzeitpunkt t0 mit einem bereinigten N = 152 (Stichprobe ResohlUt und MotOr). Die Antwortskala reicht von 1 = stimme gar nicht zu bis 6 = stimme sehr zu

Konstrukt	*Itemanzahl*	*M*	*SD*	*Min-Max*	r_{it} >0.30
Berufswahlmotiv ($N = 152$)					
Nützlichkeit	2	3.06	1.58	1 – 6	0.62
Pädagogisches Interesse	2	4.63	1.25	1 – 6	0.57
Fähigkeitsüberzeugung	1	4.15	1.46	1 – 6	kA
Soziale Einflüsse	1	1.88	1.30	1 – 6	kA
Geringe Schwierigkeit des LA-Studiums	2	1.22	0.56	1 – 6	0.69
Fachliches Interesse	2	4.93	1.26	1 – 6	0.65

Da nach der Modifikation der Messmodelle (vgl. Abschnitt 7.1) die Subskalen Fähigkeitsüberzeugung und soziale Einflusse nur noch durch ein Item repräsentiert werden, konnte hier keine Itemtrennschärfe ermittelt werden. Die Trennschärfe aller anderen Items liegen über dem erforderlichen Schwellenwert ($r_{it} > 0.30$).

Wohlbefinden. Um das arbeitsbezogene Wohlbefinden der Biologielehrkräfte bewerten zu können, wurde die Selbsteinschätzung der Variable Arbeitsengagement als positiver Indikator herangezogen (vgl. Tab. 7.14). Ihr Arbeitsengagement schätzen die Lehrkräfte wöchentlich mit einem Mittelwert von 3.37 ($SD = 0.90$) auf einer Antwortskala von 1–5 im Mittelfeld ein. Ebenso wird das Arbeitsengagement zum Zeitpunkt der Abschlussbefragung in Relation[5] zum wöchentlichen Mittelwert auf einer Antwortskala von 1–7 im Mittelfeld eingeschätzt ($M = 4.61$, $SD = 1.07$). Dementsprechend fühlen sich die befragten Biologielehrkräfte fit und tatkräftig bei der Arbeit und finden diese anregend und erfüllend. Vor diesem Hintergrund liegt eine Stichprobe vor, deren arbeitsbezogenes Wohlbefinden als ausgeglichen mit einer positiven Tendenz ($M > 3_{t1-t6}$ *bzw.* 4_{t7}) gelten kann. Bei allen Skalen sind zu den herangezogenen Messzeitpunkten bei der Itemtrennschärfe akzeptable ($r_{it} = 0.30$) bis gute ($r_{it} = 0.75$) Werte zu verzeichnen (vgl. Tab. 7.14).

Tabelle 7.14 Deskriptive Kennwerte der Variable Wohlbefinden (abgebildet durch das Konstrukt Arbeitsengagement). Dargestellt sind Itemanzahl, Mittelwert (M), Standardabweichung (SD), Minimum und Maximum (Min-Max) sowie der Item-Trennschärfekoeffizient (r_{it}) der drei Subskalen des Arbeitsengagements zum Messzeitpunkt (MZP) der wöchentlichen Befragungen (t1–t6) sowie t7 mit einem bereinigten N = 111 (Stichprobe ResohlUt). Bei nur einem Item wird keine Trennschärfe berechnet und demnach keine Angabe (= kA) eingetragen. In der Zeile ‚Wohlbefinden' wurden Mittelwerte aus den jeweiligen Daten der Subskalen des Arbeitsengagements gebildet. Die Antwortskala der wöchentlichen Befragungen reicht von 1 = trifft gar nicht zu bis 5 = trifft völlig zu, wohingegen die Antwortskala des Abschlussfragebogens von 1 = nie zu bis 7 = immer reicht

Konstrukt	MZP	*Itemanzahl*	*M*	*SD*	*Min-Max*	r_{it} >0.30
Wohlbefinden ($N = 111$)	t1–t6	18	3.37	0.90	1 – 5	0.30 – 0.75
	t7	3	4.61	1.07	1 – 7	kA
Vitalität (vigour)	t1–t6	6	3.67	0.86	1 – 5	0.31 – 0.43
	t7	1	4.99	0.87	2 – 7	kA
Hingabe (dedication)	t1–t6	6	3.19	0.82	1 – 5	0.30 – 0.52
	t7	1	4.68	1.09	2 – 7	kA
Absorption (absorption)	t1–t6	6	3.25	1.03	1 – 5	0.45 – 0.75
	t7	1	4.16	1.24	1 – 7	kA

[5] Wie im Methodenteil erwähnt, wurde mit z-standardisierten Werten gerechnet, sodass die unterschiedlichen Antwortskalen keinen Einfluss auf die Ergebnisse haben sollten (Bortz und Schuster, 2010).

Tabelle 7.15 Deskriptive Kennwerte der Variable Unterrichtsqualität. Dargestellt sind Itemanzahl, Mittelwert (M), Standardabweichung (SD), Minimum und Maximum (Min-Max) sowie der Item-Trennschärfekoeffizient (r_{it}) der Subskalen allgemeiner und domänenspezifischer Unterrichtsqualität in Form der kognitiven Aktivierung zum Messzeitpunkt (MZP) der wöchentlichen Befragungen (t1–t6) sowie t7 mit einem bereinigten N = 111 (Stichprobe ResohlUt). Bei nur einem Item wird keine Trennschärfe berechnet und demnach keine Angabe (= kA) eingetragen. In der Zeile ‚Unterrichtsqualität' wurden Mittelwerte aus der ‚allgemeinen Unterrichtsqualität' und der ‚kognitiven Aktivierung' gebildet. In den Zeilen ‚Allgemeine Unterrichtsqualität' und ‚Kognitive Aktivierung (biospezifisch)' wurden Mittelwerte aus den jeweiligen Daten der Subskalen gebildet. Die Antwortskala reicht von 1 = trifft überhaupt nicht zu bis 6 = trifft voll und ganz zu

Konstrukt	MZP	*Itemanzahl*	*M*	*SD*	*Min-Max*	r_{it} >0.30
Unterrichtsqualität (*N* = 111)	t1–t6	36	4.16	1.49	1 – 6	0.38 – 0.70
	t7	3	4.16	1.33	1 – 6	0.87
Allgemeine Unterrichtsqualität	t1–t6	18	4.50	1.38	1 – 6	0.41 – 0.68
	t7	2	4.15	1.42	1 – 6	0.87
Klassenführung	t1–t6	6	4.49	1.43	1 – 6	0.41 – 0.68
	t7	2	4.15	1.42	1 – 6	0.87
Unterstützendes Unterrichtsklima	t1–t6	12	4.51	1.32	1 – 6	0.42 – 0.68
	t7	Wegfall Subskala zu diesem Messzeitpunkt nach Messmodellmodifikation				
Kognitive Aktivierung (biospezifisch)	t1–t6	18	3.82	1.60	1 – 6	0.38 – 0.70
	t7	1	4.17	1.24	1 – 6	kA
Umgang mit SuS-Vorstellungen (DSC)	t1–t6	6	3.31	1.78	1 – 6	0.38 – 0.54
	t7	1	4.17	1.24	1 – 6	kA
Herausfordernde Lernangebote (CLO)	t1–t6	12	4.33	1.42	1 – 6	0.44 – 0.70
	t7	Wegfall Subskala zu diesem Messzeitpunkt nach Messmodellmodifikation				

Unterrichtsqualität. Bei der Selbsteinschätzung der Unterrichtsqualität ist erkennbar, dass die Biologielehrkräfte ihre allgemeine Unterrichtsqualität (aggregiert aus den Subskalen Klassenführung und lernförderliches Unterrichtsklima) sowohl während der wöchentlichen Befragungen (M = 4.50, SD = 1.38) als auch zum Messzeitpunkt t_7 (M = 4.15, SD = 1.42) über dem Skalenmittel einschätzen (vgl. Tab. 7.15). Ähnliche Werte geben die Lehrkräfte auch beim domänenspezifischen Aspekt der Unterrichtsqualität in Form der kognitiven Aktivierung an (vgl. Tab. 7.15). Während der wöchentlichen Erhebungen geben die Biologielehrkräfte einen Mittelwert von 3.82 (SD = 1.60) für die kognitive Aktivierung an. Das eingeschätzte Niveau der kognitiven Aktivierung im Unterricht ist damit über dem Skalenmittel. Mit einem Mittelwert von 4.17 (SD = 1.24) zum Zeitpunkt der Abschlussbefragung liegt die Einschätzung der fachspezifisch erhobenen kognitiven Aktivierung sogar leicht höher als die allgemein eingeschätzte Unterrichtsqualität.

Folglich nehmen die Lehrkräfte ihren eigenen Unterricht so wahr, dass sie ein hohes Maß an Lernzeit ausschöpfen, präventiv gegen Störungen vorgehen und ein lernförderliches Unterrichtsklima schaffen. Darüber hinaus schätzen sie das kognitive Niveau ihres Unterrichts hoch ein, indem sie Schülervorstellungen in ihrem Biologieunterricht aufgreifen und sie in fachgerechtes (Biologie-)Wissen transformieren sowie herausfordernde Lerngelegenheiten

schaffen. Die höhere Selbsteinschätzung der domänenspezifischen Unterrichtsqualität steht in einer Linie mit dem fachlichen Fokus anderer hier genannter Variablen und zeichnet sich als ein Spezifikum dieser befragten Biologielehrkräftegruppe ab. Bei allen Skalen liegen die Werte der Trennschärfe jeweils über den geforderten akzeptablen Schwellenwerten ($r_{it} > 0.30$).

7.2.2 Multivariate Korrelationsanalysen

Im Folgenden werden die Ergebnisse der multivariaten Korrelationsanalysen auf deskriptiver Ebene dargestellt. Hierbei sollen erste signifikante Zusammenhänge zwischen hypothesenbezogenen Variablen sowie ausgewählten personenbezogenen Variablen (Alter, Geschlecht, Berufserfahrung) aufgezeigt werden. Die Prüfung der Zusammenhänge zu personenbezogenen Variablen können Ansätze zur Aufklärung von Drittvariablen und potentieller damit einhergehender Konfundierung liefern (Döring & Bortz, 2016).

Korrelation motivationaler Variablen. Die Tabelle 7.16 bildet eine Korrelationsmatrix der motivationalen Variablen Selbstwirksamkeitserwartungen, Lehrerenthusiasmus und Berufswahlmotiv (BWM) ab. Dargestellt sind die Subskalen der jeweiligen Konstrukte. Signifikante und hoch signifikante Ergebnisse sind entsprechend (* $p < 0.05$, ** $p < 0.01$) markiert. Zuerst wird auf die signifikanten Ergebnisse der motivationalen Variablen eingegangen, bevor die signifikanten Zusammenhänge zu den personenbezogenen Variablen verbalisiert werden.

Die beiden Subskalen der Selbstwirksamkeitserwartung (allgemein und domänenspezifisch) sowie die Subskalen des Lehrerenthusiasmus (Fach- und Unterrichtsenthusiasmus) korrelieren auf einem Signifikanzniveau von $p < 0.01$ stark positiv miteinander. Demzufolge schätzen enthusiastischere Lehrkräfte ihre eigenen Selbstwirksamkeitserwartungen besser und umgekehrt selbstwirksamere Lehrpersonen ihren eigenen Lehrenthusiasmus höher ein. Somit nehmen sich Lehrkräfte, die Freude und Begeisterung in Auseinandersetzung mit ihrem Fach und beim Unterrichten fühlen, deutlich selbstwirksamer in ihrem schulischen Arbeitsalltag wahr. Bei den Subskalen des lehramtsbezogenen BWM bestehen insbesondere bei den intrinsisch-orientierten Skalen ‚Fähigkeitsüberzeugung', ‚pädagogisches Interesse' und ‚fachliches Interesse' stark signifikante, positive Zusammenhänge mit den Subskalen der Selbstwirksamkeit und des Lehrerenthusiasmus. Dies verdeutlicht, dass Biologielehrkräfte, die sich ursprünglich wegen intrinsischer Motive für den Lehrerberuf entschieden haben, sich enthusiastischer und selbstwirksamer beim Unterrichten einschätzen. Salient sind auch die signifikanten, leicht positiven Korrelationen der Subskala Nützlichkeit mit den Subskalen der Selbstwirksamkeit und des Lehrerenthusiasmus (vgl. Tab. 7.16). Folglich nehmen sich auch Lehrkräfte, die sich eher aus extrinsisch-orientierten Motiven, wie etwa ein festes Gehalt, für den Lehrerberuf entschieden haben, als enthusiastischer und selbstwirksamer wahr. Innerhalb des Konstrukts BWM hängen vor allem die Subskalen ‚Fähigkeitsüberzeugung', ‚pädagogisches Interesse' und ‚fachliches Interesse' signifikant und positiv zusammen. Demnach schätzen Lehrkräfte, die ihre eigenen Fähigkeiten als gut für den Lehrerberuf empfinden, auch ihr Interesse an biologischen Fachinhalten sowie das Interesse gern mit Kindern und Jugendlichen zusammenzuarbeiten höher ein. Die Subskala ‚Nützlichkeit' korreliert ebenfalls signifikant und schwach positiv mit den zuletzt genannten Subskalen des BWM (außer fachliches Interesse). Somit scheint es auch für pädagogisch motivierte und von ihren Fähigkeiten überzeugte Lehrkräfte wichtig zu sein, dass sie einen sicheren Beruf mit guter Familien- und Freizeitvereinbarkeit haben. Auffällige negative Zusammenhänge bestehen zwischen der Skala ‚geringe Schwierigkeit des Lehramtsstudiums (BWM)' und den allgemeinen Selbstwirksamkeitserwartungen, dem Fachenthusiasmus, dem ‚pädagogischen Interesse (BWM)' sowie dem ‚fachlichen Interesse (BWM)' auf einem Signifikanzniveau von $p < 0.01$. Folglich zeigen Biologielehrkräfte, die sich für den Lehrerberuf wegen eines vermeintlich einfachen Lehramtsstudiums entschieden haben, den Zusammenhang, dass sie sich selbst weniger selbstwirksam und enthusiastisch einschätzen und scheinbar zugleich auch ein geringer ausgeprägtes fachliches und pädagogisches Interesse haben.

Korrelation motivationaler und personenbezogener Variablen. Die Ergebnisse der Korrelationsanalyse der motivationalen Variablen (Selbstwirksamkeitserwartungen, Lehrerenthusiasmus, Berufswahlmotiv) mit ausgewählten personenbezogenen Variablen (Alter, Geschlecht, Berufserfahrung) zeigen wenige signifikante Zusammenhänge mit den personenbezogenen Variablen (vgl. Tab. 7.16). Die Variable Geschlecht weist keine signifikanten Korrelationen auf. Das Alter korreliert einzig negativ ($r = -0.19$) mit der Subskala ‚Fähigkeitsüberzeugung (BWM)' auf einem Signifikanzniveau von $p < 0.05$. Demnach schätzen ältere Lehrkräfte den intrinsischen Faktor ‚Fähigkeitsüberzeugung' retrospektiv als weniger wichtig für ihre berufliche Entscheidung ein als jüngere Lehrkräfte. Die Variable Berufserfahrung korreliert signifikant negativ ($r = -0.16$, $p < 0.05$) mit der Subskala ‚fachliches Interesse (BWM)'. Demzufolge scheinen Lehrkräfte mit einer hohen Berufserfahrung ihrem eigenen Interesse für das Fach Biologie bei der damaligen Berufsentscheidung weniger Bedeutung beigemessen zu haben. Zwischen der Berufserfahrung und dem Alter besteht ein stark positiver ($r = 0.87$) und signifikanter ($p < 0.01$) Zusammenhang (vgl. Tab. 7.16). Diese Tatsache, dass das Alter der Lehrkräfte mit einer höheren Berufserfahrung einhergeht, erscheint anhand des beruflichen Lebenszyklus plausibel (vgl. Huberman, 1989).

Korrelation Unterrichtsqualität, Wohlbefinden und personenbezogene Variablen. Die Tabelle 7.17 zeigt eine Korrelationsmatrix der Variablen Unterrichtsqualität und arbeitsbezogenes Wohlbefinden mit personenbezogenen Variablen (Alter, Geschlecht, Berufserfahrung). Dargestellt sind die Subskalen der jeweiligen Konstrukte. Signifikante Ergebnisse sind entsprechend (* $p < 0.05$, ** $p < 0.01$) markiert. Zuerst wird auf die signifikanten Ergebnisse der Unterrichtsqualität mit dem Wohlbefinden eingegangen, bevor anschließend die signifikanten Zusammenhänge der personenbezogenen Variablen verbalisiert werden.

Bei den Subskalen der allgemeinen Unterrichtsqualität korreliert die Subskala Klassenführung einzig signifikant positiv ($r = 0.20$, $p < 0.05$) mit der Subskala lernförderliches Unterrichtsklima. Demzufolge schätzen Lehrkräfte, die ihre eigene Klassenführung hoch bewerten ebenso auch das Merkmal der Schaffung eines lernförderlichen Unterrichtsklimas in ihrem Unterricht als hoch ein. Die Subskala lernförderliches Unterrichtsklima hängt signifikant positiv mit dem domänenspezifischen Unterrichtsqualitätsaspekt der herausfordernde Lernangebote sowie den Subskalen Vitalität und Absorption des Arbeitsengagements zusammen. Somit bewerten Biologielehrkräfte, die ihrer Ansicht nach ein hohes

Tabelle 7.16 Korrelationsmatrix motivationaler Konstrukte mit personenbezogenen Variablen. Dargestellt sind der Korrelationskoeffizient r sowie signifikante Ergebnisse mit * $p < 0.05$ & ** $p < 0.01$. Motivationale Konstrukte sind Selbstwirksamkeit (aSWE = Allgemein Selbstwirksamkeit, dSWE = Domänenspezifische Selbstwirksamkeit), Lehrerenthusiasmus (FE = Fachenthusiasmus, UE = Unterrichtsenthusiasmus), Berufswahlmotiv (FU = Fähigkeitsüberzeugung, NK = Nützlichkeit, PI = Pädagogisches Interesse, Schw = Schwierigkeit des Lehramtsstudiums, SE = Soziale Einflüsse, FI = Fachliches Interesse). Personenbezogene Variablen sind das Alter, Geschlecht (Gesch) und die Berufserfahrung (BE). Datengrundlage sind die Daten zum Messzeitpunkt t0 aus dem ResohlUt-Datensatz sowie die entsprechenden Daten aus dem MotOr-Datensatz (N = 152)

	aSWE	dSWE	FE	UE	FU	NK	PI	Schw	SE	FI	Alter	Gesch
dSWE	0.68**	1.00										
FE	0.61**	0.77**	1.00									
UE	0.56**	0.55**	0.58**	1.00								
FU	0.26*	0.44**	0.44**	0.33**	1.00							
NK	0.28**	0.33**	0.17*	0.11	0.16	1.00						
PI	0.53**	0.61**	0.58**	0.52**	0.47**	0.23**	1.00					
Schw	−0.20*	−0.13	−0.27**	−0.16	−0.14	0.05	−0.32**	1.00				
SE	−0.06	−0.07	-0.05	−0.10	0.16	0.01	−0.01	0.11	1.00			
FI	0.54**	0.70**	0.50**	0.50**	0.36**	0.14	0.60**	−0.26**	−0.07	1.00		
Alter	−0.06	−0.14	−0.14	−0.03	−0.19*	−0.10	0.01	−0.10	−0.07	−0.15	1.00	
Gesch	−0.02	0.08	−0.03	−0.07	0.03	0.06	−0.13	0.02	0.11	−0.02	−0.05	1.00
BE	−0.07	−0.14	−0.14	0.03	−0.12	−0.10	0.01	−0.12	−0.06	−0.16*	0.87**	−0.02

Maß an lernförderlichem Unterrichtsklima in ihrem Unterricht schaffen, zugleich auch das kognitive Niveau in Form des Angebots herausforderndere Lernmöglichkeiten in ihrem Unterricht positiv. Darüber hinaus nehmen sich diese Lehrkräfte auch engagierter, tatkräftiger und fitter bei der schulischen Arbeit wahr und sind häufiger glücklich in ihre Arbeit vertieft. Die beiden Subskalen der domänenspezifischen Unterrichtsqualität korrelieren signifikant positiv ($r = 0.31$, $p < 0.01$) miteinander, was für die interne Kohärenz des Konstrukts kognitive Aktivierung spricht. Folglich schaffen scheinbar Biologielehrkräfte, welche Schülervorstellungen in ihren Unterricht miteinbeziehen und damit konstruktiv arbeiten, auch häufiger herausfordernde Lernangebote. Ebenso hängen die beiden Subskalen aber auch signifikant positiv mit den Subskalen des Arbeitsengagements zusammen (vgl. Tab. 7.17). Somit sind Lehrkräfte, die einen kognitiv anspruchsvollen Unterricht schaffen, zugleich auch tatkräftiger, begeisterter sowie vertiefter in ihre Arbeit und fühlen sich demzufolge wohler bei der Arbeit. Innerhalb des Konstrukts Arbeitsengagement stehen die drei Subskalen in einem signifikant ($p < 0.01$) positiven Zusammenhang. Lehrkräfte, die voller Energie im Unterricht sind (Vitalität), finden folglich ihre Arbeit anregend und inspirierend (Hingabe) und fühlen sich zugleich glücklich, wenn sie intensiv arbeiten (Absorption).

Unter Hinzunahme der personenbezogenen Variablen zeigt sich, dass das Alter einzig mit der Subskala Vitalität des Arbeitsengagements signifikant positiv ($r = 0.31$, $p < 0.01$) zusammenhängt. Für ältere Lehrkräfte scheint es umso bedeutender zu sein, sich im Unterricht voller Energie, fit und tatkräftig zu fühlen. Die Berufserfahrung korreliert signifikant positiv mit der Klassenführung als einem Aspekt allgemeiner Unterrichtsqualität sowie mit der Skala Vitalität des Arbeitsengagements. Demzufolge schätzen Lehrkräfte mit längerer Berufserfahrung ihre Klassenführung im Unterricht höher ein und fühlen sich scheinbar vitaler und tatkräftiger bei der schulischen Arbeit. Innerhalb der personenbezogenen Variablen hängt das Alter, ähnlich wie bei der Korrelationsanalyse der motivationalen mit den personenbezogenen Variablen, stark positiv ($r = 0.93$, $p < 0.01$) mit der Berufserfahrung zusammen, was bereits erwähnt auf den beruflichen Lebenszyklus zurückzuführen ist. Die Variable Geschlecht weist keine signifikanten Zusammenhänge mit anderen Variablen auf.

Korrelation motivationaler Variablen mit Unterrichtsqualität und Wohlbefinden. Die Tabelle 7.18 zeigt eine Korrelationsmatrix der Variablen Unterrichtsqualität und arbeitsbezogenes Wohlbefinden mit den motivationalen Variablen (Selbstwirksamkeitserwartungen, Lehrerenthusiasmus, Berufswahlmotiv). Die Matrix soll als erster Indikator für mögliche Zusammenhänge dienen, die in Fragestellung 2a und 2b hypothetisch überprüft werden. Daher sind bei dieser Korrelationsanalyse besonders die Zusammenhänge zwischen den

Tabelle 7.17 Korrelationsmatrix Unterrichtsqualität und Wohlbefinden mit personenbezogenen Variablen. Dargestellt sind der Korrelationskoeffizient r sowie signifikante Ergebnisse mit * $p < 0.05$ & ** $p < 0.01$. Die selbsteingeschätzte Unterrichtsqualität gliedert sich in die Subskalen Klassenführung (CM), lernförderliches Unterrichtsklima (UL) sowie Kognitive Aktivierung (DSC = Umgang mit Schülervorstellungen, CLO = Herausfordernde Lernangebote). Das arbeitsbezogene Wohlbefinden wird durch die Subskalen des Arbeitsengagements (VI = Vitalität, DE = Hingabe, AB = Absorption) erfasst. Personenbezogene Variablen sind das Alter, Geschlecht (Gesch) und die Berufserfahrung (BE). Datengrundlage für die Unterrichtsqualität und das Wohlbefinden sind die wöchentlichen Daten und jene zum Messzeitpunkt t7 aus dem ResohlUt-Datensatz. Die personenbezogenen Variablen wurden nur zum Messzeitpunkt t0 erhoben und werden entsprechend hier verwendet (N = 111)

Variable	CM	UL	DSC	CLO	VI	DE	AB	Alter	Gesch
UL	0.20*	1.00							
DSC	−0.11	0.18	1.00						
CLO	0.06	0.21**	0.31**	1.00					
VI	0.02	0.18*	0.26**	0.27**	1.00				
DE	0.01	0.16	0.16	0.29**	0.52**	1.00			
AB	0.01	0.35**	0.22*	0.11	0.46**	0.53**	1.00		
Alter	0.14	−0.07	−0.09	0.11	0.31**	0.11	0.06	1.00	
Gesch	−0.14	0.09	0.09	0.06	−0.09	0.01	0.10	−0.04	1.00
BE	0.20*	−0.03	−0.07	0.12	0.32**	0.13	0.05	0.93**	−0.04

unabhängigen Variablen (Selbstwirksamkeitserwartungen, Lehrerenthusiasmus und Berufswahlmotiv) und den abhängigen Variablen (Unterrichtsqualität und Wohlbefinden) interessant. Die Binnenkorrelationen zwischen den motivationalen Variablen (vgl. Tab. 7.16) sowie der Unterrichtsqualität und dem arbeitsbezogenen Wohlbefinden (vgl. Tab. 7.17) wurden bereits dargelegt, weshalb im Folgenden vorrangig auf die signifikanten Ergebnisse (* $p < 0.05$, ** $p < 0.01$) im grau gefärbten Tabellenbereich eingegangen werden soll (vgl. Tab. 7.18).

Die allgemeinen Selbstwirksamkeitserwartungen hängen signifikant positiv mit dem lernförderlichen Unterrichtsklima ($r = 0.26$) als allgemeinem Aspekt von Unterrichtsqualität sowie mit allen Subskalen des Arbeitsengagements zusammen (VI, $r = 0.34$; DE, $r = 0.31$; AB, $r = 0.28$). Demzufolge schaffen selbstwirksame Biologielehrkräfte scheinbar häufiger ein lernförderliches Unterrichtsklima und fühlen sich tatkräftiger, begeisterter und glücklicher bei ihrer Arbeit und im Unterricht. Der Fachenthusiasmus korreliert einzig signifikant positiv ($r = 0.93$, $p < 0.01$) mit der Subskala herausfordernde Lernangebote als einem Teilaspekt domänenspezifischer Unterrichtsqualität. Somit schaffen Lehrkräfte, die ein hohes Interesse für das Fach Biologie mitbringen und in der Auseinandersetzung damit Freude empfinden, zugleich häufiger kognitiv herausfordernde Lerngelegenheiten in ihrem Biologieunterricht. Der Unterrichtsenthusiasmus zeigt sowohl zur Klassenführung (allgemeine UQ) als auch zur Skala herausfordernde Lernangebote (domänenspezifische UQ) einen signifikanten positiven Zusammenhang. Biologielehrkräfte, die eine hohe Freude und Begeisterung beim Unterrichten verspüren, führen ihrer Einschätzung nach die Klasse im Unterricht effektiv und schaffen scheinbar häufiger kognitiv anspruchsvolle Lerngelegenheiten. Ebenso korreliert der Unterrichtsenthusiasmus signifikant positiv mit den Subskalen Vitalität und Hingabe des Arbeitsengagements als einem positiven Indikator für das berufliche Wohlbefinden. Folglich fühlen sich enthusiastische Lehrkräfte mit der Freude am Unterrichten zugleich auch voller Energie bei der Arbeit und sind von dieser begeistert und positiv angeregt. Demnach ist die Freude und Begeisterung des Unterrichtsenthusiasmus positiv mit dem arbeitsbezogenen Wohlbefinden der Biologielehrkräfte assoziiert. Bei den Subskalen des lehramtsbezogenen Berufswahlmotivs weisen insbesondere die eher intrinsisch-orientierten Motive signifikante Korrelationen auf (vgl. Tab. 7.18). So korreliert das Motiv der Fähigkeitsüberzeugung signifikant positiv ($r = 0.26$, $p < 0.01$) mit der Klassenführung. Demzufolge weisen Lehrkräfte, die sich ursprünglich für den Lehrerberuf entschieden haben, weil sie fachliche inhalte interessant vermitteln und gut erklären können, eine höhere selbsteingeschätzte erfolgreiche Klassenführung im Unterricht auf. Das Motiv des pädagogischen Interesses hängt ebenfalls mit der Subskala Klassenführung ($r = 0.21$) der allgemeinen Unterrichtsqualität sowie mit einer Subskala des Arbeitsengagements (DE, $r = 0.30$) signifikant positiv zusammen. Somit schätzen Lehrkräfte, die den Lehrerberuf gewählt haben, weil sie gerne mit Kindern und Jugendlichen zusammenarbeiten und diese bei ihrer Entwicklung unterstützen wollten, ihre erfolgreiche Klassenführung im Unterricht höher ein und sind begeisterter bei der Arbeite und zugleich stolz auf diese. Das fachliche

Interesse korreliert hingegen nur mit der Subskala Hingabe des Arbeitsengagements signifikant positiv ($r = 0.26$, $p < 0.01$). Lehrkräfte, die den Beruf des Lehrers aus einem tiefergehenden Interesse am Fach Biologie gewählt haben, scheinen höhere Leidenschaft in ihren Beruf einzubringen als Lehrkräfte, die geringere Werte beim fachlichen Interesse verzeichnen. Bei den eher extrinsisch-orientierten Subskalen weist einzig die Skala Nützlichkeit eine signifikant negative Korrelation ($r = -0.28$, $p < 0.01$) zur Subskala Hingabe des Arbeitsengagements auf. Folglich sind Biologielehrkräfte, die sich retrospektiv wegen monetärer und vertraglicher Rahmenbedingungen für den Lehrerberuf entschieden haben, weniger begeistert und inspiriert von ihrer Arbeit. Zusammenfassend

Tabelle 7.18 Korrelationsmatrix Unterrichtsqualität und Wohlbefinden mit motivationalen Variablen (alle Subskalen). Dargestellt sind der Korrelationskoeffizient r sowie signifikante Ergebnisse mit * $p < 0.05$ & ** $p < 0.01$. Die selbsteingeschätzte Unterrichtsqualität gliedert sich in die Subskalen allgemeine Unterrichtsqualität (CM = Klassenführung, UL = lernförderliches Unterrichtsklima) sowie die domänenspezifische Unterrichtsqualität in Form der kognitiven Aktivierung (DSC = Dealing with students conceptions, CLO = Challenging learning opportunities). Das arbeitsbezogene Wohlbefinden gliedert sich in die Subskalen des Arbeitsengagements (VI = Vigour, DE = Dedication, AB = Absorption). Motivationale Variablen sind die Selbstwirksamkeit (aSWE = Allgemeine Selbstwirksamkeit, dSWE = Domänenspezifische Selbstwirksamkeit), der Lehrerenthusiasmus (FE = Fachenthusiasmus, UE = Unterrichtsenthusiasmus), und das Berufswahlmotiv (FU = Fähigkeitsüberzeugung, NK = Nützlichkeit, PI = Pädagogisches Interesse, Schw = Schwierigkeit des Lehramtsstudiums, SE = Soziale Einflüsse, FI = Fachliches Interesse). Datengrundlage für die Unterrichtsqualität und das Wohlbefinden sind die Daten zum Messzeitpunkt t7 sowie die wöchentlichen Daten aus dem ResohlUt-Datensatz. Für die motivationalen Variablen werden die Daten zum Messzeitpunkt t0 verwendet (N = 111)

	CM	UL	DSC	CLO	VI	DE	AB	aSWE	dSWE	FE	UE	FU	NK	PI	Schw	SE
UL	0.20*	1.00														
DSC	−0.11	0.18	1.00													
CLO	0.06	0.21**	0.31**	1.00												
VI	0.02	0.18	0.26**	0.27**	1.00											
DE	0.01	0.16	0.16	0.29**	0.52**	1.00										
AB	0.01	0.35**	0.22*	0.11	0.46**	0.53**	1.00									
aSWE	0.05	0.26**	0.12	0.07	0.34**	0.31**	0.28**	1.00								
dSWE	−0.02	−0.09	−0.03	0.13	0.13	0.17	−0.08	0.68**	1.00							
FE	0.10	0.06	0.16	0.24**	0.12	0.12	0.12	0.61**	0.77**	1.00						
UE	0.60**	0.17	0.07	0.24**	0.26**	0.34**	0.15	0.56**	0.55**	0.58**	1.00					
FU	0.26**	0.07	0.06	0.05	−0.06	−0.03	−0.09	0.26*	0.44**	0.44**	0.33**	1.00				
NK	−0.17	−0.12	0.01	−0.04	−0.16	−0.28**	−0.17	0.28**	0.33**	0.17*	0.11	0.16	1.00			

(Fortsetzung)

Tabelle 7.18 (Fortsetzung)

	CM	UL	DSC	CLO	VI	DE	AB	aSWE	dSWE	FE	UE	FU	NK	PI	Schw	SE
PI	0.21*	0.14	0.06	0.14	−0.03	0.30**	0.05	0.53**	0.61**	0.58**	0.52**	0.47**	0.23**	1.00		
Schw	0.08	0.06	0.01	−0.12	0.09	−0.09	0.10	−0.20*	−0.13	−0.27**	−0.16	−0.14	0.05	−0.32**	1.00	
SE	−0.01	0.17	0.06	−0.07	−0.12	−0.14	−0.12	−0.06	−0.07	−0.05	−0.10	0.16	0.01	−0.01	0.11	1.00
FI	0.07	−0.11	0.15	0.14	−0.07	0.26**	0.07	0.54**	0.70**	0.50**	0.50**	0.36**	0.14	0.60**	−0.26**	−0.07

scheinen beim lehramtsbezogenen Berufswahlmotiv vorrangig die intrinsischen Motive bedeutsam für das arbeitsbezogene Wohlbefinden der Lehrkräfte zu sein.

7.3 Hypothesenprüfende Ergebnisse

Anschließend an die deskriptiven Ergebnisse werden in diesem Abschnitt die Fragestellungen und Hypothesen überprüft. Dieses Kapitel gliedert sich anhand der Forschungsfragen in die jeweiligen Unterkapitel.

7.3.1 Das Berufswahlmotiv und die motivationale Orientierung von Biologielehrkräften

In diesem Abschnitt wird die Binnenstruktur motivationaler Orientierung in der Zusammenschau mit dem Berufswahlmotiv und den entsprechenden Forschungsfragen analysiert.

7.3.1.1 Das Berufswahlmotiv als Teilaspekt motivationaler Orientierung

Im Folgenden wird die Forschungsfrage 1a, inwiefern das lehramtsbezogene Berufswahlmotiv als ein Teil motivationaler Orientierung gesehen werden kann, untersucht. Hierbei wird ein hierarchisches Modell mit der motivationalen Orientierung (MotOr) als High-Order Faktor vorgegeben und dieses sowie die dazugehörige Hypothese mithilfe einer konfirmatorischen Faktorenanalyse überprüft. Grundlage für die Faktorenanalyse bilden die modifizierten Messmodelle der Variablen Berufswahlmotiv, Selbstwirksamkeitserwartungen und Lehrerenthusiasmus (vgl. Abschnitt 7.1). Die motivationalen Variablen Selbstwirksamkeitserwartungen und Lehrerenthusiasmus wurden bereits empirisch als Teil der motivationalen Kompetenz in Form der motivationalen Orientierung belegt (Kunter et al., 2008; Kunter, 2011, 2013; Mahler, 2017; Mahler et al., 2018).

Forschungsfrage 1a	*Inwiefern lässt sich das lehramtsbezogene Berufswahlmotiv als Teilbereich der motivationalen Orientierung von Biologielehrkräften zuordnen?*

Datengrundlage sind die Daten zum Messzeitpunkt t_0 aus dem ResohlUt-Datensatz sowie die entsprechenden Daten aus dem MotOr-Datensatz (N =

152). Als ‚High-Order Faktor' wurde der Kompetenzaspekt motivationale Orientierung festgelegt. In Abbildung 7.3 ist die hierarchische Modellannahme mit den Parameterschätzungen dargestellt. Die Fit-Indizes des Modells sind akzeptabel. Der $\chi 2$-Wert ist in Beziehung zur Anzahl der Freiheitsgrade gut. Jedoch ist der $\chi 2$-Test und damit sind die Abweichungen der Varianz-Kovarianzmatrix der empirischen Daten von der des postulierten Modells signifikant (Sedlmeier & Renkewitz, 2018). Das Modell weist hohe Faktorladungen auf den hierarchischen Faktor auf.

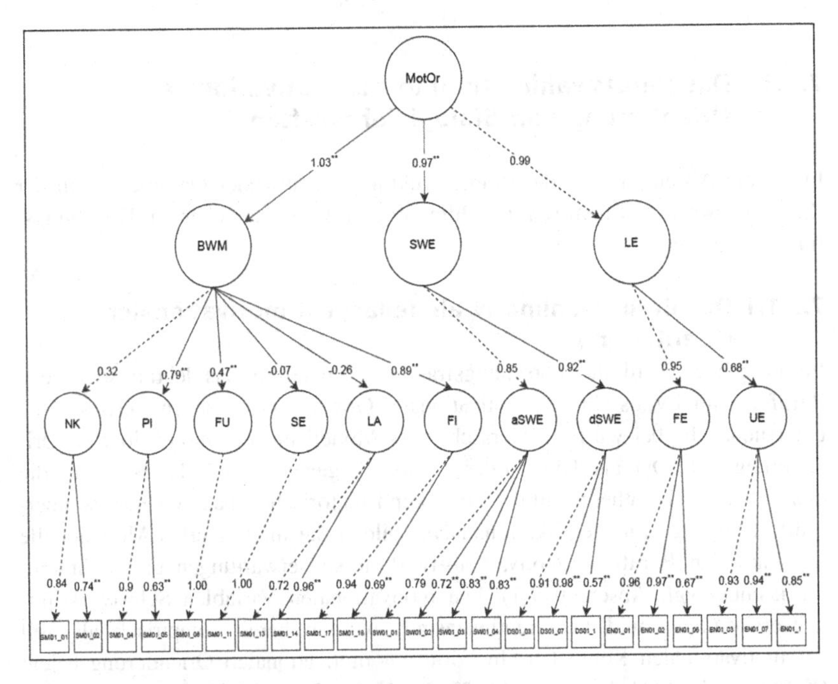

Abbildung 7.3 Strukturmodell der Forschungsfrage 1a. Abgebildet sind die standardisierten Ladungen. Signifikante Koeffizienten sind mit einem * $p < 0.05$ und ** $p < 0.01$ gekennzeichnet. Die Referenzvariablen sind durch gestrichelte Linien dargestellt. MotOr = motivationale Orientierung, BWM = Berufswahlmotiv (Subskalen: NK = Nützlichkeit, PI = pädagogisches Interesse, FU = Fähigkeitsüberzeugung, SE = Soziale Einflüsse, LA = Schwierigkeit des Lehramtstudiums, FI = fachliches Interesse), SWE = Selbstwirksamkeitserwartungen (Subskalen: aSWE = allgemeine SWE, dSWE = domänenspezifische SWE), LE = Lehrerenthusiasmus (Subskalen: FE = Fachenthusiasmus, UE = Unterrichtsenthusiasmus). Modell-Fit: $\chi 2[219] = 351.278$, $p = 0.000$, CFI = 0.95, RMSEA = 0.06, SRMR = 0.06

Dies könnte ein Indiz dafür sein, dass die motivationalen Variablen (BWM, SWE und LE) disjunktive Faktoren im Modell sind. Es wurde daher ein einfaktorielles Alternativmodell gerechnet, in dem die Faktoren- bzw. Subskalenstruktur aufgelöst wurde und die manifesten Variablen (Items) direkt auf den hierarchischen Faktor in Form der motivationalen Orientierung laden. Dieses Alternativmodell muss jedoch wegen seines unzureichenden Modell-Fits ($\chi 2[230] = 924.673$, $p = 0.000$, $CFI = 0.67$, $RMSEA = 0.14$, $SRMR = 0.09$) verworfen werden. Daher wird davon ausgegangen, dass die motivationalen Variablen eigenständige Faktoren sind. Die Faktorladung zeigt, wie gut die Ausprägung der latenten Variable durch eine andere Variable (Items oder in diesem Fall die motivationalen Variablen) erklärt werden kann (Bühner, 2011). In Anbetracht der hohen Faktorladung des lehramtsbezogenen Berufswahlmotivs ($FL = 1.03$) kann davon ausgegangen werden, dass die Hypothese H1_1 zutreffend ist. Um dies jedoch abschließend beurteilen zu können, sollen die Analyseergebnisse der Binnenstruktur motivationaler Orientierung im folgenden Kapitel hinzugezogen werden.

Hypothese H1_1	*Das Modell der motivationalen Orientierung lässt sich durch den Kompetenzbereich des lehramtsbezogenen Berufswahlmotivs erweitern.*	✓

Schließlich steht die mögliche Zuordnung des Berufswahlmotivs zum Kompetenzaspekt der motivationalen Orientierung in einem inhaltlichen und kausalen Verhältnis dazu, wie die Binnenstruktur innerhalb der motivationalen Variablen motivationaler Orientierung beschaffen ist.

7.3.1.2 Die Binnenstruktur motivationaler Orientierung

Im Folgenden wird die Forschungsfrage 1b, welche die Analyse der Binnenstruktur motivationaler Orientierung fokussiert, untersucht. Hierbei wird ein dreifaktorielles (korrelatives) Modell[6] herangezogen, welches auf Skalenebene insbesondere die Kovarianzen der drei motivationalen Variablen (BWM, SWE und LE) mithilfe einer konfirmatorischen Faktorenanalyse überprüft. Grundlage für die Faktorenanalyse bilden die modifizierten Messmodelle der Variablen Berufswahlmotiv, Selbstwirksamkeitserwartungen und Lehrerenthusiasmus (vgl. Abschnitt 7.1). Datengrundlage sind die Daten zum Messzeitpunkt t_0 aus dem ResohlUt-Datensatz sowie die entsprechenden Daten aus dem MotOr-Datensatz ($N = 152$).

[6] Die Konstrukte BWM, SWE und LE dienen hier als Primärfaktoren auf der ‚First-Order Ebene'.

Forschungsfrage 1b	*Welche Zusammenhänge bestehen zwischen dem Berufswahlmotiv und den Aspekten motivationaler Orientierung (Selbstwirksamkeitserwartung und Lehrerenthusiasmus)?*

In Abbildung 7.4 ist die Modellannahme mit den Parameterschätzungen dargestellt. Das korrelative Modell wurde latent mit allen Subskalen und Items der modifizierten Messmodelle jeder Variable (BWM, SWE und LE) gerechnet. Die Modellgüte ist erwartungsgemäß identisch mit der von Forschungsfrage 1a. Dies bekräftigt den bereits hervorgehobenen kausalen und direktionalen

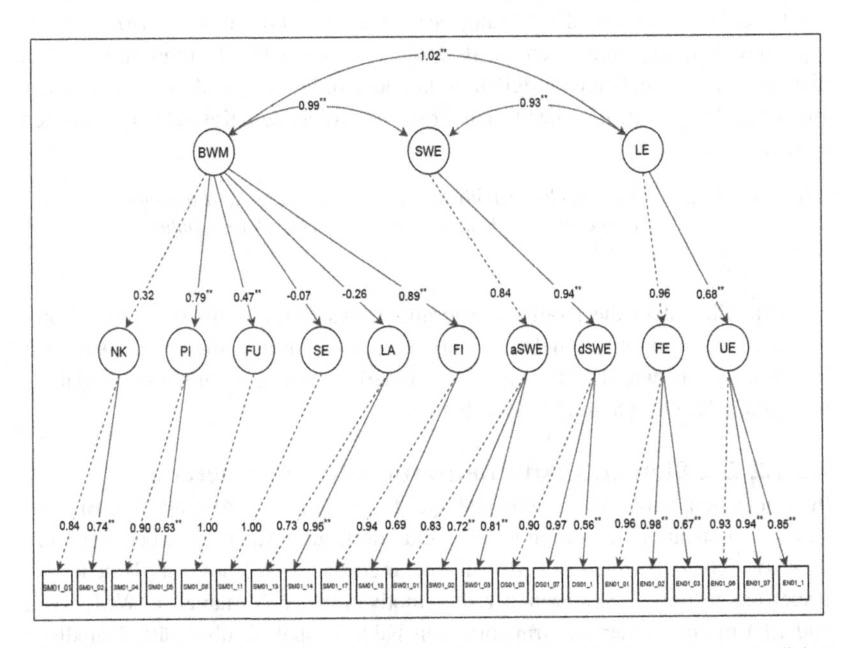

Abbildung 7.4 Strukturmodell der Forschungsfrage 1b. Abgebildet sind die standardisierten Faktorladungen und Kovarianzen. Signifikante Koeffizienten sind mit einem * $p < 0.05$ und ** $p < 0.01$ gekennzeichnet. Die Referenzvariablen sind durch gestrichelte Linien dargestellt. BWM = Berufswahlmotiv (Subskalen: NK = Nützlichkeit, PI = pädagogisches Interesse, FU = Fähigkeitsüberzeugung, SE = Soziale Einflüsse, LA = Schwierigkeit des Lehramtstudiums, FI = fachliches Interesse), SWE = Selbstwirksamkeitserwartungen (Subskalen: aSWE = allgemeine SWE, dSWE = domänenspezifische SWE), LE = Lehrerenthusiasmus (Subskalen: FE = Fachenthusiasmus, UE = Unterrichtsenthusiasmus). Modell-Fit: $\chi 2[219] = 351.278$, $p = 0.000$, CFI = 0.95, RMSEA = 0.06, SRMR = 0.06

Zusammenhang zwischen Fragestellung 1a und 1b. Der Fit kann bis auf den signifikanten $\chi 2$-Test als akzeptabel betrachtet werden. Die Kovarianzen zwischen den motivationalen Variablen sind auffällig hoch.

Zwar wurden bereits im deskriptiven Ergebnisteil signifikant positive Korrelationen zwischen den Subskalen der motivationalen Variablen festgestellt, jedoch sind diese im Vergleich nicht so hoch positiv (vgl. *Abschnitt* 7.2.2). Durch die Überprüfung eines einfaktoriellen Alternativmodells bei Fragestellung 1a kann dieses hier als Begründung der hohen Kovarianzen ausgeschlossen werden. Zur weiteren Spezifikation und Differenzierung der Modellannahme wurden die Kovarianzen auf Subskalenebene der motivationalen Variablen berechnet[7]. Neben einem leicht verbesserten Modell-Fit ($\chi 2[187] = 276.858$, $p = 0.000$, $CFI = 0.96$, $RMSEA = 0.06$, $SRMR = 0.04$) sind die Kovarianzen zwischen den Subskalen heterogener verteilt als oben auf der Konstruktebene. Überwiegend sind sie ebenfalls signifikant positiv. Eine Ausnahme bilden hier die Kovarianzen der extrinsischen Berufswahlmotive ‚soziale Einflüsse' und ‚geringe Schwierigkeit des Lehramtsstudiums' mit anderen Subskalen (vgl. elektronisches Zusatzmaterial Anhang, B 3). Zusammenfassend kann durch die überwiegend signifikant positiven Assoziationen auf Subskalenebene von einer positiven Binnenstruktur ausgegangen werden (vgl. elektronisches Zusatzmaterial Anhang, B 3).

Hypothese H1_2	*Das Berufswahlmotiv korreliert positiv mit den Selbstwirksamkeitserwartungen.*	✓
Hypothese H1_3	*Das Berufswahlmotiv korreliert positiv mit dem Enthusiasmus.*	✓
Hypothese H1_4	*Die Selbstwirksamkeitserwartungen korrelieren positiv mit dem Berufswahlmotiv.*	✓
Hypothese H1_5	*Die Selbstwirksamkeitserwartungen korrelieren positiv mit dem Enthusiasmus.*	✓
Hypothese H1_6	*Der Enthusiasmus korreliert positiv mit dem Berufswahlmotiv.*	✓
Hypothese H1_7	*Der Enthusiasmus korreliert positiv mit den Selbstwirksamkeitserwartungen.*	✓

Unter Hinzunahme der Hypothesen zeigen die Kovarianzen überwiegend erwartungskonforme und statistisch signifikante Zusammenhänge. Vor diesem Hintergrund können sowohl die Hypothese H1_1 aus dem vorherigen Kapitel sowie die Hypothesen H1_2 bis H1_7 als bestätigt gelten.

[7] Diese CFA-Berechnung erfolgte in einem eigenen korrelativen Modell bei dem die Subskalen der Konstrukte BWM, SWE und LE als Primärfaktoren auf der ‚First-Order Ebene' dienten.

7.3.2 Der Einfluss des Berufswahlmotivs und der motivationalen Orientierung auf die Unterrichtsqualität und das Wohlbefinden von Biologielehrkräften

Im Folgenden wird in einem ersten Schritt überprüft, inwiefern das lehramtsbezogene Berufswahlmotiv einen Einfluss (direkte Effekte) auf die Unterrichtsqualität und das Wohlbefinden von Biologielehrkräften hat (Fragestellung 2a). Darauf aufbauend wird in einem zweiten Schritt getestet, ob ein mediierter Einfluss (indirekte Effekte) des Berufswahlmotivs auf die abhängigen Variablen besteht (Fragestellung 2b). Beide Fragestellungen werden in einem Mediationsmodell mithilfe einer latenten Strukturgleichungsanalyse ausgewertet, jedoch im Folgenden getrennt zu den Fragestellungen nach direkten und indirekten Effekten (grafisch) dargestellt. Die Grundlage für die Strukturgleichungsanalyse bilden die modifizierten Messmodelle der Variablen aus Abschnitt 7.1. Die Datengrundlage für die Strukturgleichungsanalyse sind entsprechend der Annahme eines Trait-Modells für die endogenen Variablen (UQ und WB) die Daten zum Messzeitpunkt t_7 sowie die wöchentlichen Daten (t_1 -t_6) aus dem ResohlUt-Datensatz. Für die exogenen Variablen (BWM, SWE und LE) werden die ResohlUt-Daten zum Messzeitpunkt t_0 verwendet ($N = 111$).

Forschungsfrage 2a	*Welchen Einfluss hat das lehramtsbezogene Berufswahlmotiv auf die Unterrichtsqualität und das Wohlbefinden der Biologielehrkräfte?*

In Abbildung 7.5 ist die Modellannahme mit den Parameterschätzungen für die Forschungsfrage 2a dargestellt. Zu sehen sind die direkten Effekte. Die Modellgüte ist unzureichend ($\chi 2[1] = 14.514, p = 0.000, CFI = 0.79, RMSEA = 0.33, SRMR = 0.08$), sodass die Modellannahme verworfen werden muss. Insgesamt sind die Pfadkoeffizienten niedrig und kaum signifikant. Eine Ausnahme sind die direkten Effekte des Lehrerenthusiasmus auf die endogenen Variablen. Bezugnehmend auf die Fragstellung 2a ist nur ein signifikant negativer Effekt des BWM auf das Wohlbefinden festzustellen, auch wenn die Koeffizienten durch den inakzeptablen Modell-Fit nicht interpretierbar sind.

Forschungsfrage 2b	*Inwiefern wird der Einfluss des retrospektiven Berufswahlmotivs durch die motivationale Orientierung (Selbstwirksamkeitserwartungen und Lehrerenthusiasmus) mediiert?*

Da nur ein negativer direkter Effekt des Berufswahlmotivs auf das Wohlbefinden, jedoch nicht auf die Unterrichtsqualität festzustellen ist, soll überprüft

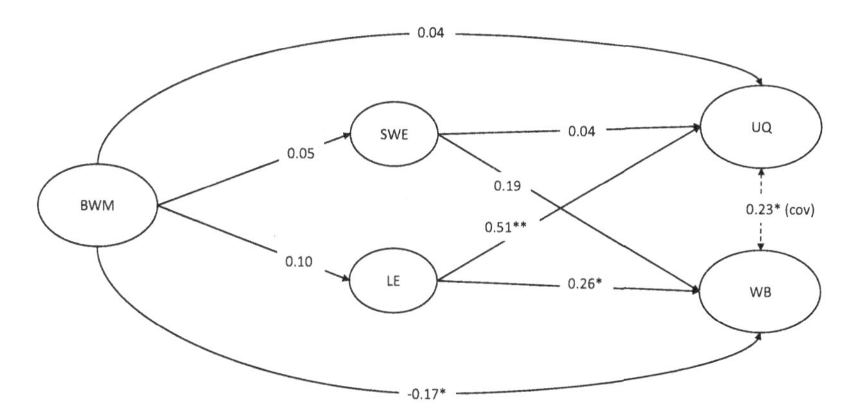

Abbildung 7.5 Strukturmodell der Forschungsfrage 2a. Abgebildet sind die standardisierten Pfadkoeffizienten der direkten Effekte sowie die Kovarianz (gestrichelte Linie). Signifikante Koeffizienten sind mit einem * $p < 0.05$ und ** $p < 0.01$ gekennzeichnet. BWM = Berufswahlmotiv, SWE = Selbstwirksamkeitserwartungen, LE = Lehrerenthusiasmus, UQ = Unterrichtsqualität, WB = Wohlbefinden. Modell-Fit: $\chi 2[1] = 14.514$, $p = 0.000$, CFI = 0.79, RMSEA = 0.33, SRMR = 0.08

werden, ob indirekte Effekte, durch die Mediatoren Selbstwirksamkeitserwartungen und Lehrerenthusiasmus, auf die endogenen Variablen zu verzeichnen sind. In Abbildung 7.6 ist die Modellannahme mit den Parameterschätzungen für die Forschungsfrage 2b dargestellt. Zu sehen sind die indirekten Effekte.

Die Modellgüte ist weiterhin unzureichend ($\chi 2[1] = 14.514$, $p = 0.000$, *CFI = 0.79, RMSEA = 0.33, SRMR = 0.08*), sodass die Modellannahme verworfen werden muss. Insgesamt sind auch die Pfadkoeffizienten der indirekten Effekte niedrig und nicht signifikant. Demnach sind vor dem Hintergrund der Fragestellung 2b keine Mediationseffekte auf die endogenen Variablen erkennbar, auch wenn die Koeffizienten durch den inakzeptablen Modell-Fit nicht interpretierbar sind.

Da sowohl die Überprüfung der direkten Effekte des Berufswahlmotivs (Fragestellung 2a, vgl. Abb. 7.5) als auch der indirekten Effekte (Fragestellung 2b, vgl. Abb. 7.6) mittels einer latenten Strukturgleichungsanalyse keine akzeptable Modellgüte aufweiste, sollen die Fragestellungen mithilfe einer multiplen Regression sowie eines Sobel-Tests erneut überprüft. Die Ergebnisse der direkten und indirekten Effekte (Mediationen), die Modellgüte sowie der Sobel-Test

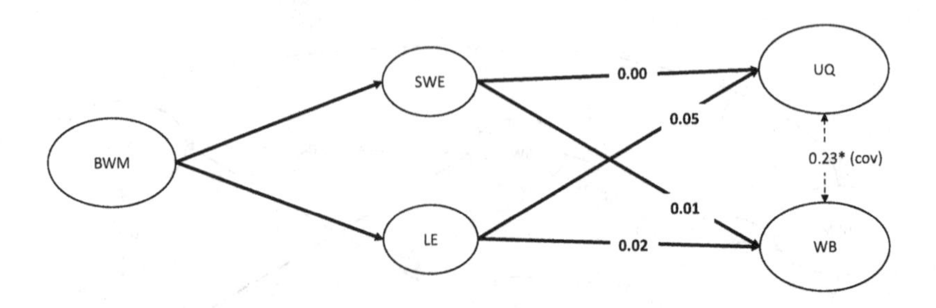

Abbildung 7.6 Strukturmodell der Forschungsfrage 2b. Abgebildet sind die standardisierten Pfadkoeffizienten der indirekten Effekte sowie die Kovarianz (gestrichelte Linie). Signifikante Koeffizienten sind mit einem * $p < 0.05$ und ** $p < 0.01$ gekennzeichnet. BWM = Berufswahlmotiv, SWE = Selbstwirksamkeitserwartungen, LE = Lehrerenthusiasmus, UQ = Unterrichtsqualität, WB = Wohlbefinden. Modell-Fit: $\chi 2[1] = 14.514$, $p = 0.000$, CFI = 0.79, RMSEA = 0.33, SRMR = 0.08

sind in Tabelle 7.19 für die Unterrichtsqualität und in Tabelle 7.20 für das arbeitsbezogene Wohlbefinden zusammengefasst.

Tabelle 7.19 Multiple Regression mit Mediationsanalyse Unterrichtsqualität Dargestellt sind die Regressionskoeffizienten der direkten und indirekten Effekte (Mediation), die Standardfehler, die Modellgüte (F-Statistik, Determinationskoeffizient R^2 und Effektstärke f) sowie der Sobel-Test (z-Wert und kritischer Signifikanzschwellenwert > 1.96). Signifikante Koeffizienten sind mit * $p < 0.05$, ** $p < 0.01$, *** $p < 0.001$ gekennzeichnet. BWM = Berufswahlmotiv, SWE = Selbstwirksamkeitserwartungen, LE = Lehrerenthusiasmus

Variable (Effekt)		Unstandardisiert β	Standardisiert β	Standardfehler
Unterrichtsqualität				
Konstante a		2.28**	0.04	0.78
BWM	(direkter Effekt)	0.12	0.09	0.13
SWE	(direkter Effekt)	0.30	0.21	0.13
SWE	(Mediatoreffekt)	0.03	0.02	0.03
LE	(direkter Effekt)	0.50	0.51***	0.09
LE	(Mediatoreffekt)	0.09	0.07	0.07

Modellgüte		Mediator SWE	Mediator LE
N		111	111
F [*df*]		3.11 [2.95]	18.22 [2.95]
R^2		0.06	0.28
korrigiertes R^2		0.04	0.26
Effektstärke *f*	[> 0.40]	0.26	0.62
Sobel-Test		Mediator SWE	Mediator LE
N		111	111
z		0.86	1.31
Signifikanz		> 1.96	> 1.96

Die multiple Regression mit Mediationsanalyse sowie der Sobel-Test wurden ebenfalls mit Hilfe der Statistiksoftware R und den R-Zusatzpaketen ‚lavaan', ‚mediation' und ‚multilevel' durchgeführt. Die Überprüfung der direkten Effekte des Berufswahlmotivs (Fragestellung 2a) mittels multipler Regression zeigt keinen signifikanten Einfluss auf die Unterrichtsqualität (vgl. Tab. 7.19) und das Wohlbefinden (vgl. Tab. 7.20). Sowohl die Ergebnisse der latenten Strukturgleichungsanalyse, deren Koeffizienten durch den unzureichenden Modell-Fit zwar nur sehr eingeschränkt herangezogen werden können, als auch die der multiplen Regressionen zeigen keine direkten signifikanten Effekte des BWM auf die Kriteriumsvariablen UQ und WB. Daher werden sowohl die Hypothese H2_1 als auch die Hypothese H2_2 nicht bestätigt. Ferner zeigt die Mediationsanalyse (Fragestellung 2b) per multipler Regression und die Signifikanzprüfung durch einen Sobel-Test keine signifikanten Mediationseffekte.

Modellgüte		Mediator SWE	Mediator LE
N		111	111
F [*df*]		5.49 [2.95]	5.65 [2.95]
R^2		0.10	0.11
korrigiertes R^2		0.09	0.09
Effektstärke *f*	[> 0.40]	0.34	0.35
Sobel-Test		Mediator SWE	Mediator LE
N		111	111
z		0.89	1.23
Signifikanz		> 1.96	> 1.96

Tabelle 7.20 Multiple Regression mit Mediationsanalyse Wohlbefinden. Dargestellt sind die Regressionskoeffizienten der direkten und indirekten Effekte (Mediation), die Standardfehler, die Modellgüte (F-Statistik, Determinationskoeffizient R^2 und Effektstärke f) sowie der Sobel-Test (z-Wert und kritischer Signifikanzschwellenwert > 1.96). Signifikante Koeffizienten sind mit * $p < 0.05$, ** $p < 0.01$, *** $p < 0.001$ gekennzeichnet. BWM = Berufswahlmotiv, SWE = Selbstwirksamkeitserwartungen, LE = Lehrerenthusiasmus

Variable (Effekt)		Unstandardisiert β	Standardisiert β	Standardfehler
Wohlbefinden				
Konstante a		2.31**	−0.04	0.73
BWM	(direkter Effekt)	−0.18	−0.15	0.12
SWE	(direkter Effekt)	0.38**	0.29**	0.12
SWE	(Mediatoreffekt)	0.04	0.03	0.04
LE	(direkter Effekt)	0.28**	0.30**	0.09
LE	(Mediatoreffekt)	0.05	0.04	0.04

Tabelle 7.21 Modellgüte multiple Regression Alternativmodell gleichwertige Prädiktoren. Aufgeführt sind die F-Statistik, Determinationskoeffizient R^2, Effektstärke f und statistische Post-Hoc-Power

Modellgüte		Unterrichtsqualität (UQ)	Wohlbefinden (WB)
N		111	111
F [df]		13.16 [94]***	5.55 [94]**
R^2		0.30	0.15
korrigiertes R^2		0.27	0.12
Effektstärke f	[> 0.40]	0.61	0.37
Post-Hoc-Power (1-β)	[> 0.90]	0.99	0.91

Hypothese H2_1	*Das Berufswahlmotiv beeinflusst die Unterrichtsqualität positiv.*	✗
Hypothese H2_2	*Das Berufswahlmotiv beeinflusst das arbeitsbezogene Wohlbefinden positiv.*	✗

Damit können auch keine indirekten Effekte des Berufswahlmotivs, vermittelt durch die Selbstwirksamkeitserwartungen und den Lehrerenthusiasmus, auf die Unterrichtsqualität und das Wohlbefinden von Biologielehrkräften nachgewiesen werden (vgl. Tab. 7.19 und 7.20). Infolgedessen müssen die Hypothesen H2_3 bis H2_6 verworfen werden.

Hypothese H2_3	*Der Einfluss des Berufswahlmotivs auf die Unterrichtsqualität wird durch die Selbstwirksamkeitserwartungen mediiert.*	✗
Hypothese H2_4	*Der Einfluss des Berufswahlmotivs auf die Unterrichtsqualität wird durch den Enthusiasmus mediiert.*	✗
Hypothese H2_5	*Der Einfluss des Berufswahlmotivs auf das arbeitsbezogene Wohlbefinden wird durch die Selbstwirksamkeitserwartungen mediiert.*	✗
Hypothese H2_6	*Der Einfluss des Berufswahlmotivs auf das arbeitsbezogene Wohlbefinden wird durch den Enthusiasmus mediiert.*	✗

Die Auswertung des Mediationsmodells von Fragestellung 2a und 2b mittels multipler Regression zeigt auch signifikante direkte Effekte der Selbstwirksamkeitserwartungen und des Lehrerenthusiuasmus auf die abhängigen Variablen.

Hypothese H2_7	*Die Selbstwirksamkeitserwartungen beeinflussen die Unterrichtsqualität positiv.*	✗
Hypothese H2_8	*Die Selbstwirksamkeitserwartungen beeinflussen das arbeitsbezogene Wohlbefinden positiv.*	✓
Hypothese H2_9	*Der Enthusiasmus beeinflusst die Unterrichtsqualität positiv.*	✓
Hypothese H2_10	*Der Enthusiasmus beeinflusst das arbeitsbezogene Wohlbefinden positiv.*	✓

So wird die Unterrichtsqualität durch den Lehrerenthusiasmus positiv beeinflusst ($\beta = 0.51$, $p < 0.001$), wohingegen für die Selbstwirksamkeitserwartungen keine signifikanten Effekte zu verzeichnen sind (vgl. Tab. 7.19). Folglich kann die Hypothese H2_9 als bestätigt und die Hypothese H2_7 als abgelehnt gelten. Das Wohlbefinden wird sowohl durch den Lehrer-enthusiasmus ($\beta = 0.30$, $p < 0.01$) als auch die Selbstwirksamkeitserwartungen ($\beta = 0.29$, $p < 0.01$) positiv beeinflusst (vgl. Tab. 7.20). Damit können die Hypothesen H2_10 und H2_8 bestätigt werden.

Hypothese H2_11	*Die Unterrichtsqualität und das arbeitsbezogene Wohlbefinden stehen in einem positiven Zusammenhang.*	✓

Die Korrelationsanalysen in Abschnitt 7.2.2 sowie die Kovarianzanalyse innerhalb des oben genannten Strukturgleichungsmodells weisen auf einen positiven linearen Zusammenhang zwischen der UQ und dem WB hin und die Hypothese H2_11 kann als bestätigt gelten. Vor dem Hintergrund, dass zwar keine mediierten

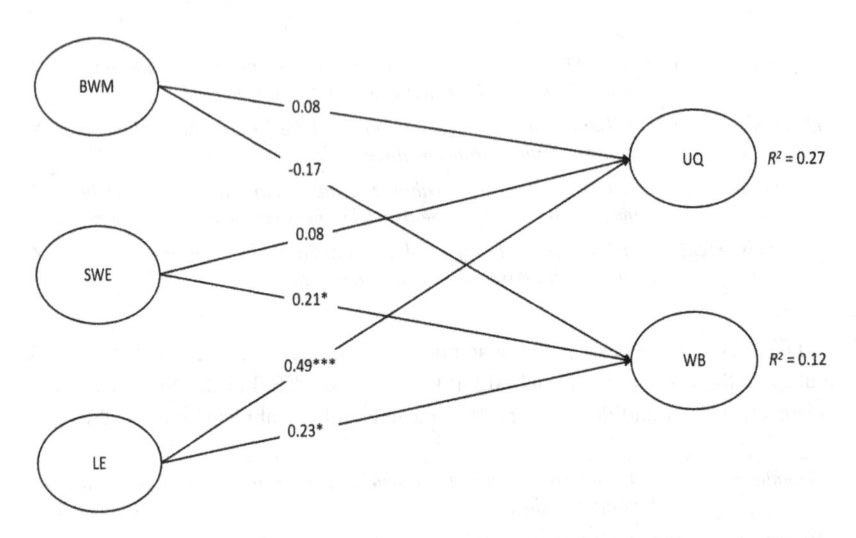

Abbildung 7.7 Ergebnisse der multiplen Regression. Abgebildet sind die standardisierten Regressionskoeffizienten sowie die Determinationskoeffizienten R^2. Signifikante Koeffizienten sind mit * $p < 0.05$, ** $p < 0.01$, *** $p < 0.001$ gekennzeichnet. BWM = Berufswahlmotiv, SWE = Selbstwirksamkeitserwartungen, LE = Lehrerenthusiasmus, UQ = Unterrichtsqualität, WB = Wohlbefinden

Effekte des Berufswahlmotivs, dafür aber direkte Effekte der Selbstwirksamkeitserwartungen und des Lehrerenthusiasmus auf die abhängigen Variablen (UQ und WB) festgestellt werden konnten, liegt es nahe ein Alternativmodell zu prüfen, welches die motivationalen Variablen (BWM, SWE und LE) als gleichwertige Prädiktoren auffasst.

Alternativmodell gleichwertige Prädiktoren. In einer weiteren multiplen Regression in zwei Teilschritten (Schritt 1: AV = UQ, Schritt 2: AV = WB) wurde ein solches Alternativmodell überprüft. Die Ergebnisse sind in Abbildung 7.7 zusammengeführt. Die multiple Regression wurde ebenfalls mithilfe der Statistiksoftware R und den R-Zusatzpaketen ‚lavaan' durchgeführt. Das Teilmodell mit der Unterrichtsqualität als Kriteriumsvariable hat mit einem $R^2 = 0.30$ (korrigiertes $R^2 = 0.27$) eine hohe Anpassungsgüte (Cohen, 1988). Zugleich wird die Gesamtstreuung der Unterrichtsqualität durch die motivationalen Variablen zu 27 % erklärt. Die Effektstärke von $f = 0.61$ entspricht einem starken Effekt und die statistische Post-Hoc-Power ist mit über 0.99 sehr gut (Cohen, 1988). Jedoch sagt einzig der Prädiktor Lehrerenthusiasmus statistisch signifikant das Kriterium

Unterrichtsqualität voraus (*F [94]* = 13.16, $p < 0.001$). Steigt der Lehrerenthusiasmus um 1.00, so steigt die Unterrichtsqualität um 0.49. Das Teilmodell mit dem arbeitsbezogenen Wohlbefinden als Kriteriumsvariable hat mit einem R^2 = 0.15 (korrigiertes R^2 = 0.12) eine mittlere Anpassungsgüte (Cohen, 1988).

Zugleich wird die Gesamtstreuung des arbeitsbezogenen Wohlbefindens durch die motivationalen Variablen zu 12 % erklärt. Die Effektstärke von $f = 0.37$ entspricht einem moderaten Effekt und die statistische Post-Hoc-Power ist mit > 0.90 gut (Cohen, 1988). Jedoch sagen nur die Prädiktoren Selbstwirksamkeitserwartungen und Lehrerenthusiasmus statistisch signifikant das Kriterium arbeitsbezogenes Wohlbefinden voraus (*F [94]* = 5.55, $p < 0.01$).

Steigt der Lehrerenthusiasmus um 1.00, steigt das arbeitsbezogene Wohlbefinden um 0.23, wohingegen das arbeitsbezogene Wohlbefinden um 0.21 steigt, wenn die Selbstwirksamkeitserwartungen um 1.00 steigen. Die Ergebnisse bekräftigen die Annahme, dass weniger eine Mediation durch SWE und LE vorliegt, sondern diese vielmehr als eigenständige Prädiktoren auf die abhängigen Variablen (UQ und WB) einwirken.

8 Diskussion der Ergebnisse

Diese Forschungsarbeit zielte darauf ab, den Einfluss motivationaler Orientierung auf das arbeitsbezogene Wohlbefinden und die selbsteingeschätzte Unterrichtsqualität von Biologielehrkräften zu untersuchen. Ein Fokus lag hierbei auf der Untersuchung der Wirkungsweise des lehramtsbezogenen Berufswahlmotives in seiner retrospektiven Konsistenz als eine motivationale Variable sowie im Zusammenspiel mit weiteren motivationalen Faktoren (SWE und LE). Vor dem Hintergrund eines prosperierenden Forschungskorpus zu professionellen Kompetenzen von Lehrkräften versucht diese Studie für den Kompetenzaspekt der motivationalen Orientierung einen Erkenntnisgewinn für die zukünftige Forschung sowie die schulische Praxis zu leisten. Insbesondere für die in diesem Bereich noch wenig erforschte Population der Biologielehrkräfte liefert diese Arbeit einen Ausgangspunkt für zukünftige biologiedidaktische Lehrerkompetenz- und Unterrichtsforschung.

In dem folgenden Abschnitt werden zunächst die Ergebnisse zusammenfassend dargestellt und erörtert (Abschnitt 8.1). Darauf aufbauend wird die Bedeutung motivationaler Kompetenzen für die eigene psychische Gesundheit am Arbeitsplatz Schule sowie das unterrichtliche Handeln und dessen Erfolg herausgearbeitet und mögliche Förderansätze aufgezeigt (Abschnitt 8.2). Im anschließenden Kapitel sollen potentielle Limitationen der Studie sowohl auf methodischer als auch auf inhaltlicher Ebene benannt werden (Abschnitt 8.3). Zuletzt werden anhand der Studienergebnisse Implikationen für die Forschungs- und Unterrichtspraxis sowie die (Biologie-)Lehrerbildung abgeleitet und dargelegt (Abschnitt 8.4).

M. Milius, *Professionelle Kompetenz von Biologielehrkräften*,
https://doi.org/10.1007/978-3-658-37590-4_8

8.1 Zusammenfassung der Ergebnisse

Die detaillierte und wertneutrale Überprüfung der Forschungsfragen und deren Hypothesen erfolgte im Ergebnisteil. An dieser Stelle sollen die Erkenntnisse der deskriptiven Analysen sowie die Ergebnisse der drei Forschungsfragen inhaltlich zusammengeführt und in der Synopse mit anderen Studienergebnissen diskursiv interpretiert werden.

Ergebnisdiskussion Forschungsfrage 1a und 1b. Forschungsfrage 1a und 1b fokussierten das lehramtsbezogene Berufswahlmotiv als eine motivationale Kompetenz und überprüften, inwiefern dieses Konstrukt als Teilaspekt motivationaler Orientierung gelten kann und in welchem Zusammenhang dieses mit anderen motivationalen Variablen (SWE und LE) steht. Die Ergebnisse der Korrelationsanalysen belegen insbesondere einen signifikant positiven Zusammenhang zwischen den eher intrinsisch-orientierten BWM (Fähigkeitsüberzeugung, pädagogisches Interesse und fachliches Interesse) und den Subskalen der SWE und des LE (vgl. Abschnitt 7.2.2). Ein solcher Wirkungszusammenhang ist erwartungskonform, da beispielsweise Skalen wie das fachliche Interesse (BWM) eine inhaltliche Kohärenz zur Skala domänenspezifischer SWE oder des Fachenthusiasmus aufzeigen. Es ist auffällig, dass das extrinsische Motiv der Nützlichkeit ebenfalls signifikant positiv mit den Subskalen der SWE und des LE korreliert. Die Skala Nützlichkeit bildet in erster Linie die vergleichsweise gute Vereinbarkeit von Familie und Beruf sowie die monetären Anreize des Lehrerberufs ab. Wenn davon ausgegangen wird, dass intrinsische Motive eher zu einer Verstärkung motivationaler Variablen (z. B. höhere SWE) und extrinsische Motive zum Gegenteil beitragen (Cramer, 2012; Pohlmann & Möller, 2010; Schüle et al., 2014), ist dieser Zusammenhang interessant. Denn im Gegensatz zum extrinsischen Motiv Nützlichkeit zeigt das extrinsische Motiv geringe Schwierigkeit des LA-Studiums erwartungskonform signifikant negative Zusammenhänge zu den SWE und dem Fachenthusiasmus (vgl. Tab. 7.16) und bestätigt damit die theoretischen Annahmen sowie Erkenntnisse anderer Studien (Cramer, 2012; Pohlmann & Möller, 2010; Schüle et al., 2014). Der signifikante Befund zur Nützlichkeit spricht dafür, dass die Entscheidung Lehrkraft zu werden, aus nützlichen Gründen heraus keine negative Assoziation mit anderen motivationalen Kompetenzen hat. Betrachtet man neben den Zusammenhängen zu motivationalen Variablen auch die zur UQ und dem arbeitsbezogenen WB, so zeigt sich, dass die Nützlichkeit erwartungskonform signifikant negativ mit diesen Konstrukten korreliert (vgl. Tab. 7.18). Hier scheint sich die Grundannahme zum Einfluss intrinsischer und extrinsischer Motive zu bestätigen. Anhand der korrelativen Ergebnisse ist es plausibel, dass auch die konfirmatorischen Faktorenanalysen signifikant positive Kovarianzen (Forschungsfrage 1b, vgl. Abb. 7.4) zwischen den motivationalen Variablen und eine hohe Faktorladung des BWM auf den hierarchischen Faktor motivationale Orientierung (Forschungsfrage 1a, vgl. Abb. 7.3) aufzeigen, wobei für letzteres sehr hohe Faktorladungen zu verzeichnen sind ($FL > 1.00$). Mögliche Alternativen in Form eines einfaktoriellen Modells wurden bereits überprüft und wegen unzureichender Modellgüte verworfen. Faktorladungen geben ähnlich einem Regressionskoeffizienten an, inwiefern sich die latente Variable bei Änderung der Itemvariable verändert (Gäde et al., 2020). Demnach stellt die Höhe der Faktorladung einen spezifischen Eigenwert jeder Messung dar und „hängt zusätzlich von der Skalierung der Messinstrumente (Items) ab" (Gäde et al., 2020, S. 623). Infolgedessen sind auch Faktorladungen größer eins möglich und zulässig. Zusammenfassend lässt sich das lehramtsbezogene BWM prinzipiell nicht nur aus dem theoretischen Grund, dass es eine motivationsbezogene, persistente Zielorientierung (bezogen auf die Ausübung des Lehrerberufs) ist, sondern auch aus empirischen Gründen als Teilaspekt der motivationalen Orientierung zuordnen.

Ergebnisdiskussion Forschungsfrage 2a und 2b. Forschungsfrage 2a zielte auf den direkten Einfluss des BWM auf die UQ und das WB ab, wohingegen die Forschungsfrage 2b die indirekten Effekte des BWM, mediiert durch die SWE und den LE, überprüfte. Sowohl die hypothesenprüfenden Analysen per Strukturgleichungsmodell[1] als auch per multipler Regression zeigen keine signifikanten direkten Effekte des BWM auf die UQ und das WB. Hypothetisch wurde von einem positiven Effekt auf die abhängigen Variablen ausgegangen. Dieses Ergebnis steht auch nicht in einer Reihe mit den empirischen Befunden anderer Studien zur Wirkung des BWM auf das studienbezogene Wohlbefinden (Künsting & Lipowsky, 2011) und Arbeitsengagement[2] (Pohlmann & Möller, 2010). Einschränkend muss jedoch erwähnt werden, dass die Stichprobe beider zitierten Studien Lehramtsstudierende waren, wohingegen die hiesige Studie berufstätige Biologielehrkräfte befragte. Diese Tatsache würde dafürsprechen, dass das BWM durch seine retrospektive Konstitution bei praktizierenden Lehrkräften und dem damit einhergehenden zeitlichen Abstand zur Entscheidung für den Lehrerberuf an Einfluss verliert. Paulick et al. (2013) haben zwar in einer Studie mit über 206 berufstätigen Lehrkräften noch signifikante Effekte des retrospektiven BWM auf Leistungsziele und Unterrichtspraktiken feststellen können, jedoch kann diese Langzeitwirkung des BWM in dieser Studie nicht repliziert werden. Folglich

[1] Die Modellgüte der Strukturgleichungsanalyse ist unzureichend und daher sind die Ergebnisse nur eingeschränkt interpretierbar.

[2] In dieser Studie als positiver Indikator des arbeitsbezogenen Wohlbefindens klassifiziert.

mussten auch die entsprechenden Hypothesen H2_1 und H2_2 verworfen werden. Die Überprüfung möglicher Mediationseffekte (Mediator 1 = SWE, Mediator 2 = LE) zeigt bei beiden Mediatoren keine signifikanten Ergebnisse (vgl. Abschnitt 7.3.2), obwohl bereits vergleichbare Studien mit Lehramtsstudierenden zum BWM zumindest einen Mediationseffekt der SWE auf das Belastungserleben und damit indirekt auf das arbeitsbezogene WB nachgewiesen haben (Schüle et al., 2014). Ein solcher Mediationseffekt lässt sich jedoch in dieser Studie mit berufstätigen Biologielehrkräften nicht replizieren. Infolgedessen mussten auch die Hypothesen H2_3 bis H2_6 verworfen werden.

Das Berufswahlmotiv und der Kompetenzaspekt motivationaler Orientierung. In Anbetracht der Ergebnisse von Forschungsfrage 2a und 2b ist es fraglich, inwiefern es empirisch und theoretisch sinnvoll erscheint, das lehramtsbezogene BWM in den motivationalen Kompetenzkanon der motivationalen Orientierung aufzunehmen. Zwar belegen die empirischen Ergebnisse der Fragestellung 1a und 1b eine solche theoretische Erweiterung des Modells motivationaler Orientierung, wenn dieses Konstrukt jedoch bei praktizierenden Biologielehrkräften keine signifikante Wirkung entfaltet, erscheint es wenig substantiiert, das Modell zu erweitern. Nichtsdestotrotz ist vor diesem Hintergrund interessant, dass das BWM über eine zeitlich begrenzte Wirkungsdauer verfügt und hier eine scheinbare Diskrepanz zwischen den Effekten des BWM bei Lehramtsstudierenden und berufstätigen Lehrkräften auftritt. Wie die Studien von Künsting und Lipowsky (2011), Schüle et al. (2014), Pohlmann und Möller (2010), Cramer (2012) und König und Rothland (2012) belegen, spielt das BWM während des Lehramtsstudiums eine nicht unerhebliche Rolle für die Leistung und das Belastungserleben, wohingegen die vorliegende Studie bei berufstätigen Biologielehrkräften eben keine solche Effekte aufweisen kann. Die Effekte bei Lehramtsstudierenden sind möglicherweise darauf zurückzuführen, dass der Berufswahlprozess, im Gegensatz zu praktizierenden Lehrkräften, noch nicht vollständig vollzogen ist. Dies würde auch begründen, warum sich manche Lehramtsstudierende während oder nach dem Studium noch für einen anderen Beruf entscheiden (z. B. Anstreben einer wissenschaftlichen Karriere). Es ist daher von wissenschaftlicher Relevanz, die Wirkungsdauer und den Konstituierungsprozess des BWM genauer zu untersuchen und vor diesem Hintergrund womöglich auch ein differenziertes Lehrerkompetenzmodell von der ersten bis zur dritten Phase der Lehrerbildung zu diskutieren (vgl. Abschnitt 8.4.1).

Alternativmodell motivationale Variablen als gleichwertige Prädiktoren. Vor dem Hintergrund der Ergebnisse zu Forschungsfrage 2a und 2b wurde ein Alternativmodell gerechnet, das die Mediatorstruktur aufhebt und die motivationalen Variablen (BWM, SWE und LE) als gleichwertige Prädiktoren gegenüber der

UQ und dem arbeitsbezogenen WB auftreten lässt. Die Ergebnisse der multiplen Regression zeigen, dass das BWM auch in dieser Konstellation keine signifikanten Effekte auf die UQ und das WB hat. Dieses Ergebnis ist in Anbetracht der oben aufgeführten Ergebnisse zum Mediationsmodell erwartungskonform. Die SWE weisen nur einen signifikant positiven Einfluss auf das WB auf. Der Effekt auf die UQ ist nicht signifikant. Letzteres widerspricht empirischen Befunden diverser Studien, die einen signifikant positiven Einfluss der SWE auf die UQ nachgewiesen haben (Guskey, 1988; Holzberger et al., 2013, 2014; Künsting et al., 2016; Tschannen-Munoran & Hoy, 2001). Mit Blick auf die korrelativen Analysen dieser Studie zeigt sich, dass die allgemeinen SWE nur mit der Subskala lernförderliches Unterrichtsklima (allgemeine UQ) signifikant positiv korrelieren. Wohingegen die domänenspezifischen SWE nicht signifikant mit den Dimensionen der UQ korrelieren. Aus einer theoretischen Perspektive sind die hier nicht signifikanten Effekte der SWE auf die UQ nicht erklärbar und womöglich auf eine Inkonsistenz in der Datengrundlage dieser Studie zurückzuführen. Möglicherweise ist dieser nicht nachweisbare Effekt durch die unzureichende Anpassungsgüte insbesondere der domänenspezifischen Messmodelle der SWE und der UQ und den damit einhergehenden Modifikationen der Messmodelle begründet (vgl. Abschnitt 7.1). Alternativ ist dies auf studienbezogene Merkmale in der Datengrundlage (z. B. zu geringe Stichprobengröße) zurückzuführen. Die Ergebnisse zum LE zeigen, dass sowohl die UQ als auch das WB signifikant positiv durch den LE vorhergesagt werden. Diese Ergebnisse sind erwartungskonform und stehen in einer Reihe mit vergleichbaren empirischen Befunden anderer Studien zur Wirkung des LE auf die UQ (Bleck, 2019; Holzberger et al., 2016; Kunter et al., 2008; Praetorius et al., 2017) und das WB (Bleck, 2019; Kunter, Frenzel et al., 2011). Gedeckt wird dieser signifikante Effekt des LE auch durch die studieneigenen Korrelationsanalysen. Hier korreliert insbesondere der klassenbezogene Unterrichtsenthusiasmus mit fast allen Subskalen der UQ sowie mit allen Subskalen des Arbeitsengagements als positiver Indikator des WB signifikant positiv (vgl. Abschnitt 7.2.2). Der Fachenthusiasmus korreliert hingegen nur signifikant positiv mit einer Subskala der kognitiven Aktivierung ($r = 0.28$, $p < 0.01$). Dies bekräftigt die Bedeutung der Skala Unterrichtsenthusiasmus innerhalb des Konstrukts des LE.

Zusammenhang von Unterrichtsqualität und Wohlbefinden. Mit Hypothese H2_11 wurde überprüft, ob die UQ und das WB eine positive Zusammenhangsstruktur aufweisen. Aus einer theoretischen Perspektive wird angenommen, dass sich ein hohes arbeitsbezogenes WB positiv auf die UQ auswirkt und umgekehrt. Ebenso würde sich eine niedrig wahrgenommene UQ-Erfahrung durch die Lehrkraft entsprechend negativ auf das individuelle arbeitsbezogene WB auswirken.

Die Korrelationsanalysen weisen darauf hin, dass der überwiegende Teil der Subskalen von UQ und des Arbeitsengagements als Indikator des WB signifikant positiv miteinander korrelieren (vgl. Abschnitt 7.2.2). Auch die Kovarianzanalyse des oben genannten Strukturgleichungsmodells weist erwartungskonform auf einen positiven Zusammenhang der beiden Konstrukte hin. Daher kann die Hypothese H2_11 als verifiziert gelten. Dieses Ergebnis deckt sich mit vergleichbaren Erkenntnissen aus Studien (vgl. Klusmann et al., 2006 & 2008; Maslach & Leiter, 1999), die das Verhältnis von belastungsbezogenen Variablen (z. B. Burnout-Merkmale) als defizitorientierte Erfassung von Wohlbefinden und der Unterrichtsqualität untersuchten (vgl. Abschnitt 3.3).

Korrelative Prüfung konfundierter Variablen. Im deskriptiven Teil dieser Studie wurde mithilfe von Korrelationsanalysen auch die Konfundierung möglicher Drittvariablen in Form der personenbezogenen Variablen Geschlecht, Alter und Berufserfahrung überprüft. Einzig das Alter und die Berufserfahrung zeigen signifikant positive Zusammenhänge mit der Subskala Klassenführung der allgemeinen UQ ($r = 0.29$, $p < 0.01$) sowie mit der Subskala Vitalität des Arbeitsengagements ($r = 0.28$, $p < 0.01$). Es ist erwartungskonform, dass mit zunehmender Berufserfahrung auch die Kompetenzwahrnehmung zur erfolgreichen Klassenführung steigt (vgl. u. a. Modell der beruflichen Lebenszyklen nach Hubermann, 1989).

Signifikant negative Korrelationen zeigen sich hingegen zwischen der Berufserfahrung und den Subskalen geringe Schwierigkeit des LA-Studiums (BWM, $r = -19$, $p < 0.05$) und soziale Einflüsse (BWM, $r = -0.11$, $p < 0.05$). Auch dieser Zusammenhang ist zu erwarten, da mit zunehmender Berufserfahrung als praktizierende Lehrkraft die sozialen Einflüsse und die potentielle Schwierigkeit eines Lehramtsstudiums immer weniger eine Rolle spielen und daher in ihrer berufsmotivischen Bedeutung verblassen.

Des Weiteren wurde der korrelative Zusammenhang zwischen den motivationalen Variablen und den arbeitsbezogenen Variablen (Autonomie, Unterstützung durch Schulleitung, Verhältnis zu Kollegen und Austausch zwischen Schulleitung und Lehrkraft), die ebenfalls in der interdisziplinären ResohlUt-Studie erhoben wurden, überprüft (vgl. elektronisches Zusatzmaterial Anhang B 2). Salient hierbei ist, dass die allgemeinen SWE mit allen arbeitsbezogenen Variablen signifikant positiv korrelieren. Demnach stehen die allgemeinen SWE in einem positiven Zusammenhang, wie autonom ich meine Arbeitstätigkeit wahrnehme und wie mein Verhältnis zu Kollegen und der Schulleitung ausgestaltet ist. Umgekehrt gilt dieser positive Zusammenhang auch von den arbeitsbezogenen Variablen auf die allgemeinen SWE. Ebenfalls signifikant positiv ($r = 0.24$, $p < 0.01$) korrelieren der Unterrichtsenthusiasmus und die Autonomie am Arbeitsplatz miteinander. Folglich trägt die Autonomie am Arbeitsplatz zu einem höheren

Unterrichtsenthusiasmus und umgekehrt bei. Zusammenfassend zeigt sich, dass die Effekte durchaus von Drittvariablen beeinflusst werden können.

8.2 Zur Bedeutung und Förderung motivationaler Orientierung

Nachdem die Ergebnisse im vorangegangenen Abschnitt zusammengefasst und bereits konkludierend erörtert wurden, soll in diesem Kapitel die Bedeutung der motivationalen Orientierung als Teilaspekt von Lehrerkompetenz in der Synopse mit den Studienergebnissen diskutiert werden. Ebenso sollen an gegebener Stelle entsprechende Ansätze zur Förderung motivationaler Orientierung aufgezeigt werden.

Zur Bedeutung motivationaler Orientierung. Der Kompetenzaspekt der motivationalen Orientierung setzt sich nach der Postulierung von Kunter (2011) aus den SWE und dem LE zusammen. In dieser Studie wurde überprüft, inwiefern die motivationale Orientierung durch das motivationale Konstrukt des lehramtsbezogenen BWM erweitert werden kann. Hintergrund dieses Erweiterungsgedankens sind die Ergebnisse bisheriger Studien zum BWM. Diese belegen zusammenfassend eine signifikant positive bzw. puffernde Wirkung des lehramtsbezogenen BWM auf personenbezogene (z. B. Lehrerenthusiasmus bei praktizierenden Lehrkräften, Bleck, 2019), leistungsbezogene (z. B. selbstgesetzte Leistungsziele bei Lehramtsstudierenden und praktizierenden Lehrkräften, Paulick et al., 2013) und gesundheitsbezogene Merkmale (z. B. Neurotizismus bei Lehramtsstudierenden, Künsting & Lipowsky, 2011). Die Ergebnisse zu Forschungsfrage 1a und 1b weisen empirisch die Möglichkeit auf, das BWM als weitere Kompetenz der motivationalen Orientierung aufzunehmen. Jedoch zeigen die Ergebnisse zu Fragestellung 2a und 2b, wie bereits im vorherigen Kapitel erläutert, dass das BWM keine signifikanten Effekte auf die UQ und das arbeitsbezogene WB aufweist, sodass eine Erweiterung des Kompetenzmodells durch das BWM wenig von Bedeutung ist. Nichtsdestotrotz bekräftigen die Ergebnisse dieser Studie den Stellenwert der anderen beiden motivationalen Variablen SWE und LE. Der LE hat sowohl für die leistungsbezogene Variable der UQ als auch für die eigene Lehrergesundheit in Form des arbeitsbezogenen WB eine positive Bedeutung, was ebenfalls von diversen Studien gestützt wird (Bleck, 2019; Holzberger et al., 2016; M. Keller, 2011; Kunter et al., 2008; Mahler, 2017). Die SWE weisen in dieser Studie nur signifikant positive Effekte auf das arbeitsbezogene WB auf (vgl. Abschnitt 7.3.2). Im Einklang mit diesen Ergebnissen steht auch eine Studie von Lazarides et al. (2021), die ebenfalls keine signifikanten Effekte der

SWE auf die von Lernenden berichtete Unterrichtsqualität hatte. Wohingegen andere Studien zeigen, dass die SWE durchaus auch eine positive Wirkung auf leistungsbezogene (z. B. Unterrichtsqualität, Holzberger et al., 2014) und personenbezogene Merkmale (z. B. Arbeitsengagement, Klassen & Chiu, 2011) sowie Merkmale der Lernenden (z. B. Lernleistung, Caprara et al., 2006) haben. Hier bedarf es weiterer Forschung und Aufklärung situationsspezifischer Fluktuationen und Effekte der SWE (vgl. Abschnitt 8.4.1). Zusammenfassend sind die motivationalen Konstrukte SWE und LE nicht zu unterschätzende Akteure im Zusammenspiel mit der UQ, der Lernleistung der Schülerinnen und Schüler und nicht zuletzt für die persönliche Gesundheit in Form des arbeitsbezogenen WB.

Zur Förderung motivationaler Orientierung. Vor diesem Hintergrund erscheint es sinnvoll und notwendig, diese motivationalen Kompetenzen auch entsprechend in allen drei Phasen der Lehrerbildung zu fördern und zu erhalten. Zumal man davon ausgeht, „dass sich professionelle [Lehrer-]Kompetenzen im Rahmen von unterschiedlichen Lerngelegenheiten" (Kleickmann & Anders, 2011, S. 305) ausbilden. Theoretische Ansatzpunkte zur Förderung dieser Kompetenzen sind bereits vereinzelt in den konstruktbezogenen Theoriekapiteln aufgezeigt worden (vgl. Abschnitt 2.2.2 und 2.2.3). Folglich entwickeln sich berufsbezogene motivationale Kompetenzen (LE und SWE) insbesondere durch eigene erfolgreiche Handlungserfahrungen (Ashford et al., 2010; Bandura, 1997; Mahler et al., 2017a), positives Feedback (z. B. auch indirekt durch Freude und Leistung der Lernenden; Kunter, Frenzel et al., 2011), selbstkonstruktive Reflexion (Kunter, Kleickmann et al., 2011) und arbeitsbezogene Faktoren (z. B. das Schulklima, das Verhältnis zu Kollegen oder zur Schulleitung; Kunter & Holzberger, 2014). Doch welche praktischen Lerngelegenheiten bieten sich den Lehrkräften in den drei Phasen der Lehrerbildung? Taxonomisch lassen sich drei Arten von Lerngelegenheiten unterscheiden (Richter, 2011): die formale, die nonformale und die informelle Lerngelegenheit. Die ‚formale Lerngelegenheit' findet an Institutionen, wie Universitäten oder Fortbildungseinrichtungen, statt. In der ersten Phase der Lehrerbildung sind das beispielsweise Kurse während des Studiums. In der zweiten Phase der Lehrerbildung sind das zum Beispiel Veranstaltungen am Studienseminar. In der dritten Phase der Lehrerbildung sind das beispielsweise berufsbegleitende Fort- und Weiterbildungen (Mahler et al., 2017a; Richter, 2011). Die ‚nonformale Lerngelegenheit' sind intentionale Lernmomente, die jedoch

> *„nicht in klassischen Bildungseinrichtungen angesiedelt sind. Hierzu zählen sowohl gruppenzentrierte Angebote (z. B. Lerngemeinschaft von Lehrkräften [bspw. erste und zweite Phase der Lehrerbildung]) als auch individuelle Lernangebote (z. B. Nutzung*

> *von Fachliteratur, Recherche im Internet [bspw. erste Phase der Lehrerbildung])"* (Richter, 2011, S. 317).

Die ‚informelle Lerngelegenheit' repräsentiert ein nicht beabsichtigtes und passives Lernen beispielsweise durch das Unterrichten in der Schule (Mahler et al., 2017a), aber auch durch stellvertretende Lehrerfahrungen in Form von Unterrichtshospitationen (Richter, 2011). Die taxonomische Differenzierung von Lerngelegenheiten ist an dieser Stelle relevant, um die Förderansätze motivationaler Kompetenzen adäquat in die Phasen der Lehrerbildung einordnen zu können.

Die Forschung zur Effektivität und Nutzung von Lerngelegenheiten im Kontext motivationaler Orientierung zeigt, dass die akademische Lehrerbildung als formale Lerngelegenheit essentiell für die Entwicklung und positive Manifestierung der SWE ist (Andrew & Schwab, 1995 zitiert nach Mahler et al., 2017a). Carleton et al. (2007) wiesen bei berufstätigen Lehrkräften, die an einem Lehrerbildungsprogramm teilnahmen, einen positiven Zuwachs der SWE durch erfolgreiche Handlungserfahrungen des Unterrichtens nach. Die Erfahrung des erfolgreichen Unterrichtens als informelle Lerngelegenheit ist ebenso eine wichtige Quelle zur Förderung des LE (Mahler et al., 2017a). Folglich sollten in allen drei Phasen der Lehrerbildung Lerngelegenheiten zur Förderung motivationaler Kompetenzen geschaffen werden (vgl. Abschnitt 8.4.2). Zur Nutzung von Lerngelegenheiten postuliert Richter (2011) empirisch begründet eine sogenannte Neigungshypothese, welche davon ausgeht, dass berufstätige Lehrkräfte vorrangig die Lerngelegenheiten berufsbegleitend nutzen, die bereits während der universitären Lehrerausbildung zur Verfügung standen. Demzufolge würden beispielsweise gymnasiale Lehrkräfte eher fachliche Fortbildungen präferieren, weil in ihrer akademischen Ausbildung bereits ein Fokus auf dem Erwerb fachlicher und professionswissensbezogener Kompetenzen lag. Die Neigungshypothese würde infolgedessen die Notwendigkeit bekräftigen, mehr formale Lerngelegenheiten zur Förderung motivationaler Kompetenzen während der ersten Phase der Lehrerbildung (z. B. fachdidaktische Veranstaltungen) zu schaffen (vgl. hierzu ausführlich Abschnitt 8.4.2).

8.3 Limitationen der Studie und deren Ergebnisse

In diesem Kapitel werden die Limitationen der Studie aus methodischer und inhaltlicher Perspektive beleuchtet, um neben einer reliableren Taxierung der

Ergebnisinterpretation insbesondere auch eine forschungspraktische Grundlage zur Verbesserung zukünftiger Untersuchungen zu schaffen.

8.3.1 Methodische Limitationen

Eine zentrale Limitation dieser Studie sind die Größe der Stichproben ResohlUt ($N = 111$) und MotOr ($N = 41$). Trotz der erweiterten Akquise über die ursprünglich anvisierten Bundesländer Rheinland-Pfalz und Brandenburg hinaus sowie weiteren Maximierungsversuchen in Form der zusätzlichen Online-Befragung MotOr konnte die Stichprobe nicht in dem Maß wie erhofft[3] vergrößert werden. Der erreichte Stichprobenumfang begrenzt sowohl die Aussagekraft der Ergebnisse als auch die Anwendung komplexerer statistischer Auswertungsverfahren (Aichholzer, 2017).

Spezifika der Stichproben. Die Spezifika der Stichproben zeigen ebenfalls weitere Einschränkungen, die vor dem Hintergrund der Ergebnisinterpretation zu beachten sind. In Anbetracht der Charakteristik der Gesamtpopulation der Biologielehrkräfte zählen alle Lehrpersonen mit dem Schulfach Biologie unabhängig von ihrer Schulform dazu. In der ResohlUt-Studie wurde sich jedoch bewusst auf Biologielehrkräfte an Gymnasien und Realschulen fokussiert, um eine entsprechende Vergleichbarkeit zwischen der Art des Unterrichts und den Anforderungen der Lehrkräfte innerhalb der Stichprobe zu erreichen. Bezogen auf die Gesamtpopulation gilt demnach die Stichprobe als nicht-probabilistisch und weist zudem nur eine eingeschränkte Repräsentativität für die Population der Biologielehrkräfte auf (Döring & Bortz, 2016). Zudem kann durch die weniger auf eine direkte Person personalisierten Akquise-Strategien und den allgemeiner formulierten Teilnahmeaufrufen an das Biologielehrerkollegium davon ausgegangen werden, dass an dieser Studie vorrangig besonders motivierte Lehrkräfte mit erhöhtem Interesse an der Thematik teilgenommen haben (Döring & Bortz, 2016). Es ist daher von einer ‚Positivstichprobe' auszugehen. Im Gegensatz zur ResohlUt-Stichprobe lässt die MotOr-Stichprobe durch eine der beiden Akquise-Strategien in öffentlich zugänglichen und freien Lehrerforen keine sichere Selektion auf Biologielehrkräfte zu. Zwar wurde in den Instruktionen der Forenbeiträge sowie in denen des Fragebogens explizit an eine ausschließliche Teilnahme von Biologielehrkräften appelliert, jedoch kann dies

[3] Wie unter Abschnitt 6.2 angegeben, wurde für das ResohlUt-Projekt a priori eine Poweranalyse durchgeführt, die einen Stichprobenumfang von 180 Lehrkräften und eine erwartete Ausfallquote von 10 % vorsah. Die MotOr-Stichprobe diente als Komplettierungsstichprobe, um den angestrebten Stichprobenumfang zu erreichen.

nicht uneingeschränkt garantiert werden und muss bei der Ergebnisinterpretation der Forschungsfrage 1a und 1b berücksichtigt werden.

Spezifika des Studiendesigns. Das längsschnittliche Design mit den wöchentlichen Befragungen zu zwei Tageszeitpunkten ähnlich einer Tagebuch-Studie sowie der umfangreiche Abschlussfragebogen mit Professionswissenstest stellt eine zeitlich anspruchsvolle Studienanlage für den Berufsalltag der Lehrkraft dar. Dies spiegelte sich nicht nur in den anfänglichen Schwierigkeiten bei der Rekrutierung von Studienteilnehmenden wider, sondern auch in der stellenweise unzureichenden Rücklaufquote des Antwortverhaltens während der wöchentlichen Erhebungen (t_1-t_6) sowie dem Abschlussfragebogen (t_7). Für künftige Forschung mit Lehrkräften sollte daher ein weniger zeitlich anspruchsvolles Studiendesign ausgewählt werden. Darüber hinaus kann die zeitliche Verzögerung durch die wöchentlichen Befragungen zur Abschwächung oder Verzerrung von Effekten geführt haben. Ebenso sollte bei wöchentlichen Erhebungen die Zuverlässigkeit zur Beantwortung dieser nicht alleine in der Selbstverantwortung der Lehrkräfte liegen, sondern durch eine verbesserte ‚Compliance' in Form eines erhöhten persönlichen Kontakts mit den Teilnehmenden verbessert werden. Bei einer digitalen Durchführung der Studie, wie hier erfolgt, könnte eine Kommunikationsschnittstelle auf dem Smartphone durch eine mobile Applikation, in der gebündelt die Studien- und Probandenbetreuung, die Erhebungen und die Kommunikation direkter und effizienter erfolgen kann, in Zukunft von Vorteil sein. Die Teilnehmenden mussten sich im Anfangsfragebogen auf eine Klasse festlegen, auf die sich die jeweiligen Selbsteinschätzungen der Unterrichtsqualität während der wöchentlichen Befragungen, bezog. Zur besseren Vergleichbarkeit sollten die Biologielehrkräfte vorrangig eine Klasse aus der Mittelstufe auswählen. Diese Vorgabe für den Auswahlprozess der Klasse provoziert womöglich den Effekt der ‚sozialen Erwünschtheit'. Ebenso kann die Auswahl der Klasse durch die Lehrkraft dahingehend beeinflusst sein, dass sie eine Klasse wählt, welche eine wenig herausfordernde Klassenführung erfordert und hierdurch Verzerrungen hinsichtlich der Selbsteinschätzung der Unterrichtsqualität auftreten können. Solche selbstdienlichen Verzerrungen könnten auch bei der Auswahl der behandelten Lerninhalte (womöglich hat die Lehrkraft während des Befragungszeitraums unliebsame Unterrichtsthemen absichtlich vermieden) aufgetreten sein, da hier seitens des Studiendesigns keine thematischen Vorgaben gemacht wurden.

Spezifika der Messinstrumente und Fragebogenkonstruktion. Bei der Konstruktion des Fragebogens wurde auf Messinstrumente zurückgegriffen, die bereits in Studien zum Einsatz kamen und eine entsprechende Validierung aufweisen. Zur Bewertung der Reliabilität der Messinstrumente wurden entsprechend die Cronbachs Alphas aus der Literatur herangezogen und mit denen dieser Studie verglichen. Der Vergleich der internen Konsistenzen zeigt skalenübergreifend, dass die Messinstrumente ähnlich reliabel sind wie in ihren entlehnten Tests (vgl. Abschnitt 6.4 und 7.2.1), jedoch zeigten sich stellenweise grenzwertige Werte ($r_{it} < 0.30$) bei der Itemtrennschärfe (Blanz, 2015; Döring & Bortz, 2016). Dies war hauptsächlich bei den Skalen zum arbeitsbezogenen Wohlbefinden sowie zur domänenspezifischen Unterrichtsqualität der Fall. Bei der domänenspezifischen Unterrichtsqualität wurde eine transformierte Fremdeinschätzungsskala zur Selbsteinschätzung herangezogen. Dieses Messinstrument müsste mit der heutigen Erkenntnis eine höhere Adaptierung an den Biologieunterricht und die Biologielehrkräfte erfahren sowie zuvor in einem Pretest pilotiert und validiert werden. Betrachtet man die ResohlUt-Studie im Ganzen, so zeigten sich bei allen Messmodellen Schwierigkeiten hinsichtlich der Anpassungsgüte an die empirischen Daten (vgl. Abschnitt 7.1), was womöglich auch auf systematische Inkonsistenzen in der Datengrundlage und die Stichprobengröße zurückzuführen ist. Die damit einhergegangenen Modifikationen der einzelnen Messmodelle müssten ebenfalls einem Validierungsprozess (z. B. inhaltliche Validierung durch Expertenrating) unterzogen werden. Ebenso spricht dieses Faktum dafür, weniger komplexe Modelle mit reduzierten Skalen bzw. Kurzskalen einzusetzen. Ferner zeigt sich in Anbetracht der Antwortquote beim Abschlussfragebogen (t_7) Optimierungsbedarf hinsichtlich des Umfangs beim Professionswissenstest[4] und dessen zeitlichem Aufwand zur Beantwortung der Testbatterie.

8.3.2 Inhaltliche Limitationen

Eine methodische und zugleich auch inhaltliche Limitation stellt die bereits erwähnte Größe der Stichproben dar. Diese lassen keine validen Aussagen über die Population der Biologielehrkräfte zu, sondern können in ihrer eingeschränkten Repräsentativität und Generalisierbarkeit vielmehr nur eine entsprechende Tendenz innerhalb dieser Lehrergruppe belegen. Die hier dargelegten Ergebnisse

[4] Das in der ResohlUt-Studie miterhobene Professionswissen spielt zwar für diese Forschungsarbeit keine Rolle, verdeutlich jedoch am Beispiel des Fragebogens zum Messzeitpunkt t_7 die Bedeutung komplexer Skalen für das Antwortverhalten der Probanden als auch für den Erhebungsprozess auf Studiendesignebene. Die Teilnehmerrückmeldungen zum Abschlussfragebogen mit Professionswissenstest deuten darauf hin, dass die schlechte. Antwortquote insbesondere auf die komplexe und aufwendige Fragebatterie des Professionswissens zurückzuführen ist. Es ist daher angeraten forschungsökonomische (Kurz-)Skalen zu verwenden.

können daher nicht allgemeingültig auf die Biologielehrkräfte übertragen werden. Hinsichtlich der Art des Unterrichts sowie der unterschiedlichen schulischen Anforderungen an die Lehrkräfte gelten diese lediglich für Biologielehrkräfte an Gymnasien und Realschulen. Bekräftigt wird diese Annahme durch Erkenntnisse aus Gruppenanalysen verschiedener Schulformen sowie deren Effekte auf den Unterricht und auf personeninhärente Eigenschaften der Lehrkräfte (z. B. Selbstwirksamkeitserwartungen, Caprara et al., 2003).

Selbsteinschätzung. Die vorliegenden Studienergebnisse beruhen auf Selbsteinschätzungen der Biologielehrkräfte. Das Format der Selbsteinschätzung kann mit verschiedenen Erwartungseffekten oder Urteilsfehlern einhergehen (Döring & Bortz, 2016). Ein häufiger Erwartungseffekt bei Selbsteinschätzungen kann der Effekt der ‚sozialen Erwünschtheit' sein. Demnach weist der Teilnehmende ein Antwortverhalten auf, welches vorrangig der Erwünschtheit der Studienleitung bzw. einer sozialen Norm entspricht (Eid et al., 2010). Diesem Effekt analog ist auch der Pygmalioneffekt als ein Erwartungseffekt „im Sinne einer sich selbst erfüllenden Prophezeiung" (Kunter & Pohlmann, 2015, 269 f.). Dieser Verzerrungseffekt beruht „auf einer unbewussten Verhaltensänderung [des Teilnehmenden], die das Studienergebnis hinsichtlich dieser Erwartungen [z. B. eines Versuchsleiters] beeinflusst" (Stangl, 2021, ohne Seitenangabe). Mögliche Urteilsfehler durch Selbstberichte von Lehrkräften können unter einer bestimmten selbstdienlichen Tendenz (z. B. positive Überschätzung der eigenen Fähigkeiten) zur Selbstwahrnehmung oder einem Mangel an Selbstbewusstsein entstehen (Holzberger et al., 2013; Schaarschmidt et al., 2017). Besonders das lehramtsbezogene Berufswahlmotiv birgt in seiner Retrospektivität das Potential selbstdienlicher Verzerrungen, indem intrinsische Motive bevorzugt angekreuzt werden oder durch den zeitlichen Abstand der Studien- bzw. Berufswahlentscheidung systematische Verzerrungen (z. B. ‚Ja-Sage-Tendenz') entstehen (Kunter & Pohlmann, 2015; Pohlmann & Möller, 2010). Dieser Umstand ist beim retrospektiven Berufswahlmotiv und dessen Erhebung bei Lehrkräften in der dritten Phase der Lehrerbildung nur schwer zu umgehen. Sofern das Berufswahlmotiv unmittelbar zu Beginn des Studiums erhoben wird, könnten zusätzliche Fremdeinschätzungen durch Kommilitonen die potentielle Verzerrung der Selbsteinschätzung kompensieren (Pohlmann & Möller, 2010). Mögliche Verzerrungen im Kontext der Selbsteinschätzungen können insbesondere auch bei der erhobenen Unterrichtsqualität (vgl. hierzu auch Abschnitt 6.4.4) als auch dem arbeitsbezogenen Wohlbefinden auftreten. Bei letzterem könnte zur Erhöhung der Objektivität der Cortisolspiegel als hormoneller Indikator für das Stresserleben mithilfe von Schnelltests über Speichel oder Blut, wie häufig in medizinischen Studien zur beruflichen Stresserforschung angewandt (Kottwitz et al., 2013), eingesetzt werden. Das Forschungsinteresse dieser Arbeit liegt auf der Untersuchung personeninhärenter Merkmale, weshalb eine Selbsteinschätzung trotz der hier aufgezeigten potentiellen Verzerrungseffekte unumgänglich ist.

Konfundierte Variablen. Eine Stärke der ResohlUt-Studie gegenüber anderen Lehrerstudien ist ihre interdisziplinäre Untersuchung und Erhebung fachdidaktischer (z. B. biologiespezifische Unterrichtsqualität) und arbeitspsychologischer Variablen (z. B. Arbeitsengagement). Dies ermöglicht es, die Analyse nach konfundierten Variablen breiter aufzustellen. Ansatzweise wurde mithilfe von Korrelationsanalysen versucht, mögliche assoziierte Konfundierungen durch Drittvariablen zu identifizieren, indem die hypothesenbezogenen Variablen (BWM, SWE, LE, WB und UQ) mit personenbezogenen Variablen (Alter, Geschlecht, Berufserfahrung) sowie arbeitsbezogenen Variablen (Arbeitsressourcen und Austausch zwischen Schulleitung und Lehrkraft) korreliert wurden (vgl. Abschnitt 7.2.2 und elektronisches Zusatzmaterial Anhang, B 2). Jedoch ließen sich keine relevanten und signifikanten Zusammenhänge feststellen, die auf starke Konfundierungseffekte durch Drittvariablen hinweisen. Gleichwohl können insbesondere bei einer längsschnittlichen Studie situative Ereignisse wie beispielsweise ein privater Konflikt im familiären Kontext unmittelbar vor der Befragung zu inhaltlichen Verzerrungen führen. Daher sollten solche potentiellen Störvariablen entsprechend miterhoben werden. In der ResohlUt-Studie wurden diese zumindest während der wöchentlichen Befragungen in Form des Items WK37_t1–6 („Möchten Sie uns etwas Besonderes über den heutigen Tag mitteilen?") abgefragt. Nichtsdestotrotz wurde dieses offene Frageformat kaum beantwortet. Womöglich wäre hier ein geschlossenes Format mit konkreten Antwortmöglichkeiten (z. B. Konflikt in der Klasse, Konflikt am Arbeitsplatz usw.) häufiger beantwortet worden. Abschließend ist hier nicht ausgeschlossen, dass weitere Drittvariablen sowie interne und externe Merkmale der Biologielehrkräfte die Studienergebnisse unterschwellig beeinflusst haben.

8.4 Implikationen der Studie und deren Ergebnisse

In diesem Abschnitt werden abschließend die Bedeutung der Studienergebnisse und die sich daraus ableitenden Implikationen benannt. Im Passus der wissenschaftlichen Implikationen sollen im Zuge dieser Studie aufgekommene ungeklärte Aspekte und neue Forschungsdesiderate aufgezeigt werden. Das Kapitel der praktischen Implikationen umfasst anwendungsbezogene Erkenntnisse für die Lehrerbildung, das unterrichtliche Handeln sowie die schulische Praxis.

8.4.1 Wissenschaftliche Implikationen für zukünftige Forschung

Diese Arbeit hat wissenschaftliche Erkenntnisse über die Binnenstruktur motivationaler Kompetenzen sowie dessen Wirkung auf die Unterrichtsqualität und das arbeitsbezogene Wohlbefinden bei Biologielehrkräften erbracht. Zugleich eröffnen diese Erkenntnisse neue Forschungslücken und Fragestellungen, die in diesem Abschnitt variablenbezogen erläutert werden sollen.

Lehramtsbezogenes Berufswahlmotiv. Trotz der nicht gegebenen prädiktiven Validität des retrospektiven lehramtsbezogenen Berufswahlmotivs auf die selbsteingeschätzte Unterrichtsqualität und das arbeitsbezogene Wohlbefinden von praktizierenden Biologielehrkräften in dieser Studie (vgl. Abschnitt 7.3.2) scheinen weitergehende Untersuchungen dieses Konstrukts aus zweierlei Hinsicht interessant.

Da in Studien zum Berufswahlmotiv mit Studierenden bereits signifikante Effekte nachgewiesen werden konnten (Cramer, 2012; König & Rothland, 2012; Pohlmann & Möller, 2010), scheint der schwindende Einfluss des lehramtsbezogenen Berufswahlmotivs bei bereits praktizierenden Biologielehrkräften dieser Studie auf seine retrospektive Konstitution und die damit einhergehende zeitliche Distanz zurückzuführen zu sein. Doch eben dieser zeitliche Wirkungszeitraum des Berufswahlmotivs ist zum Status quo noch unzureichend erforscht. Eine valide und reliable Untersuchung dieses Wirkungsgefüges mit zunehmender zeitlicher Distanz benötigt entsprechende Ressourcen für eine adäquate Längsschnittstudie über mehrere Jahre. Mithilfe einer Stichprobe von Studienanfängern der Lehramtsstudierenden könnte eine Panel-Studie dieser Kohorte zu verschiedenen Messzeitpunkten während der drei Lehrerbildungsphasen Aufschluss darüber geben, ab welcher zeitlichen Distanz der Einfluss des Berufswahlmotivs verloren geht.

Infolgedessen wäre es auch substantiell begründet, während der ersten Phase der Lehrerbildung das Berufswahlmotiv anhand seiner Effekte als motivationale Kompetenz im Kompetenzkanon der motivationalen Orientierung zu verankern, wohingegen in der dritten Lehrerbildungsphase das Berufswahlmotiv scheinbar kaum eine Wirkung entfaltet und demnach nicht mehr als motivationale Kompetenz innerhalb der motivationalen Orientierung aufgefasst werden kann.

Sofern innerhalb des Lehrerkompetenzmodells nach Baumert und Kunter (2006) weitere Kompetenzen und Facetten in Abhängigkeit zu den verschiedenen Phasen der Lehrerbildung eine unterschiedlich starke Relevanz hinsichtlich ihrer Wirkungsweise haben, erscheint es theoretisch plausibel, über unterschiedliche Lehrerkompetenzmodelle im Kontext der Lehrerbildungsphasen nachzudenken. Gedeckt wäre dieser Gedanke durch Ansätze der beruflichen Lebenszyklusforschung von Lehrkräften, die besagt, dass die beruflichen Phasen von Lehrkräften mit unterschiedlichen Sozialisations- und Entwicklungsprozessen (von der Erkundung bis zur Stabilisierung im Beruf-Stufenmodell nach Huberman) verbunden ist (Huberman, 1989; Messner & Reusser, 2000). Es bleibt daher in einem holistischen Ansatz wissenschaftlich zu überprüfen, ob eine Unterscheidung zwischen einem Lehrerkompetenzmodell für Lehramtsstudierende (erste Phase der Lehrerbildung) und einem für berufstätige Lehrkräfte (dritte Phase der Lehrerbildung) signifikant ist. Unter Hinzunahme der zweiten Phase der Lehrerbildung in Form des Referendariats als Schnittstelle könnte ein weiteres Forschungsdesiderat die Prüfung eines dynamischen und mitwachsenden Kompetenzmodells von der ersten bis zur dritten Phase der Lehrerbildung sein.

Dieses Forschungsdesiderat liefert zugleich ein weiteres, indem das zeitlich kürzer zurückliegende Berufswahlmotiv und dessen Einfluss auf die Leistungsmotivation und die Performanz von Lehramtsstudierenden, insbesondere im naturwissenschaftlich-didaktischen Kontext, aufklärend untersucht wird. Auch eine eingehendere Untersuchung der diversen Lehramtsstudiengänge scheint unter dem Aspekt unterschiedlicher motivationaler Orientierungen von Bedeutung. Ebenfalls eingehender untersucht werden sollte der separate Einfluss sowohl eher idealistischer und intrinsischer als auch extrinsischer Berufswahlmotive auf die Leistungsmotivation, die unterrichtliche Performanz sowie das arbeitsbezogene Wohlbefinden. Die Ergebnisse dieser Studie liefern hierzu nur wenig Erkenntnis, welche Berufswahlmotive für eine effektive und gesunde Berufsausübung dienlich sind. Vor diesem Hintergrund wäre es auch interessant, die diversen Muster und Typen der Berufswahlmotive, analog zur Typologie nach Watt und Richardson (2008, vgl. Abschnitt 2.3), zu untersuchen. Ein solcher gruppenanalytischer Vergleich könnte weitere Kenntnisse über muster- und typenbezogene Einflüsse auf leistungs- und personenbezogene Merkmale hervorbringen (Billich-Knapp et al., 2012).

Selbstwirksamkeitserwartungen. Vor allem die Ergebnisse zur Überprüfung der Anpassungsgüte der Messmodelle (Abschnitt 7.1) zeigten, dass insbesondere das eingesetzte Instrument zur Messung domänenspezifischer Selbstwirksamkeitserwartungen bei einigen Items Passungsschwierigkeiten aufwies. Die theoretische und forschungspraktische Notwendigkeit einer adäquaten fachspezifischen Erhebung von Selbstwirksamkeit erfordert daher ein auf die entsprechende Fachdomäne abgestimmtes und sensibles Instrument. Insbesondere im Bereich der Biologiedidaktik besteht der Bedarf nach einem solchen validen Messinstrument (Hinterholz & Nitz, 2019).

Daran anknüpfend wäre auch die Entwicklung eines Reflexionsinstruments zur Einschätzung der eigenen Lehrerselbstwirksamkeit von großer Bedeutung für die Förderung dieser. Ein solches Reflexionsinstrument sollte die diagnostische Fähigkeit besitzen sowohl die allgemeinen als auch die fachspezifischen Lehrerselbstwirksamkeitserwartungen zu erfassen und böte zudem das Potential, in allen drei Phasen der Lehrerbildung implementiert werden zu können. Besonderes Potential könnte ein solches Reflexionsinstrument während der universitären Lehrerausbildung entfalten, indem es zu Beginn sowie im Anschluss von Lehrveranstaltungen oder schulpraktischen Einheiten zur individuellen Reflexion und Entwicklung der Selbstwirksamkeitserwartungen eingesetzt werden könnte. Des Weiteren wäre eine kontinuierliche Anwendung während wichtiger Ausbildungsetappen des Vorbereitungsdienstes (zweite Phase der Lehrerbildung) sowie bei entsprechenden Fortbildungsangeboten der dritten Lehrerbildungsphase möglich.

Die empirischen Ergebnisse dieser Studie besagen, dass die Selbstwirksamkeitserwartungen keinen signifikanten Einfluss auf die Unterrichtsqualität haben (vgl. Abschnitt 7.3.2)[5]. In Anbetracht bisheriger Wirkungsstudien (vgl. Abschnitt 2.4.2) sowie aus einer theoretischen Perspektive erscheint es unwahrscheinlich, dass die Selbstwirksamkeitserwartungen keinerlei Bedeutung für das unterrichtliche Handeln haben. Es ist daher erforderlich, diese möglichen ‚Nicht-Effekte' in entsprechenden Replikationsstudien zu überprüfen und gegebenenfalls zu falsifizieren. Vor diesem Hintergrund bedarf es auch weiterer Forschung zur Aufklärung der Selbstwirksamkeitserwartungen als dispositionales Merkmal (trait) und situationsspezifischer Zustand (state) und dessen Effekte.

Lehrerenthusiasmus. Der Lehrerenthusiasmus wird durch eine fachliche sowie eine tätigkeitsbezogene Komponente bestimmt (Kunter et al., 2008). In dieser Studie wurde theoretisch davon ausgegangen, dass der tätigkeitsbezogene Unterrichtsenthusiasmus mit einer entsprechenden Klasse kohäriert. Da die Studienergebnisse zeigen, dass vor allem der klassen-bezogene Unterrichtsenthusiasmus positiv mit der Unterrichtsqualität zusammenhängt (vgl. Abschnitt 7.2.2), wäre es interessant zu überprüfen, ob der Unterrichtsenthusiasmus einer Lehrkraft tatsächlich von Biologieklasse zu Biologieklasse schwankt. Erste Studien legen

[5] Lazarides et al. (2021) haben in ihrer Studie ebenfalls keine signifikanten Effekte der SWE nachweisen können.

dies zwar nahe (Frenzel, Becker-Kurz et al., 2015; Kunter, Frenzel et al., 2011), jedoch ist dies vor dem Gesichtspunkt einer fachunterrichtlichen Dimension (Biologieunterricht) noch nicht hinreichend geklärt.

Praetorius et al. (2017) schlagen als weiteres Forschungsdesiderat im Kontext des Lehrerenthusiasmus vor, den Einfluss arbeitsbezogener Variablen auf den Lehrerenthusiasmus genauer zu untersuchen. Eine Korrelationsanalyse arbeitsbezogener Variablen (Autonomie am Arbeitsplatz, Unterstützung durch Schulleitung, Verhältnis zu Kollegen und Austausch zwischen Schulleitung und Lehrkraft) mit motivationalen Variablen (Berufswahlmotiv, Selbstwirksamkeitserwartungen und Lehrerenthusiasmus) aus der ResohlUt-Studie zeigt beim Lehrerenthusiasmus nur einen signifikant positiven Zusammenhang ($r = 0.24$, $p < 0.01$) zwischen dem klassenbezogenen Unterrichtsenthusiasmus und der Autonomie am Arbeitsplatz (vgl. elektronisches Zusatzmaterial Anhang, B 2). Die allgemeinen Lehrerselbstwirksamkeitserwartungen korrelieren hingegen mit allen arbeitsbezogenen Variablen signifikant positiv. Insbesondere letzteres deutet die Notwendigkeit an, das Verhältnis zwischen motivationalen Faktoren und arbeitsbezogenen Variablen tiefergehend zu analysieren.

Der Lehrerenthusiasmus und dessen Einfluss wurde in dieser Studie nur lehrkraftbezogen (Selbsteinschätzung Unterrichtsqualität und Wohlbefinden) untersucht. Die Studienergebnisse zeigen durchaus einen positiven Effekt auf die selbstberichtete Unterrichtsqualität (vgl. Abschnitt 7.3.2). Interessant wären jedoch auch tiefere Analysen zur Wirkung des Lehrerenthusiasmus auf die Lern- und Leistungsmotivation der Lernenden. Vergleichbare Studien hierzu haben bereits einen emotionalen Ansteckungseffekt (emotionale contagion) nachweisen können (Bleck, 2019; Kunter et al., 2008; Mahler et al., 2018). Dabei wäre auch relevant, inwiefern ein emotionaler Ansteckungseffekt bzw. eine Begeisterungsimitation fächerübergreifend nachgewiesen werden kann oder ob fachliche Präferenzen auf Seiten der Lernenden diesen Effekt determinieren.

Bei allen drei motivationalen Variablen (BWM, SWE und LE) wären gruppenanalytische Untersuchungen und Auswertungen interessant. Hierbei ließen sich entsprechende Wirkungscluster (z. B. Gruppe mit hohen SWE und LE haben tendenziell auch hohe Werte bei der Unterrichtsqualität) herausarbeiten. Da dies jedoch nicht Teil der Fragestellungen (vgl. Kapitel 5) war, wurde eine solche Analyse nicht weiterverfolgt.

Arbeitsbezogenes Wohlbefinden. Anhand der theoretischen Grundlagen zum arbeitsbezogenen Wohlbefinden definiert sich dieses durch die Ausprägung positiver und negativer Erlebnisqualität (Klusmann et al., 2008a, 2008b), wobei die positiven Faktoren überwiegen und die negativen abwesend sein sollten. Methodisch wurde daher versucht, das arbeitsbezogene Wohlbefinden der Lehrkräfte mithilfe des Arbeitsengagements als eine positive Erlebnisqualität und der beruflichen Ermüdung als eine negative Erlebnisqualität zu modellieren. Entgegen den Erwartungen fittete jedoch dieses Messmodell in der anschließenden Analyse (vgl. Abschnitt 7.1) nicht, weshalb schließlich nur das Arbeitsengagement als positiver Indikator zur Auswertung des arbeitsbezogenen Wohlbefindens herangezogen wurde. Hier besteht also der Bedarf nach einer validierten Skala zur Messung der Wohlbefindensdimensionen bei Lehrkräften. Vor diesem Hintergrund könnte zur objektiven Messung des Stresserlebens als negative Erlebensqualität des Wohlbefindens der Cortisolspiegel mithilfe von Schnelltests gemessen werden (vgl. hierzu auch Abschnitt 8.3.2). Darüber hinaus zeigen die Ergebnisse, dass die motivationalen Variablen nur 12 % ($R^2 = 0.12$) der Varianz des arbeitsbezogenen Wohlbefindens aufklären. Demnach bedarf es weiterer gruppenspezifischer Forschung zu den Prädiktoren und Bedingungsfaktoren des Lehrerwohlbefindens.

Unterrichtsqualität. Die Ergebnisse zur Aufklärung der Varianz von Unterrichtsqualität zeigen, dass die motivationalen Variablen nur rund ein Drittel ($R^2 = 0.30$) zur Aufklärung beitragen. Dies bekräftigt den multikriterialen Charakter von Unterrichtsqualität, wonach zu 70 % andere Faktoren zur Varianzaufklärung der Unterrichtsqualität beitragen. Ein determinierender Faktor hierbei ist sicherlich das Professionswissen, dessen Zusammenhang mit der Unterrichtsqualität bereits empirisch belegt wurde (u. a. Borowski et al., 2010; Kunter et al., 2017; Kunter & Baumert, 2011; Mahler, 2017; Park & Chen, 2012; Vogelsang, 2014). Nichtsdestotrotz bleibt ein nicht unerheblicher Teil ungeklärt und diese ‚Black-Box' gilt es in weiterer allgemeiner wie auch fachspezifischer Instruktionsforschung zu beleuchten.

Aus einer methodischen Sicht zeigen die Ergebnisse zum Messmodell der Unterrichtsqualität (vgl. Abschnitt 7.1), dass auch hier der Bedarf nach einem validen Instrument zur Erfassung der selbsteingeschätzten Unterrichtsqualität durch die Biologielehrkräfte besteht. Wie im Methodenteil sowie im Kapitel zu den Limitationen der Studie kritisch angemerkt, wurde für die Erfassung domänenspezifischer Unterrichtsqualität eine Skala entlehnt, die ursprünglich zur Fremdeinschätzung der Qualität im Biologieunterricht eingesetzt wird (Förtsch et al., 2017). Eine valide, anwendungsbezogene Kurzskala zur Erhebung der biologiespezifischen Unterrichtsqualität wäre daher für die biologiedidaktische Unterrichtsforschung ein Zugewinn. Womöglich könnte auch das interdisziplinär entwickelte Syntheseframework zur Erfassung von Unterrichtsqualität von Praetorius und Charalambous (2018) eine geeignete Grundlage zur Weiterentwicklung eines biologiespezifischen Messinstruments von Unterrichtsqualität sein. Nach Praetorius et al. (2014) spielt in diesem Kontext auch die Länge des Beobachtungszeitraums eine nicht unerhebliche Rolle für die valide Erfassung der

Basisdimensionen für Unterrichtsqualität. Demnach können die Dimensionen Klassenführung und unterstützendes Lernklima binnen einer Unterrichtsstunde gemessen werden, wohingegen für die kognitive Aktivierung neun Stunden benötigt werden (Praetorius et al., 2014). In der ResohlUt-Studie wurde während der wöchentlichen Befragungen sechsmal und jeweils einmal im Anfangs- und Endfragebogen die Unterrichtsqualität stunden- und klassenbezogen selbsteingeschätzt. Anhand der Erkenntnis von Praetorius et al. (2014) wären die acht Selbsteinschätzungen nicht ausreichend, um die fachspezifische kognitive Aktivierung adäquat einschätzen zu können. Dies könnte ein Grund für den unzureichenden Modell-Fit des Messmodells zur kognitiven Aktivierung (vgl. Abschnitt 7.1) gewesen sein. Sofern eine wissenschaftliche Evidenz besteht, dass Unterrichtsqualität nur durch eine Mindestanzahl an Messungen valide erhoben werden kann, sollte dies entsprechend im Studiendesign und den Erhebungen berücksichtigt werden. Daran anknüpfend müsste durch weitere generische sowie domänenspezifische Forschung[6], die optimale Anzahl der Messungen abschließend analysiert werden.

In dieser Studie fungierte die Unterrichtsqualität als ein Performanzmaß der Lehrkraft in Form einer abhängigen Variablen. Mit dem Wissen über die Quellen zur Förderung motivationaler Kompetenzen (vgl. Abschnitt 2.2 und 8.2) eröffnet sich ein Forschungsdesiderat, die reziproken Einflüsse der Unterrichtsqualität zu anderen Variablen eingehender zu untersuchen. Ebenso scheint es in diesem Zusammenhang für die Lehrforschung interessant zu sein, die prädiktive Wirkung von Unterrichtsqualität als eine unabhängige Variable detaillierter zu untersuchen.

Wie bereits in Abschnitt 6.4.4 dargelegt, zeigte auch die vorliegende Studie eine ähnliche Diskrepanz zwischen der selbsteingeschätzten und der fremdeingeschätzten Unterrichtsqualität wie Clausen (2002) schon in seinen Studien zu den Messmethoden von Unterrichtsqualität aufzeigte. Es ist fraglich, ob diese Abweichungen allein auf selbstdienliche Effekte der Selbsteinschätzung zurückzuführen sind, da stellenweise die Fremdeinschätzung über den Werten der Selbsteinschätzung lag. Womöglich liegen diesen Diskrepanzen evidente Muster von Lehrertypen (Über- und Unterschätzer) mit besonders ausgeprägten Persönlichkeitsmerkmalen (z. B. besonders hohe Selbstwirksamkeitswerte) als Antezedens

[6] Basierend auf den Erkenntnissen von Praetorius et al. (2014) könnten fachspezifische Unterschiede hinsichtlich der benötigten Stundenanzahl zur validen Erfassung der domänenspezifischen kognitiven Aktivierung bestehen (z. B. lässt sich die kognitive Aktivierung im Fach Deutsch womöglich in weniger Schulstunden erfassen als im Fach Biologie).

zugrunde. Oder aber Unterrichtsqualität ist per se nicht objektiv erfassbar, sondern eine Frage der Perspektive?[7] Diese Desiderate erfordern weitergehende Forschung zur Unterrichtsqualität sowohl in einem generischen als auch einem fachspezifischen Kontext.

8.4.2 Praktische Implikationen für die Lehrerbildung und die Unterrichtspraxis

Im Kontext professioneller Kompetenzen von Lehrkräften wird die Disparität der Kompetenzmuster vorrangig durch zwei Annahmen begründet. Einerseits können diese „aus bestehenden Unterschieden in stabilen und berufsunspezifischen Persönlichkeitsmerkmalen resultieren (Eignungshypothese) oder das Ergebnis von Qualifikationsprozessen sein (Qualifikationshypothese)" (Bleck, 2019, S. 384). Inwiefern diese Annahmen im Zusammenhang mit den Studienergebnissen zu praktischen Implikationen für die Lehrerbildung und die Unterrichtspraxis führen, soll in diesem Abschnitt dargestellt werden.

Implikationen für die Lehrerbildung. Zwar konnten in dieser Studie keine Effekte des lehramtsbezogenen Berufswahlmotivs in der dritten Lehrerbildungsphase ausgemacht werden, jedoch ist zumindest ein Einfluss während der ersten Phase der Lehrerbildung nachgewiesen (u. a. Cramer, 2012; König & Rothland, 2012, 2013; Künsting & Lipowsky, 2011; Schüle et al., 2014). Im Zusammenhang mit der genannten Eignungshypothese eröffnet das motivationale Konstrukt des Berufswahlmotivs einen Diskurs zur Lehrereignung (Schaarschmidt et al., 2017). Wie im vorherigen Kapitel dargestellt, sollte in diesem Kontext auch die unterschiedliche Bedeutung intrinsischer und extrinsischer Berufswahlmotive tiefergehend erforscht werden. Sofern weitergehende längsschnittliche Studien entsprechende Befunde zu berufsförderlichen Motivmustern für Lehrkräfte belegen, könnte dies zur „Entwicklung von Verfahren zur Selbstselektion genutzt werden" (Pohlmann & Möller, 2010, S. 83). Solche selbstreflexiven Verfahren zur Lehrereignung werden bereits in freiwilliger Form durch das Pilotprojekt ‚PArcours' an der Universität Passau (Wirth & Seibert, 2011) oder den Selbsterkundungsfragebogen ‚Career Counselling for Teachers' (Bergmann et al., 2020; Nieskens, 2009) eingesetzt (Pohlmann & Möller, 2010). Inwiefern verbindliche

---

[7] Anknüpfend an den Titel sowie die Ergebnisse zur Unterrichtsforschung von Clausen, 2002.

und restriktivere Verfahren wie beispielsweise ein verpflichtendes Assessment-Center für die Auswahl der Lehramtsstudierenden sinnvoll erscheint, ist letztlich eine bildungspolitische Frage.

Aus Perspektive der Qualifikationshypothese unerlässlich ist eine stärkere Einbindung von Fördermöglichkeiten motivationaler Kompetenzen in die Lehrerbildung (Bleck, 2019; Blömeke et al., 2012; Cramer, 2012; Schürmann et al., 2020). Wie das Kompetenzmodell nach Baumert und Kunter (2006) postuliert, setzt sich die professionelle Lehrerkompetenz aus diversen Facetten zusammen, welche sich auch entsprechend in der Lehrerausbildung widerspiegeln sollten (Blömeke et al., 2012). Die institutionalisierte Lehrerausbildung sollte daher neben dem bisherigen Fokus auf dem Wissenserwerb und der damit einhergehenden kompetenzbezogenen Dominanz des Professionswissens evidenzbasiert weiterentwickelt werden. Eine solche forschungsbasierte Lehre sollte auch stärker die Förderung motivationaler Faktoren einbinden (Cramer, 2012; Schürmann et al., 2020). Die motivationalen Kompetenzen können insbesondere durch eigene erfolgreiche Unterrichtserfahrung (mastery experience) oder stellvertretende Erfahrungen über Hospitationen sowie videobasierte Reflexionen von Lehr- und Lernprozessen gefördert werden (vgl. Abschnitt 2.2 und 8.2). Für die direkte Unterrichtserfahrung und deren motivationalen Einfluss sind ausreichende schulpraktische Einheiten während der akademischen Ausbildung von Bedeutung (Besa, 2018). An dieser Stelle sind ebenfalls tiefergehende Untersuchungen zur Wirkung schulpraktischer Einheiten auf die Entwicklung motivationaler wie auch auf die Lehrerkompetenz allgemein von wissenschaftlicher Relevanz. Unabhängig von den Schulpraktika bieten auch die Einbindung und Analyse von Unterrichtsvignetten in die Lehrerausbildung das Potential, stellvertretende Erfahrungen zu sammeln, den eigenen Qualifikationsstand zu reflektieren und darauf aufbauend die motivationalen (Handlungs-)Kompetenzen nachhaltig weiterzuentwickeln (Bleck, 2019). Hierbei stehen vornehmlich auch die Fachdidaktiken in der Verantwortung, entsprechende domänenspezifische Lerngelegenheiten zu konzipieren und den Studierenden zur Förderung ihrer motivationalen Kompetenzen im Studiencurriculum anzubieten (Schürmann et al., 2020). Zu einer verbesserten professionsbezogenen Begleitung und Förderung motivationaler Kompetenzen könnte auch das im vorherigen Kapitel genannte Reflexionsinstrument der individuellen Lehrerselbstwirksamkeitserwartungen für Studierende beitragen. Aber nicht nur die motivationalen Kompetenzen, sondern auch die professionelle Unterrichtswahrnehmung kann durch videobasierte Ansätze und damit einhergehende Reflexionsprozesse gefördert werden (C. Kramer et al., 2017).

Implikationen für die Unterrichtspraxis. Hinsichtlich der Unterrichtspraxis zeigen die Ergebnisse der vorliegenden Studie (vgl. Abschnitt 7.3.2) sowie die

Erkenntnisse weiterer Studien (Bleck, 2019; Holzberger et al., 2013; Künsting et al., 2016; Praetorius et al., 2017), dass motivationale Kompetenzen einer Lehrkraft Einfluss auf das Instruktionsgeschehen und dessen Erfolg in der Schule haben. Somit ist es wichtig, die Motivation der Lehrkräfte auch in der dritten Phase der Lehrerbildung zu fördern und zu erhalten (vgl. auch Abschnitt 8.2).

Auf direktem Weg können hier Fortbildungsmöglichkeiten entsprechend die Reflexion und Förderung motivationaler Kompetenzen aufgreifen. Diese sollten neben einem motivationalen Schwerpunkt auch in einen domänenspezifischen Kontext eingebettet sein (vgl. Kapitel 2). Der stichprobenartige Blick in den Fortbildungskatalog des in Rheinland-Pfalz beauftragten ‚Pädagogischen Landesinstituts' zeigt jedoch, dass die derzeitigen Fortbildungen vorrangig einen lerninhaltlichen, methodischen, administrativen oder digitalisierungsbezogenen Schwerpunkt aufweisen (Pädagogisches Landesinstitut Rheinland-Pfalz, 2021). Ein entsprechender Erkenntnistransfer zwischen der Wissenschaft und den verantwortlichen Akteuren für die Fort- und Weiterbildung von Lehrkräften wäre an dieser Stelle sicherlich hilfreich. Vor diesem Hintergrund könnten auch evidenzbasierte Online-Interventionen zur Förderung motivationaler Kompetenzen bei Lehrkräften etabliert werden. Jedoch sollte die Wirksamkeit einer solchen Online-Fortbildung wissenschaftlich begleitet und evaluiert werden.

Auch eine entsprechende Implementierung von Selbstreflexion und Fördermaßnahmen motivationaler Orientierung in das Curriculum des Vorbereitungsdienstes könnte die Unterrichtsperformanz der Referendare und Referendarinnen steigern sowie deren psychisches Belastungserleben während dieser zweiten Phase der Lehrerbildung puffern (vgl. Abschnitt 2.4 und 3.3). Gleichfalls könnte auch hier das oben genannte Reflexionsinstrument die individuellen Kontemplationsprozesse über Selbstwirksamkeitserwartungen oder weitere motivationale Faktoren erleichtern. Eine direkte Förderung motivationaler Kompetenzen kann aber auch durch Anerkennung der Lehrerleistung durch die Gesellschaft, die Lernenden, die Eltern oder die Schulleitung sowie einer wertschätzenden Feedback-Kultur am Arbeitsplatz Schule erfolgen (Bleck, 2019).

Auf indirektem Weg tragen insbesondere auch arbeitsbezogene Aspekte wie der Umgang von Erfolgen und Misserfolgen im Kollegium (Bleck, 2019), das Verhältnis unter den Kolleginnen und Kollegen (Kunter, Kleickmann et al., 2011) oder zur Schulleitung zu einem positiveren Arbeitsengagement (Bakker & Bal, 2010; Simbula et al., 2011) und einer kollektiven Motivation (Schmitz & Schwarzer, 2002) bei. Bekräftigt wird diese Bedeutung der sozialen Unterstützung im beruflichen Umfeld auch durch die Analysen der vorliegenden Studie. Die Ergebnisse einer Korrelationsanalyse von motivationalen mit arbeitsbezogenen

Variablen zeigen, dass die allgemeinen Selbstwirksamkeitserwartungen der Biologielehrkräfte mit arbeitsbezogenen Variablen (z. B. das Verhältnis zu Kollegen) signifikant ($p < 0.05$) positiv korrelieren (vgl. auch Abschnitt 8.1). Gleiches gilt für einen signifikant positiven Zusammenhang zwischen dem klassenbezogenen Unterrichtsenthusiasmus und der Autonomie am Arbeitsplatz (vgl. elektronisches Zusatzmaterial Anhang, B 2). „Die soziale Unterstützung und die Eingebundenheit in ein soziales Gefüge gelten als relevante Faktoren für die intrinsische Motivation sowie als wichtige Ressource im Umgang mit beruflichen Belastungen" (Bleck, 2019, S. 161). Insbesondere letzteres konnte in der vorliegenden Studie zumindest für den Einfluss der Selbstwirksamkeitserwartungen und des Lehrerenthusiasmus auf das arbeitsbezogene Wohlbefinden nachgewiesen werden (vgl. Abschnitt 7.3.2). Demnach belegt auch die vorliegende Studie, dass die Förderung motivationaler Kompetenzen in der Unterrichts- und Schulpraxis, neben der positiven Wirkung auf den Instruktionsprozess, auch für das individuelle Wohlbefinden und das Belastungserleben der Lehrkräfte im schulischen Arbeitsalltag von Bedeutung ist.

Ausblick

9

Die vorliegende Arbeit hatte zum Ziel, den Wirkungszusammenhang motivationaler Kompetenzen (lehramtsbezogenes Berufswahlmotiv, Selbstwirksamkeitserwartungen und Lehrer-enthusiasmus) auf das arbeitsbezogene Wohlbefinden und die selbsteingeschätzte Unterrichtsqualität bei Biologielehrkräften zu analysieren. Bisherige Studienergebnisse weisen auf eine nicht unerhebliche Bedeutung motivationaler Lehrerkompetenzen für das erfolgreiche und gesunde Unterrichten am Arbeitsplatz Schule hin (vgl. u. a. Baumert et al., 2011; Bleck, 2019; Dicke et al., 2014; Mahler, 2017; Weschenfelder, 2014). Nichtsdestotrotz war der Forschungskorpus zur empirischen und fachspezifischen Überprüfung dieses Wirkungszusammenhangs bei Biologielehrkräften bislang sehr begrenzt. Einzig Mahler (2017) hatte bisher den Einfluss motivationaler Orientierung bei Biologielehrkräften auf die Performanz der Lernenden untersucht, jedoch nicht die Unterrichtsqualität an sich oder gesundheitsbezogene Variablen, wie das Wohlbefinden, als abhängige Variablen in den Blick genommen.

Mithilfe der vorliegenden Studie konnte diesem biologiedidaktischen Forschungsdesiderat in wesentlichen Teilen begegnet werden. Unter Berücksichtigung der studienbezogenen und messtheoretischen Einschränkungen sowie der geringen Stichprobengröße zeigte sich, dass das lehramtsbezogene Berufswahlmotiv signifikant positive Zusammenhänge mit den motivationalen Variablen Selbstwirksamkeitserwartungen und Lehrerenthusiasmus aufweist. Demnach kann das Berufswahlmotiv prinzipiell als Teil motivationaler Kompetenzen in Form der motivationalen Orientierung betrachtet werden. Die Analyse der Wirkungszusammenhänge des Berufswahlmotivs, mediiert über die motivationalen Variablen der Selbstwirksamkeitserwartungen und des Lehrerenthusiasmus, auf die Unterrichtsqualität und das Wohlbefinden zeigen hingegen keine signifikanten direkten Effekte als auch indirekten Mediationseffekte. Der Lehrerenthusiasmus beeinflusst hingegen sowohl die Unterrichtsqualität als auch das

M. Milius, *Professionelle Kompetenz von Biologielehrkräften*,
https://doi.org/10.1007/978-3-658-37590-4_9

arbeitsbezogene Wohlbefinden signifikant positiv. Die Selbstwirksamkeitserwartungen sind dagegen ausschließlich mit dem arbeitsbezogenen Wohlbefinden signifikant positiv assoziiert. Auch wenn diese Ergebnisse vor dem Hintergrund der postulierten Hypothesen nicht ausnahmslos erwartungskonform sind, unterstreichen sie zumindest die nicht unwesentliche Bedeutung motivationaler Kompetenzen. Zugleich zeigen die Ergebnisse Ansatzpunkte für weitergehende lehrerkompetenzbezogene und biologiedidaktische Forschung. Das lehramtsbezogene Berufswahlmotiv scheint in seiner Retrospektivität bei praktizierenden Biologielehrkräften nur noch eine untergeordnete Rolle hinsichtlich des Wirkungspotentials zu spielen. Nichtsdestotrotz scheint es unabdinglich, den Einfluss auf die Leistungsperformanz von Lehramtsstudierenden im Fach Biologie eingehender zu untersuchen sowie mithilfe von längsschnittlichen Studien den Zeitpunkt des Wirkungsverlusts zu rekonstruieren. Hinsichtlich der Selbstwirksamkeitserwartungen sollte der Wirkungszusammenhang mithilfe eines validierten und fachspezifischen Messinstruments replizierend geprüft werden. Auch wenn die empirischen Ergebnisse dieser Studie dafür sprechen, scheint es aus einer theoretischen Sicht unwahrscheinlich, dass die Selbstwirksamkeitserwartungen keine Bedeutung für das unterrichtliche Handeln haben, wohingegen die Relevanz des Lehrerenthusiasmus durch die Studienergebnisse im biologiedidaktischen Kontext bekräftigt wird. Hier wäre in weitergehenden Studien zu überprüfen, inwiefern diese Ergebnisse auf zufallsbasierten Effekten oder einem evidenten Wirkungszusammenhang beruhen. In Bezug auf die Erfassung von arbeitsbezogenem Wohlbefinden bei Lehrkräften sowie der domänenspezifischen Unterrichtsqualität besteht Klärungsbedarf hinsichtlich eines validen Messinstruments. Aus einer inhaltlichen Perspektive scheint es neben weiterer aufklärender Forschung zu Antezedenzien auch interessant, die reziproken Effekte und damit einhergehend die prädiktive Wirkung dieser Variablen zu untersuchen.

Gleichzeitig zeigen die Ergebnisse auch, dass die motivationale Orientierung als ein Teilaspekt von Lehrerkompetenz von Bedeutung für erfolgreichen Unterricht sowie das eigene arbeitsbezogene Wohlbefinden ist. Es sollten daher stärker als bisher Lerngelegenheiten zur Förderung sowie zum Erhalt von motivationalen Kompetenzen geschaffen werden (vgl. auch Mahler et al., 2017a). Insbesondere während der ersten Phase der Lehrerbildung sollte die Dominanz des wissensbezogenen Kompetenzerwerbs zugunsten motivationaler Kompetenzen abgemildert werden (Mahler et al., 2018). Die fachdidaktischen Studienabschnitte bieten hier Potential, die motivationale Orientierung von angehenden Lehrkräften fachspezifisch und forschungsbasiert zu fördern. Auch darüber hinaus sollte die Förderung motivationaler Kompetenzen Beachtung finden und in der zweiten und dritten Phase der Lehrerbildung erhalten bleiben. Insbesondere während der zweiten

Phase des anspruchsvollen Vorbereitungsdienstes könnten motivationsfördernde und selbstreflexive Einheiten am Studienseminar sowie an den Praxisschulen zum arbeitsbezogenen Wohlbefinden und zugleich zur instruktiven Performanz der Referendare beitragen (Richter et al., 2013). Die dritte Phase der Lehrerbildung bietet durch unterrichtspraktische Situationen eine indirekte Lerngelegenheit, sofern diese entsprechend reflektiert werden (Kunter, Kleickmann et al., 2011). Begleitende Fortbildungen in einem kontinuierlichen Intervall können ebenfalls zum Erhalt und der Förderung motivationaler und generischer Lehrerkompetenzen beitragen.

Literaturverzeichnis

Abel, J. (2008). Der AIST als Evaluationsinstrument zur Erfassung des Berufs- und Wissenschaftsbezugs von Lehramtsstudierenden im Projekt GLANZ. In F. Hofmann (Hrsg.), *Qualitative und quantitative Aspekte: Zu ihrer Komplementarität in der erziehungswissenschaftlichen Forschung* (S. 173–187). Waxmann.

Aguirre, J. & Speer, N. M. (1999). Examining the Relationship Between Beliefs and Goals in Teacher Practice. *The Journal of Mathematical Behavior, 18*(3), 327–356. https://doi.org/10.1016/S0732-3123(99)00034-6

Aichholzer, J. (2017). *Einführung in lineare Strukturgleichungsmodelle mit Stata.* Springer VS. https://doi.org/10.1007/978-3-658-16670-0

Alexander, P. A. (2008). Charting the course for the teaching profession: The energizing and sustaining role of motivational forces. *Learning and Instruction, 18*(5), 483–491. https://doi.org/10.1016/j.learninstruc.2008.06.006

Allen, N., Grigsby, B. & Peters, M. L. (2015). Does leadership matter? Examining the Relationship Among Transformational Leadership, School Climate, and Student Achievement. *International Journal of Educational Leadership Preparation, 10*(2), 1–22.

Allen, T. D., Herst, D. E. L., Bruck, C. S. & Sutton, M. (2000). Consequences associated with work-to-family conflict: A review and agenda for future research. *Journal of Occupational Health Psychology, 5*(2), 278–308. https://doi.org/10.1037//1076-8998.5.2.278

Allinder, R. M. (1994). The Relationship Between Efficacy and the Instructional Practices of Special Education Teachers and Consultants. *Teacher Education and Special Education: The Journal of the Teacher Education Division of the Council for Exceptional Children, 17*(2), 86–95. https://doi.org/10.1177/088840649401700203

Antonovsky, A. (1987). *Unraveling the mystery of health: How people manage stress and stay well.* Jossey-Bass.

Antonovsky, A. (1997). *Salutogenese: Zur Entmystifizierung der Gesundheit. Forum für Verhaltenstherapie und psychosoziale Praxis: Band 36.* dgvt Verlag.

Ashford, S., Edmunds, J. & French, D. P. (2010). What is the best way to change self-efficacy to promote lifestyle and recreational physical activity? A systematic review with meta-analysis. *British journal of health psychology, 15*(2), 265–288. https://doi.org/10.1348/135910709X461752

M. Milius, *Professionelle Kompetenz von Biologielehrkräften*,
https://doi.org/10.1007/978-3-658-37590-4

Atkinson, J. W. (1957). Motivational determinants of risk-taking behavior. *Psychological Review, 64*(6), 359–372. https://doi.org/10.1037/h0043445

Bakker, A. B. (2011). An Evidence-Based Model of Work Engagement. *Current Directions in Psychological Science, 20*(4), 265–269. https://doi.org/10.1177/0963721411414534

Bakker, A. B. & Bal, M. P. (2010). Weekly work engagement and performance: A study among starting teachers. *Journal of Occupational and Organizational Psychology, 83*(1), 189–206. https://doi.org/10.1348/096317909X402596

Bakker, A. B. & Demerouti, E. (2007). The Job Demands-Resources model: State of the art. *Journal of Managerial Psychology, 22*(3), 309–328. https://doi.org/10.1108/026839407 10733115

Bakker, A. B., Hakanen, J. J., Demerouti, E. & Xanthopoulou, D. (2007). Job resources boost work engagement, particularly when job demands are high. *Journal of Educational Psychology, 99*(2), 274–284. https://doi.org/10.1037/0022-0663.99.2.274

Bakker, A. B. & Oerlemans, W. G. M. (2011). Subjective well-being in organizations. In K. S. Cameron & G. M. Spreitzer (Hrsg.), *The Oxford handbook of positive organizational scholarship* (S. 178–189). Oxford University Press.

Bakker, A. B. & Schaufeli, W. B. (2000). Burnout Contagion Processes Among Teachers. *Journal of Applied Social Psychology, 30*(11), 2289–2308. https://doi.org/10.1111/j.1559-1816.2000.tb02437.x

Ball, D. L., Hill, H. C. & Bass, H. (2005). Knowing Mathematics for Teaching: Who Knows Mathematics Well Enough To Teach Third Grade, and How Can We Decide? *American Educator, 29*(1), 14–17, 20–22, 43–46.

Ball, D. L., Lubienski, S. T. & Mewborn, D. S. (2001). Research on teaching mathematics: The Unsolved Problem of Teachers's Mathematical Knowledge. In V. Richardson (Hrsg.), *Handbook of Research on Teaching* (4. Aufl., 433–456). American Educational Research Association.

Bandura, A. (1977). Self-efficacy: Toward a unifying theory of behavioral change. *Psychological Review, 84*(2), 191–215.

Bandura, A. (1986). *Social foundations of thought and action: A social cognitive theory.* Prentice-Hall.

Bandura, A. (1997). *Self-efficacy: The exercise of control.* Freeman.

Bandura, A. (2001). Social cognitive theory: an agentic perspective. *Annual Review of Psychology, 52*, 1–26. https://doi.org/10.1146/annurev.psych.52.1.1

Baron, R. M. & Kenny, D. A. (1986). The moderator-mediator variable distinction in social psychological research: conceptual, strategic, and statistical considerations. *Journal of Personality and Social Psychology, 51*(6), 1173–1182. https://doi.org/10.1037//0022-3514.51.6.1173

Bauer, J., Stamm, A., Virnich, K., Wissing, K., Müller, U., Wirsching, M. & Schaarschmidt, U. (2006). Correlation between burnout syndrome and psychological and psychosomatic symptoms among teachers. *International archives of occupational and environmental health, 79*(3), 199–204. https://doi.org/10.1007/s00420-005-0050-y

Bauer, K.-O. & Logemann, N. (Hrsg.). (2011). *Unterrichtsqualität und fachdidaktische Forschung: Modelle und Instrumente zur Messung fachspezifischer Lernbedingungen und Kompetenzen.* Waxmann.

Baumeister, R. F. & Leary, M. R. (1995). The Need to Belong: Desire for Interpersonal Attachments as a Fundamental Human Motivation. *Psychological Bulletin, 117*(3), 57–89. https://doi.org/10.4324/9781351153683-3

Baumert, J., Blum, W., Brunner, M., Dubberke, T., Jordan, A., Klusmann, U., Krauss, S., Kunter, M., Löwen, K., Neubrand, M. & Tsai, Y.-M. (2008). *Professionswissen von Lehrkräften, kognitiv aktivierender Mathematikunterricht und die Entwicklung von mathematischer Kompetenz (COACTIV): Dokumentation der Erhebungsinstrumente. Materialien aus der Bildungsforschung: Nr. 83.* Max-Planck-Inst. für Bildungsforschung.

Baumert, J. & Kunter, M. (2006). Stichwort: Professionelle Kompetenz von Lehrkräften. *Zeitschrift für Erziehungswissenschaften, 9*(4), 469–520.

Baumert, J. & Kunter, M. (2011a). Das Kompetenzmodell von COACTIV. In M. Kunter, J. Baumert, W. Blum, U. Klusmann, S. Krauss & M. Neubrand (Hrsg.), *Professionelle Kompetenz von Lehrkräften: Ergebnisse des Forschungsprogramms COACTIV* (S. 29–53). Waxmann.

Baumert, J. & Kunter, M. (2011b). Das mathematische Wissen von Lehrkräften, kognitive Aktivierung im Unterricht und Lernfortschritte von Schülerinnen und Schüler. In M. Kunter, J. Baumert, W. Blum, U. Klusmann, S. Krauss & M. Neubrand (Hrsg.), *Professionelle Kompetenz von Lehrkräften: Ergebnisse des Forschungsprogramms COACTIV* (S. 163–191). Waxmann.

Baumert, J., Kunter, M., Blum, W., Klusmann, U., Krauss, S. & Neubrand, M. (2011). Professionelle Kompetenz von Lehrkräften, kognitiv aktivierender Unterricht und die mathematische Kompetenz von Schülerinnen und Schülern (COACTIV) – Ein Forschungsprogramm. In M. Kunter, J. Baumert, W. Blum, U. Klusmann, S. Krauss & M. Neubrand (Hrsg.), *Professionelle Kompetenz von Lehrkräften: Ergebnisse des Forschungsprogramms COACTIV* (S. 7–26). Waxmann.

Behling, F., Förtsch, C. & Neuhaus, B. J. (2019). Sprachsensibler Biologieunterricht – Förderung professioneller Handlungskompetenz und professioneller Wahrnehmung durch videogestützte live-Unterrichtsbeobachtung. Eine Projektbeschreibung. *Zeitschrift für Didaktik der Naturwissenschaften, 25*(1), 307–316. https://doi.org/10.1007/s40573-019-00103-9

Bergmann, C., Brandstätter, H., Demarle-Meusel, H., Eder, F., Kupka, K., Mayr, J., Müller, F. H., Muskatewitz, S. & Nieskens, B. (2020). *CCT – Career Counselling for Teachers: Information und Selbsterkundung für den Lehrerberuf.* Institut für Unterrichts- und Schulentwicklung, Alpen-Adria-Universität Klagenfurt. https://www.cct-germany.de/CCT/SetAudience

Berliner, D. C. (2005). The Near Impossibility of Testing for Teacher Quality. *Journal of Teacher Education, 56*(3), 205–213. https://doi.org/10.1177/0022487105275904

Berry, A., Loughran, J. & van Driel, J. H. (2008). Revisiting the Roots of Pedagogical Content Knowledge. *International Journal of Science Education, 30*(10), 1271–1279. https://doi.org/10.1080/09500690801998885

Besa, K.-S. (2018). *Studien zur lehramtsbezogenen Berufswahlmotivation in schulpraktischen Ausbildungsphasen.* Dissertation. Universitätsverlag Hildesheim.

Besa, K.-S. & Schüle, C. (2016). Veränderung der Berufswahlmotivation von Lehramtsstudierenden in unterschiedlichen Praktikumsformen. *Lehrerbildung auf dem Prüfstand, 9*(2), 253–266.

Billich-Knapp, M., Künsting, J. & Lipowsky, F. (2012). Profile der Studienwahlmotivation bei Grundschullehramtsstudierenden. *Zeitschrift für Pädagogik, 58*(5), 696–719.

Blanz, M. (2015). *Forschungsmethoden und Statistik für die Soziale Arbeit: Grundlagen und Anwendungen* (1. Auflage). Kohlhammer.

Bleck, V. (2019). *Lehrerenthusiasmus: Entwicklung, Determinanten, Wirkungen*. Springer. https://doi.org/10.1007/978-3-658-23102-6

Bleicher, R. E. (2004). Revisiting the STEBI-B: Measuring Self-Efficacy in Preservice Elementary Teachers. *School Science and Mathematics, 104*(8), 383–391. https://doi.org/10.1111/j.1949-8594.2004.tb18004.x

Blömeke, S., Kaiser, G. & Lehmann, R. (Hrsg.). (2008). *Professionelle Kompetenz angehender Lehrerinnen und Lehrer: Wissen, Überzeugungen und Lerngelegenheiten deutscher Mathematikstudierender und -referendare ; erste Ergebnisse zur Wirksamkeit der Lehrerausbildung*. Waxmann.

Blömeke, S., König, J., Suhl, U., Hoth, J. & Döhrmann, M. (2015). Wie situationsbezogen ist die Kompetenz von Lehrkräften? Zur Generalisierbarkeit der Ergebnisse von videobasierten Performanztests. *Zeitschrift für Pädagogik, 61*(3), 310–327.

Blömeke, S., Suhl, U. & Döhrmann, M. (2012). Zusammenfügen was zusammengehört. Kompetenzprofile am Ende der Lehrerausbildung im internationalen Vergleich. *Zeitschrift für Pädagogik, 58*(4), 422–440.

Bloom, J. de, Kinnunen, U. & Korpela, K. (2015). Recovery Processes During and After Work: Associations With Health, Work Engagement, and Job Performance. *Journal of occupational and environmental medicine, 57*(7), 732–742. https://doi.org/10.1097/JOM.0000000000000475

Bodensohn, R., Schneider, R. & Jäger, R. S. (2008). Welche Klientel entscheidet sich für ein Lehramtsstudium? Mögliche Entscheidungshilfen für eine künftige Auswahl von Lehramtsstudierenden. In M. Rotermund, G. Dörr & R. Bodensohn (Hrsg.), *Schriftenreihe der Bundesarbeitsgemeinschaft Schulpraktische Studien: Bd. 3. Bologna verändert die Lehrerbildung: Auswirkungen der Hochschulreform* (S. 208–248). Leipziger Universitätsverlag.

Bongartz, N. (2000). *Wohlbefinden als Gesundheitsparameter: Theorie und treatmentorientierte Diagnostik. Psychologie: Bd. 32*. Verlag Empirische Pädagogik.

Borowski, A., Kirschner, S., Liedtke, S. & Fischer, H. E. (2011). Vergleich des Fachwissens von Studierenden, Referendaren und Lehrenden in der Physik. *Physik und Didaktik in Schule und Hochschule, 1*(10), 1–9.

Borowski, A., Neuhaus, B. J., Tepner, O., Wirth, J., Fischer, H. E., Leutner, D., Sandmann, A. & Sumfleth, E. (2010). Professionswissen von Lehrkräften in den Naturwissenschaften (ProwiN) – Kurzdarstellung des BMBF-Projekts. *Zeitschrift für Didaktik der Naturwissenschaften, 16*, 341–349.

Bortz, J. & Schuster, C. (2010). *Statistik für Human- und Sozialwissenschaftler. Springer-Lehrbuch*. Springer.

Brandt, H. & Moosbrugger, H. (2020). Planungsaspekte und Konstruktionsphasen von Tests und Fragebogen. In H. Moosbrugger & A. Kelava (Hrsg.), *Testtheorie und Fragebogenkonstruktion* (S. 39–66). Springer.

Bromme, R. (1992). *Der Lehrer als Experte: Zur Psychologie des professionellen Wissens*. Huber.

Bromme, R. (1995). Was ist „pedagogical content knowledge"? Kritische Anmerkung zu einem fruchtbaren Forschungsprogramm. *Zeitschrift für Pädagogik*(Beiheft 33), 105–113.

Brookhart, S. M. & Freeman, D. J. (1992). Characteristics of Entering Teacher Candidates. *Review of Educational Research, 62*(1), 37–60. https://doi.org/10.3102/00346543062001037

Brophy, J. E. & Good, T. L. (1986). Teacher Behavior and Student Achievment. In M. C. Wittrock (Hrsg.), *Handbook of research on teaching* (3. Aufl., S. 376–391). Macmillan.

Brophy, J. (2000). *Teaching*. International Academy of Education (UNESCO).

Brouwers, A. & Tomic, W. (2000). A longitudinal study of teacher burnout and perceived self-efficacy in classroom management. *Teaching and Teacher Education, 16*(2), 239–253. https://doi.org/10.1016/S0742-051X(99)00057-8

Brühwiler, C. (2014). *Adaptive Lehrkompetenz und schulisches Lernen: Effekte handlungssteuernder Kognitionen von Lehrpersonen auf Unterrichtsprozesse und Lernergebnisse der Schülerinnen und Schüler*. Dissertation. Waxmann.

Brühwiler, C. & Vogt, F. (2020). Adaptive teaching competency: Effects on quality of instruction and learning outcomes. *Journal for Educational Research Online, 12*(1), 119–142.

Brunner, M., Anders, Y., Hachfeld, A. & Krauss, S. (2011). Diagnostische Fähigkeiten von Mathematiklehrkräften. In M. Kunter, J. Baumert, W. Blum, U. Klusmann, S. Krauss & M. Neubrand (Hrsg.), *Professionelle Kompetenz von Lehrkräften: Ergebnisse des Forschungsprogramms COACTIV* (S. 215–233). Waxmann.

Brunner, M., Kunter, M., Krauss, S., Baumert, J., Blum, W., Dubberke, T., Jordan, A., Klusmann, U., Tsai, Y.-M. & Neubrand, M. (2006). Welche Zusammenhänge bestehen zwischen dem fachspezifischen Professionswissen von Mathematiklehrkräften und ihrer Ausbildung sowie beruflichen Fortbildung? *Zeitschrift für Erziehungswissenschaften, 9*(4), 521–544.

Brunsting, N. C., Sreckovic, M. A. & Lane, K. L. (2014). Special Education Teacher Burnout: A Synthesis of Research from 1979 to 2013. *Educational and Treatment of Children, 37*(4), 681–712.

Bühner, M. (2011). *Einführung in die Test- und Fragebogenkonstruktion* (2. Auflage). Pearson Studium.

Caprara, G. V., Barbaranelli, C., Borgogni, L. & Steca, P. (2003). Efficacy Beliefs as Determinants of Teachers' Job Satisfaction. *Journal of Educational Psychology, 95*(4), 821–832. https://doi.org/10.1037/0022-0663.95.4.821

Caprara, G. V., Barbaranelli, C., Steca, P. & Malone, P. S. (2006). Teachers' self-efficacy beliefs as determinants of job satisfaction and students' academic achievement: A study at the school level. *Journal of School Psychology, 44*(6), 473–490. https://doi.org/10.1016/j.jsp.2006.09.001

Carleton, L. E., Fitch, J. C. & Krockover, G. H. (2007). An In-Service Teacher Education Program's Effect on Teacher Efficacy and Attitudes. *The Educational Forum, 72*(1), 46–62. https://doi.org/10.1080/00131720701603628

Carroll, J. B. (1963). A Model of School Learning. *Teachers College Record, 64*, 723–733.

Carter, R., Nesbit, P. & Joy, M. (2010). Using Theatre-based Interventions to Increase Employee Self-Efficacy and Engagement. In S. Albrecht (Hrsg.), *Handbook of employee engagement: Perspectives, issues, research and practice* (S. 416–424). Edward Elgar.

Cauet, E. (2016). *Testen wir relevantes Wissen: Zusammenhang zwischen dem Professionswissen von Physiklehrkräften und gutem und erfolgreichem Unterricht*. Dissertation. Logos.

Clausen, M. (2002). *Unterrichtsqualität: Eine Frage der Perspektive? Empirische Analysen zur Übereinstimmung, Konstrukt- und Kriteriumsvalidität. Pädagogische Psychologie und Entwicklungspsychologie: Bd. 29*. Waxmann.

Clausen, M., Reusser, K. & Klieme, E. (2003). Unterrichtsqualität auf der Basis hochinferenter Unterrichtsbeurteilungen. Ein Vergleich zwischen Deutschland und der deutschsprachigen Schweiz. *Unterrichtswissenschaft, 31*(2), 122–141.

Clausen, M., Schnabel, K. U. & Schröder, S. (2002). Konstrukte der Unterrichtsqualität im Expertenurteil. *Unterrichtswissenschaft, 30*(3), 246–260.

Cohen, J. (1988). *Statistical power analysis for the behavioral sciences* (2. Auflage). Erlbaum.

Collins, M. L. (1978). Effects of Enthusiasm Training on Preservice Elementary Teachers. *Journal of Teacher Education, 29*(1), 53–57. https://doi.org/10.1177/002248717802900120

Cramer, C. (2012). *Entwicklung von Professionalität in der Lehrerbildung: Empirische Befunde zu Eingangsbedingungen, Prozessmerkmalen und Ausbildungserfahrungen Lehramtsstudierender*. Dissertation. Klinkhardt.

Cramer, C., Merk, S. & Wesselborg, B. (2014). Psychische Erschöpfung von Lehrerinnen und Lehrern.: Repräsentativer Berufsgruppenvergleich unter Kontrolle berufsspezifischer Merkmale. *Lehrerbildung auf dem Prüfstand, 7*(2), 138–156.

Csikszentmihalyi, M. (1990). *Flow - The psychology of optimal expericence*. Harper & Row.

Curran, P. G. (2016). Methods for the detection of carelessly invalid responses in survey data. *Journal of Experimental Social Psychology, 66*, 4–19. https://doi.org/10.1016/j.jesp.2015.07.006

Darling-Hammond, L. & Bransford, J. (Hrsg.). (2007). *Preparing Teachers for a Changing World: What Teachers Should Learn and Be Able to Do*. Wiley.

DeCharms, R. (1968). *Personal causation: the internal affective determinants of behavior*. Academic Press.

Deci, E. L. & Ryan, R. M. (1985). *Intrinsic motivation and self-determination in human behavior*. Plenum Press.

Deci, E. L. & Ryan, R. M. (1993). Die Selbstbestimmungstheorie der Motivation und ihre Bedeutung für die Pädagogik. *Zeitschrift für Pädagogik, 39*(2), 223–238.

Deci, E. L. & Ryan, R. M. (2002). *Handbook of self-determination research*. University of Rochester Press.

Decristan, J., Hess, M., Holzberger, D. & Praetorius, A.-K. (2020). Oberflächen- und Tiefenmerkmale: Eine Reflexion zweier prominenter Begriffe der Unterrichtsforschung. *Zeitschrift für Pädagogik, 1*(66. Beiheft), 102–116. https://doi.org/10.3262/ZPB2001102

Deehan, J. (2017). *The Science Teaching Efficacy Belief Instruments (STEBI A and B): A comprehensive review of methods and findings from 25 years of science education research*. Springer. https://doi.org/10.1007/978-3-319-42465-1

Demerouti, E., Bakker, A. B., Nachreiner, F. & Schaufeli, W. B. (2001). The job demands-resources model of burnout. *Journal of Applied Psychology, 86*(3), 499–512. https://doi.org/10.1037/0021-9010.86.3.499

Dicke, T., Parker, P. D., Holzberger, D., Kunina-Habenicht, O., Kunter, M. & Leutner, D. (2015). Beginning teachers' efficacy and emotional exhaustion: Latent changes, reciprocity, and the influence of professional knowledge. *Contemporary Educational Psychology, 41*, 62–72. https://doi.org/10.1016/j.cedpsych.2014.11.003

Dicke, T., Parker, P. D., Marsh, H. W., Kunter, M., Schmeck, A. & Leutner, D. (2014). Self-efficacy in classroom management, classroom disturbances, and emotional exhaustion: A moderated mediation analysis of teacher candidates. *Journal of Educational Psychology, 106*(2), 569–583. https://doi.org/10.1037/a0035504

Diener, E., Diener, M. & Diener, C. (1995). Factors predicting the subjective well-being of nations. *Journal of Personality and Social Psychology, 69*(5), 851–864. https://doi.org/10.1037/0022-3514.69.5.851

Diener, E., Oishi, S. & Lucas, R. E. (2003). Personality, culture, and subjective well-being: emotional and cognitive evaluations of life. *Annual Review of Psychology, 54*, 403–425. https://doi.org/10.1146/annurev.psych.54.101601.145056

Diener, E., Suh, E. M., Lucas, R. E. & Smith, H. L. (1999). Subjective well-being: Three decades of progress. *Psychological Bulletin, 125*(2), 276–302. https://doi.org/10.1037//0033-2909.125.2.276

Dieterich, J. & Dieterich, M. (2007). Die Persönlichkeit von Lehrern und mögliche Auswirkungen auf die Unterrichtsgestaltung. *bildungsforschung, 4*(2), 1–20. https://doi.org/10.1159/000111009

Dorfner, T. (2019). *Instructional quality features in biology instruction and their orchestration in the form of a lesson planning model.* Dissertation. https://edoc.ub.uni-muenchen.de/24603/

Dorfner, T., Förtsch, C. & Neuhaus, B. J. (2017). Die methodische und inhaltliche Ausrichtung quantitativer Videostudien zur Unterrichtsqualität im mathematisch-naturwissenschaftlichen Unterricht. *Zeitschrift für Didaktik der Naturwissenschaften, 23*(1), 261–285. https://doi.org/10.1007/s40573-017-0058-3

Dorfner, T., Förtsch, C. & Neuhaus, B. J. (2018). Effects of three basic dimensions of instructional quality on students' situational interest in sixth-grade biology instruction. *Learning and Instruction, 56*, 42–53. https://doi.org/10.1016/j.learninstruc.2018.03.001

Döring, N. & Bortz, J. (2016). *Forschungsmethoden und Evaluation in den Sozial- und Humanwissenschaften* (5. Auflage). Springer. http://dx.doi.org/https://doi.org/10.1007/978-3-642-41089-5 https://doi.org/10.1007/978-3-642-41089-5

Dübbelde, G. (2013). *Diagnostische Kompetenzen angehender Biologie-Lehrkräfte im Bereich der naturwissenschaftlichen Erkenntnisgewinnung.* Dissertation. http://nbn-resolving.de/urn:nbn:de:hebis:34-2013122044701

Eccles, J. S. (2005). Subjective Task Value and the Eccles et al. Model of Achievement-Related Choices. In A. J. Elliot & C. Dweck (Hrsg.), *Handbook of competence and motivation* (S. 105–121). Guilford Press.

Eccles, J. S. & Wigfield, A. (2002). Motivational beliefs, values, and goals. *Annual Review of Psychology, 53*, 109–132. https://doi.org/10.1146/annurev.psych.53.100901.135153

Eder, F. & Bergmann, C. (2015). Das Person-Umwelt-Modell von J. L. Holland: Grundlagen – Konzepte – Anwendungen. In C. Tarnai & F. G. Hartmann (Hrsg.), *Berufliche Interessen: Beiträge zur Theorie von J. L. Holland* (S. 11–30). Waxmann.

Eid, M., Gollwitzer, M. & Schmitt, M. (2010). *Statistik und Forschungsmethoden.* Beltz.

Evers, W. J. G., Tomic, W. & Brouwers, A. (2004). Burnout among Teachers. *School Psychology International*, *25*(2), 131–148. https://doi.org/10.1177/0143034304043670

Fernet, C., Guay, F., Senécal, C. & Austin, S. (2012). Predicting intraindividual changes in teacher burnout: The role of perceived school environment and motivational factors. *Teaching and Teacher Education*, *28*(4), 514–525. https://doi.org/10.1016/j.tate.2011.11.013

Foerster, F. (2008). *Personale Voraussetzungen von Grundschullehramtsstudierenden: Eine Untersuchung zur prognostischen Relevanz von Persönlichkeitsmerkmalen für den Studien- und Berufserfolg*. Waxmann.

Förtsch, C., Meuleners, J. S., Riggemann, T. & Neuhaus, B. J. (2020). Digitalisierung von Biologieunterricht – Gelingensbedingungen für effektiven Unterricht. In S. Habig (Hrsg.), *Naturwissenschaftliche Kompetenzen in der Gesellschaft von morgen. Gesellschaft für Didaktik der Chemie und Physik Jahrestagung in Wien 2019* (S. 999–1002).

Förtsch, C., Werner, S., Dorfner, T., Kotzebue, L. von & Neuhaus, B. J. (2016). Effects of Cognitive Activation in Biology Lessons on Students' Situational Interest and Achievement. *Research in Science Education*, *47*(3), 559–578. https://doi.org/10.1007/s11165-016-9517-y

Förtsch, C., Werner, S., Kotzebue, L. von & Neuhaus, B. J. (2016). Effects of biology teachers' professional knowledge and cognitive activation on students' achievement. *International Journal of Science Education*, *38*(17), 2642–2666. https://doi.org/10.1080/09500693.2016.1257170

Förtsch, C., Werner, S., Kotzebue, L. von & Neuhaus, B. J. (2018). Effects of high-complexity and high-cognitive-level instructional tasks in biology lessons on students' factual and conceptual knowledge. *Research in Science & Technological Education*, *36*(3), 353–374. https://doi.org/10.1080/02635143.2017.1394286

Frenzel, A. C., Becker-Kurz, B., Pekrun, R. & Goetz, T. (2015). Teaching This Class Drives Me Nuts! – Examining the Person and Context Specificity of Teacher Emotions. *PLoS ONE*, *10*(6), 1–15. https://doi.org/10.1371/journal.pone.0129630

Frenzel, A. C., Goetz, T., Lüdtke, O., Pekrun, R. & Sutton, R. E. (2009). Emotional transmission in the classroom: Exploring the relationship between teacher and student enjoyment. *Journal of Educational Psychology*, *101*(3), 705–716. https://doi.org/10.1037/a0014695

Frenzel, A. C. & Götz, T. (2007). Emotionales Erleben von Lehrkräften beim Unterrichten. *Zeitschrift für Psychologie*, *21*(3-4), 283–295. https://doi.org/10.1055/b-0034-60603

Frenzel, A. C., Götz, T. & Pekrun, R. (2015). Emotionen. In E. Wild & J. Möller (Hrsg.), *Pädagogische Psychologie* (2. Aufl., S. 201–226). Springer.

Frone, M. R., Russell, M. & Barnes, G. M. (1996). Work-family conflict, gender, and health-related outcomes: A study of employed parents in two community samples. *Journal of Occupational Health Psychology*, *1*(1), 57–69. https://doi.org/10.1037//1076-8998.1.1.57

Gäde, J. C., Schermelleh-Engel, K. & Brandt, H. (2020). Konfirmatorische Faktorenanalyse (CFA). In H. Moosbrugger & A. Kelava (Hrsg.), *Testtheorie und Fragebogenkonstruktion* (S. 615–659). Springer.

Gagné, M. & Deci, E. L. (2005). Self-determination theory and work motivation. *Journal of Organizational Behavior*, *26*(4), 331–362. https://doi.org/10.1002/job.322

Gawlitza, G. & Perels, F. (2013). Überzeugungen, Berufsethos und Professionswissen von Studienreferendaren.: Eine Studie zur Übertragung des COACTIV-Modells auf Studienreferendare. *Lehrerbildung auf dem Prüfstand*, *6*, 7–31.

Gerlach, E. (2004). Selbstwirksamkeitserwartungen im Fußball – Entwicklung eines neuen Messinstruments. In R. Naul (Hrsg.), *Nachwuchsförderung im Fußballsport – Neue Wege in Deutschland und Europa* (S. 212–227). Meyer & Meyer.

Goddard, R., O'Brien, P. & Goddard, M. (2006). Work environment predictors of beginning teacher burnout. *British Educational Research Journal, 32*(6), 857–874. https://doi.org/10.1080/01411920600989511

González-Romá, V., Schaufeli, W. B., Bakker, A. B. & Lloret, S. (2006). Burnout and work engagement: Independent factors or opposite poles? *Journal of Vocational Behavior, 68*(1), 165–174. https://doi.org/10.1016/j.jvb.2005.01.003

Graham, S. & Weiner, B. (1996). Theories and Principles of Motivation. In D. C. Berliner & R. C. Calfee (Hrsg.), *Handbook of Educational Psychology* (S. 63–84). Macmillan.

Grant-Vallone, E. J. & Donaldson, S. I. (2001). Consequences of work-family conflict on employee well-being over time. *Work & Stress, 15*(3), 214–226. https://doi.org/10.1080/02678370110066544

Groß, K. (2013). *Experimente alternativ dokumentieren: Eine qualitative Studie zur Förderung der Diagnose- und Differenzierungskompetenz in der Chemielehrerbildung.* Dissertation. Logos.

Großschedl, J., Harms, U., Kleickmann, T. & Glowinski, I. (2015). Preservice Biology Teachers' Professional Knowledge: Structure and Learning Opportunities. *Journal of Science Teacher Education, 26*(3), 291–318. https://doi.org/10.1007/s10972-015-9423-6

Großschedl, J., Mahler, D., Kleickmann, T. & Harms, U. (2014). Content-Related Knowledge of Biology Teachers from Secondary Schools: Structure and learning opportunities. *International Journal of Science Education, 36*(14), 2335–2366. https://doi.org/10.1080/09500693.2014.923949

Großschedl, J., Welter, V. & Harms, U. (2019). A new instrument for measuring pre-service biology teachers' pedagogical content knowledge: The PCK-IBI. *Journal of Research in Science Teaching, 56*(4), 402–439. https://doi.org/10.1002/tea.21482

Gruber, H. (2001). Die Entwicklung von Expertise. In G. Franke (Hrsg.), *Schriftenreihe des Bundesinstituts für Berufsbildung. Komplexität und Kompetenz: Ausgewählte Fragen der Kompetenzforschung* (S. 309–326). Bertelsmann.

Guskey, T. R. (1988). Teacher Efficacy, Self-Concept, and Attitudes toward the Implementation of Instructional Innovation. *Teaching and Teacher Education, 4*(1), 63–69.

Hakanen, J. J., Bakker, A. B. & Schaufeli, W. B. (2006). Burnout and work engagement among teachers. *Journal of School Psychology, 43*(6), 495–513. https://doi.org/10.1016/j.jsp.2005.11.001

Hakanen, J. J. & Schaufeli, W. B. (2012). Do burnout and work engagement predict depressive symptoms and life satisfaction? A three-wave seven-year prospective study. *Journal of affective disorders, 141*(2–3), 415–424. https://doi.org/10.1016/j.jad.2012.02.043

Handtke, K. & Bögeholz, S. (2019). Self-Efficacy Beliefs of Interdisciplinary Science Teaching (SElf-ST) Instrument: Drafting a Theory-based Measurement. *Education Sciences, 9*(4), 247. https://doi.org/10.3390/educsci9040247

Harding, S., Morris, R., Gunnell, D., Ford, T., Hollingworth, W., Tilling, K., Evans, R., Bell, S., Grey, J., Brockman, R., Campbell, R., Araya, R., Murphy, S. & Kidger, J. (2019). Is teachers' mental health and wellbeing associated with students' mental health and wellbeing? *Journal of affective disorders, 253*, 460–466. https://doi.org/10.1016/j.jad.2019.03.046

Hargreaves, A. (2001). The emotional geographies of teachers' relations with colleagues. *International Journal of Educational Research, 35*(5), 503–527. https://doi.org/10.1016/S0883-0355(02)00006-X

Hashweh, M. Z. (1987). Effects of subject-matter knowledge in the teaching of biology and physics. *Teaching and Teacher Education, 3*(2), 109–120. https://doi.org/10.1016/0742-051X(87)90012-6

Hatfield, E., Cacioppo, J. T. & Rapson, R. L. (1993). Emotional Contagion. *Current Directions in Psychological Science, 2*(3), 96–100. https://doi.org/10.1111/1467-8721.ep1077 0953

Hattie, J. (2009). *Visible learning: A synthesis of over 800 meta-analyses relating to achievement*. Routledge.

Hattie, J. & Yates, G. C. R. (2014). *Visible learning and the science of how we learn.* Routledge.

Heckhausen, J. & Heckhausen, H. (Hrsg.). (2010). *Motivation und Handeln* (4. Auflage). Springer.

Heckhausen, J. & Heckhausen, H. (2018). Entwicklung der Motivation. In J. Heckhausen & H. Heckhausen (Hrsg.), *Motivation und Handeln* (S. 493–540). Springer.

Heider, F. (1958). *The psychology of interpersonal relations* (Bd. 37). Wiley.

Heinitz, B. & Nehring, A. (2020). Kriterien naturwissenschaftsdidaktischer Unterrichtsqualität – ein systematisches Review videobasierter Unterrichtsforschung. *Unterrichtswissenschaft, 48*(3), 319–360. https://doi.org/10.1007/s42010-020-00074-8

Heinze, A., Dreher, A., Lindmeier, A. & Niemand, C. (2016). Akademisches versus schulbezogenes Fachwissen – ein differenzierteres Modell des fachspezifischen Professionswissens von angehenden Mathematiklehrkräften der Sekundarstufe. *Zeitschrift für Erziehungswissenschaften, 19*(2), 329–349. https://doi.org/10.1007/s11618-016-0674-6

Helmke, A. (2009). : Unterrichtsforschung. In K.-H. Arnold (Hrsg.), *Handbuch Unterricht* (2. Aufl., S. 44–50). Klinkhardt.

Helmke, A. (2014). *Unterrichtsqualität und Lehrerprofessionalität: Diagnose, Evaluation und Verbesserung des Unterrichts* (5. Auflage). Klett/Kallmeyer.

Helmke, A. & Schrader, F.-W. (2008). Merkmale der Unterrichtsqualität: Potenzial, Reichweite und Grenzen. *SEMINAR – Lehrerbildung und Schule, 3*, 17–47.

Hess, M. & Lipowsky, F. (2020). Zur (Un-)Abhängigkeit von Oberflächen- und Tiefenmerkmalen im Grundschulunterricht. *Zeitschrift für Pädagogik, 1*(66. Beiheft), 117–131. https://doi.org/10.3262/ZPB2001117

Hidi, S. (2006). Interest: A unique motivational variable. *Educational Research Review, 1*(2), 69–82. https://doi.org/10.1016/j.edurev.2006.09.001

Hidi, S. & Renninger, K. A. (2006). The Four-Phase Model of Interest Development. *Educational Psychologist, 41*(2), 111–127. https://doi.org/10.1207/s15326985ep4102_4

Hinterholz, C. & Nitz, S. (2019). *Selbstwirksamkeitserwartungen von angehenden und erfahrenen Biologielehrkräften – Validierung eines neu entwickelten Instruments.* Universität Wien. Gemeinsame Jahrestagung der Fachsektion Didaktik der Biologie und der Gesellschaft für Didaktik der Chemie und Physik, Wien. https://aecc.univie.ac.at/fileadmin/user_upload/z_aecc/Plattform_fuer_Didaktik_der_Naturwissenschaften/GDCP_FDdB_2019/Programm/Programmheft_GDCP-FDdB_2019.pdf

Hobfoll, S. E. (1989). Conservation of Resources: A New Attempt at Conceptualizing Stress. *American Psychologist, 44*(3), 513–524.

Hobfoll, S. E., Johnson, R. J., Ennis, N. & Jackson, A. P. (2003). Resource loss, resource gain, and emotional outcomes among inner city women. *Journal of Personality and Social Psychology, 84*(3), 632–643. https://doi.org/10.1037/0022-3514.84.3.632

Hohenstein, F., Köller, O. & Möller, J. (2015). „Pädagogisches Wissen von Lehrkräften". *Zeitschrift für Erziehungswissenschaften, 18*(2), 183–186. https://doi.org/10.1007/s11618-015-0638-2

Holland, J. L. (1959). A theory of vocational choice. *Journal of Counseling Psychology, 6*(1), 35–45. https://doi.org/10.1037/h0040767

Holland, J. L. (1997). *Making vocational choices: A theory of vocational personalities and work environments* (3. Auflage). Psychological Assessment Resources.

Holzberger, D., Philipp, A. & Kunter, M. (2013). How teachers' self-efficacy is related to instructional quality: A longitudinal analysis. *Journal of Educational Psychology, 105*(3), 774–786. https://doi.org/10.1037/a0032198

Holzberger, D., Philipp, A. & Kunter, M. (2014). Predicting teachers' instructional behaviors: The interplay between self-efficacy and intrinsic needs. *Contemporary Educational Psychology, 39*(2), 100–111. https://doi.org/10.1016/j.cedpsych.2014.02.001

Holzberger, D., Philipp, A. & Kunter, M. (2016). Ein Blick in die Black-Box: Wie der Zusammenhang von Unterrichtsenthusiasmus und Unterrichtshandeln bei angehenden Lehrkräften erklärt werden kann. *Zeitschrift für Entwicklungspsychologie und Pädagogische Psychologie, 48*(2), 90–105. https://doi.org/10.1026/0049-8637/a000150

Huberman, M. (1989). On teachers' careers: Once over lightly, with a broad brush. *International Journal of Educational Research, 13*(4), 347–362. https://doi.org/10.1016/0883-0355(89)90033-5

Ilies, R., Aw, S. S. Y. & Pluut, H. (2015). Intraindividual models of employee well-being: What have we learned and where do we go from here? *European Journal of Work and Organizational Psychology, 24*(6), 827–838. https://doi.org/10.1080/1359432X.2015.1071422

Jüttner, M. (2011). *Entwicklung, Evaluation und Validierung eines Fachwissenstests und eines fachdidaktischen Wissenstests für die Erfassung des Professionswissens von Biologielehrkräften.* Dissertation.

Jüttner, M., Boone, W., Park, S. & Neuhaus, B. J. (2013). Development and use of a test instrument to measure biology teachers' content knowledge (CK) and pedagogical content knowledge (PCK). *Educational Assessment, Evaluation and Accountability, 25*(1), 45–67. https://doi.org/10.1007/s11092-013-9157-y

Jüttner, M. & Neuhaus, B. J. (2013a). Das Professionswissen von Biologielehrkräften – Ein Vergleich zwischen Biologielehrkräften, Biologen und Pädagogen. *Zeitschrift für Didaktik der Naturwissenschaften, 19*, 31–49.

Jüttner, M. & Neuhaus, B. J. (2013b). Validation of a Paper-and-Pencil Test Instrument Measuring Biology Teachers' Pedagogical Content Knowledge by Using Think-Aloud Interviews. *Journal of Education and Training Studies, 1*(2), 113–125. https://doi.org/10.11114/jets.v1i2.126

Jüttner, M., Spangler, M. & Neuhaus, B. J. (2009). Zusammenhänge zwischen den verschiedenen Bereichen des Professionswissens von Biologielehrkräften. *Erkenntnisweg Biologiedidaktik, 8*, 69–82.

Kanfer, R. & Heggestad, E. D. (1997). Motivational traits and skills: A person-centered approach to work motivation. *Research in Organizational Behavior, 19*, 1–56.

Keith, T. (2019). Multiple regression and beyond: An introduction to multiple regression and structural equation modeling (3. Auflage). Routledge.
Keller, J. A. (1981). *Grundlagen der Motivation.* Urban & Schwarzenberg.
Keller, M. (2011). *Teacher Enthusiasm in Physics Instruction.* Dissertation. https://duepublico2.uni-due.de/receive/duepublico_mods_00025993
Keller, M., Chang, M.-L., Becker, E. S., Goetz, T. & Frenzel, A. C. (2014). Teachers' emotional experiences and exhaustion as predictors of emotional labor in the classroom: an experience sampling study. *Frontiers in psychology, 5,* 1–10. https://doi.org/10.3389/fpsyg.2014.01442
Keller, M., Goetz, T., Becker, E. S., Morger, V. & Hensley, L. (2014). Feeling and showing: A new conceptualization of dispositional teacher enthusiasm and its relation to students' interest. *Learning and Instruction, 33,* 29–38. https://doi.org/10.1016/j.learninstruc.2014.03.001
Keller, M., Hoy, A. W., Goetz, T. & Frenzel, A. C. (2015). Teacher Enthusiasm: Reviewing and Redefining a Complex Construct. *Educational Psychology Review, 28*(4), 743–769. https://doi.org/10.1007/s10648-015-9354-y
Kieschke, U. & Schaarschmidt, U. (2008). Professional commitment and health among teachers in Germany: A typological approach. *Learning and Instruction, 18*(5), 429–437. https://doi.org/10.1016/j.learninstruc.2008.06.005
Klassen, R. M., Bong, M., Usher, E. L., Chong, W. H., Huan, V. S., Wong, I. Y. & Georgiou, T. (2009). Exploring the validity of a teachers' self-efficacy scale in five countries. *Contemporary Educational Psychology, 34*(1), 67–76. https://doi.org/10.1016/j.cedpsych.2008.08.001
Klassen, R. M. & Chiu, M. M. (2011). The occupational commitment and intention to quit of practicing and pre-service teachers: Influence of self-efficacy, job stress, and teaching context. *Contemporary Educational Psychology, 36*(2), 114–129. https://doi.org/10.1016/j.cedpsych.2011.01.002
Klassen, R. M., Tze, V. M. C., Betts, S. M. & Gordon, K. A. (2011). Teacher Efficacy Research 1998–2009: Signs of Progress or Unfulfilled Promise? *Educational Psychology Review, 23*(1), 21–43. https://doi.org/10.1007/s10648-010-9141-8
Kleickmann, T. & Anders, Y. (2011). Lernen an der Universität. In M. Kunter, J. Baumert, W. Blum, U. Klusmann, S. Krauss & M. Neubrand (Hrsg.), *Professionelle Kompetenz von Lehrkräften: Ergebnisse des Forschungsprogramms COACTIV* (S. 305–316). Waxmann.
Kleickmann, T., Großschedl, J., Harms, U., Heinze, A., Herzog, S., Hohenstein, F., Köller, O., Neumann, K., Parchmann, I., Steffensky, M., Taskin, V. & Zimmermann, F. (2014). Professionswissen von Lehramtsstudierenden der mathematisch-naturwissenschaftlichen Fächer: Testentwicklung im Rahmen des Projekts KiL. *Unterrichtswissenschaft, 42*(3), 280–288.
Klieme, E. (2006). Empirische Unterrichtsforschung: aktuelle Entwicklungen, theoretische Grundlagen und fachspezifische Befunde.: Einführung in den Thementeil. *Zeitschrift für Pädagogik, 52*(6), 765–773.
Klieme, E. & Leutner, D. (2006). Kompetenzmodelle zur Erfassung individueller Lernergebnisse und zur Bilanzierung von Bildungsprozessen.: Beschreibung eines neu eingerichteten Schwerpunktprogramms der DFG. *Zeitschrift für Pädagogik, 52*(6), 876–903.

Klieme, E., Lipowsky, F., Rakoczy, K. & Ratzka, N. (2006). Qualitätsdimensionen und Wirksamkeit von Mathematikunterricht: Theoretische Grundlagen und ausgewählte Ergebnisse des Projekts „Pythagoras". In M. Prenzel & L. Allolio-Näcke (Hrsg.), *Untersuchungen zur Bildungsqualität von Schule: Abschlussbericht des DFG-Schwerpunktprogramms* (S. 127–146). Waxmann.

Klieme, E., Maag Merki, K. & Hartig, J. (2007). Kompetenzbegriff und Bedeutung von Kompetenzen im Bildungswesen. In E. Klieme, K. Maag Merki & J. Hartig (Hrsg.), *Bildungsforschung: Bd. 20. Möglichkeiten und Voraussetzungen technologiebasierter Kompetenzdiagnostik: Eine Expertise im Auftrag des Bundesministeriums für Bildung und Forschung* (S. 5–15). BMBF.

Klieme, E., Pauli, C. & Reusser, K. (2009). The Pythagoras Study: Investigating Effects of Teaching and Learning in Swiss and German Mathematics Classroom. In T. Janik & T. Seidel (Hrsg.), *The power of video studies in investigating teaching and learning in the classroom* (S. 139–162). Waxmann.

Klieme, E., Schümer, G. & Knoll, S. (2001). Mathematikunterricht in der Sekundarstufe I: „Aufgabenkultur" und Unterrichtsgestaltung im internationalen Vergleich. In E. Klieme & J. Baumert (Hrsg.), *TIMSS-Impulse für Schule und Unterricht* (S. 43–57). BMBF.

Klusmann, U. (2011a). Allgemeine berufliche Motivation und Selbstregulation. In M. Kunter, J. Baumert, W. Blum, U. Klusmann, S. Krauss & M. Neubrand (Hrsg.), *Professionelle Kompetenz von Lehrkräften: Ergebnisse des Forschungsprogramms COACTIV* (S. 277–294). Waxmann.

Klusmann, U. (2011b). Individuelle Voraussetzung von Lehrkräften. In M. Kunter, J. Baumert, W. Blum, U. Klusmann, S. Krauss & M. Neubrand (Hrsg.), *Professionelle Kompetenz von Lehrkräften: Ergebnisse des Forschungsprogramms COACTIV* (S. 297–304). Waxmann.

Klusmann, U., Kunter, M., Trautwein, U. & Baumert, J. (2006). Lehrerbelastung und Unterrichtsqualität aus der Perspektive von Lehrenden und Lernenden. *Zeitschrift für Pädagogische Psychologie, 20*(3), 161–173. https://doi.org/10.1024/1010-0652.20.3.161

Klusmann, U., Kunter, M., Trautwein, U., Lüdtke, O. & Baumert, J. (2008a). Engagement and Emotional Exhaustion in Teachers: Does the School Context Make a Difference? *Applied Psychology, 57*, 127–151. https://doi.org/10.1111/j.1464-0597.2008.00358.x

Klusmann, U., Kunter, M., Trautwein, U., Lüdtke, O. & Baumert, J. (2008b). Teachers' occupational well-being and quality of instruction: The important role of self-regulatory patterns. *Journal of Educational Psychology, 100*(3), 702–715. https://doi.org/10.1037/0022-0663.100.3.702

Klusmann, U., Kunter, M., Voss, T. & Baumert, J. (2012). Berufliche Beanspruchung angehender Lehrkräfte: Die Effekte von Persönlichkeit, pädagogischer Vorerfahrung und professioneller Kompetenz. *Zeitschrift für Pädagogische Psychologie, 26*(4), 275–290. https://doi.org/10.1024/1010-0652/a000078

Klusmann, U., Trautwein, U., Lüdtke, O., Kunter, M. & Baumert, J. (2009). Eingangsvoraussetzungen beim Studienbeginn: Werden die Lehramtskandidaten unterschätzt? *Zeitschrift für Pädagogische Psychologie, 23*(34), 265–278. https://doi.org/10.1024/1010-0652.23.34.265

Klusmann, U. & Waschke, N. (2018). *Gesundheit und Wohlbefinden im Lehrerberuf*. Hogrefe.

Kohler, B. & Wacker, A. (2013). Das Angebots-Nutzungs-Modell: Überlegungen zu Chancen und Grenzen des derzeit prominentesten Wirkmodells der Schul- und Unterrichtsforschung. *Die Deutsche Schule, 105*(3), 242–258.

König, J. (2017). Motivations for teaching and relationship to general pedagogical knowledge. In S. Guerriero (Hrsg.), *Pedagogical Knowledge and the Changing Nature of the Teaching Profession* (S. 119–135). OECD Publishing.

König, J. & Rothland, M. (2012). Motivations for choosing teaching as a career: effects on general pedagogical knowledge during initial teacher education. *Asia-Pacific Journal of Teacher Education, 40*(3), 289–315. https://doi.org/10.1080/1359866X.2012.700045

König, J. & Rothland, M. (2013). Pädagogisches Wissen und berufsspezifische Motivation am Anfang der Lehrerausbildung. Zum Verhältnis von kognitiven und nicht-kognitiven Eingangsmerkmalen von Lehramtsstudierenden. *Zeitschrift für Pädagogik, 59*(1), 43–65.

Kottwitz, M. U., Meier, L. L., Jacobshagen, N., Kälin, W., Elfering, A., Hennig, J. & Semmer, N. K. (2013). Illegitimate tasks associated with higher cortisol levels among male employees when subjective health is relatively low: an intra-individual analysis. *Scandinavian journal of work, environment & health, 39*(3), 310–318. https://doi.org/10.5271/sjweh.3334

Kotzebue, L. von, Franke, U., Schultz-Pernice, F., Aufleger, M., Neuhaus, B. J. & Fischer, F. (2020). Kernkompetenzen von Lehrkräften für das Unterrichten in einer digitalisierten Welt: Veranschaulichung des Rahmenmodells am Beispiel einer Unterrichtseinheit aus der Biologie. *Zeitschrift für Didaktik der Biologie, 24*, 29–47. https://doi.org/10.4119/ZDB-1735

Kounin, J. S. (2006). *Techniken der Klassenführung*. Waxmann.

Kramer, C., König, J., Kaiser, G., Ligtvoet, R. & Blömeke, S. (2017). Der Einsatz von Unterrichtsvideos in der universitären Ausbildung: Zur Wirksamkeit video- und transkriptgestützter Seminare zur Klassenführung auf pädagogisches Wissen und situationsspezifische Fähigkeiten angehender Lehrkräfte. *Zeitschrift für Erziehungswissenschaft, 20*(S1), 137–164. https://doi.org/10.1007/s11618-017-0732-8

Kramer, M., Förtsch, C. & Neuhaus, B. J. (2020). Steigern der Unterrichtsqualität – Förderung von Diagnosekompetenzen im Fach Biologie. In S. Habig (Hrsg.), *Naturwissenschaftliche Kompetenzen in der Gesellschaft von morgen. Gesellschaft für Didaktik der Chemie und Physik Jahrestagung in Wien 2019* (S. 210–213).

Krapp, A. (1992a). Interesse, Lernen und Leistung. Neue Forschungsansätze in der Pädagogischen Psychologie. *Zeitschrift für Pädagogik, 38*(5), 747–770.

Krapp, A. (1992b). Das Interessenkonstrukt: Bestimmungsmerkmale der Interessenhandlung und des individuellen Interesses aus der Sicht einer Person-Gegenstands-Konzeption. In A. Krapp & M. Prenzel (Hrsg.), *Interesse, Lernen, Leistung: Neuere Ansätze der pädagogisch-psychologischen Interessenforschung* (S. 297–329). Aschendorff.

Krapp, A. (1993). Die Psychologie der Lernmotivation. Perspektiven der Forschung und Probleme ihrer pädagogischen Rezeption. *Zeitschrift für Pädagogik, 39*(2), 187–206.

Krapp, A. (2002). Structural and dynamic aspects of interest development: theoretical considerations from an ontogenetic perspective. *Learning and Instruction, 12*(4), 383–409. https://doi.org/10.1016/S0959-4752(01)00011-1

Krapp, A. & Ryan, R. M. (2002). Selbstwirksamkeit und Lernmotivation. Eine kritische Betrachtung der Theorie von Bandura aus der Sicht der Selbstbestimmungstheorie und der pädagogisch-psychologischen Interessentheorie. *Zeitschrift für Pädagogik, 44*(Beiheft), 54–82.

Krause, A. & Dorsemagen, C. (2011). Gesundheitsförderung für Lehrerinnen und Lehrer. In E. Bamberg, A. Ducki & A.-M. Metz (Hrsg.), *Innovatives Management. Gesundheitsförderung und Gesundheitsmanagement in der Arbeitswelt: Ein Handbuch* (S. 139–157). Hogrefe.

Krause, A. & Dorsemagen, C. (2014). Belastung und Beanspruchung im Lehrerberuf – Arbeitsplatz- und bedingungsbezogene Forschung. In E. Terhart, H. Bennewitz & M. Rothland (Hrsg.), *Handbuch der Forschung zum Lehrerberuf* (2. Aufl., S. 987–1013). Waxmann.

Krause, A., Dorsemagen, C. & Baeriswyl, S. (2013). Zur Arbeitssituation von Lehrerinnen und Lehrern: Ein Einstieg in die Lehrerbelastungs- und -gesundheitsforschung. In M. Rothland (Hrsg.), *Belastung und Beanspruchung im Lehrerberuf: Modelle – Befunde – Interventionen* (2. Aufl., S. 61–80). Springer VS.

Krauss, S., Brunner, M., Kunter, M., Baumert, J., Blum, W., Neubrand, M. & Jordan, A. (2008). Pedagogical content knowledge and content knowledge of secondary mathematics teachers. *Journal of Educational Psychology, 100*(3), 716–725. https://doi.org/10.1037/0022-0663.100.3.716

Kunina-Habenicht, O., Schulze-Stocker, F., Kunter, M., Baumert, J., Leutner, D., Förster, D., Lohse-Bossenz, H. & Terhart, E. (2013). Die Bedeutung der Lerngelegenheiten im Lehramtsstudium und deren individuelle Nutzung für den Aufbau des bildungswissenschaftlichen Wissens. *Zeitschrift für Pädagogik, 59*(1), 1–23. https://doi.org/10.7767/boehlau.9783205789703.7

Künsting, J. & Lipowsky, F. (2011). Studienwahlmotivation und Persönlichkeitseigenschaften als Prädiktoren für Zufriedenheit und Strategienutzung im Lehramtsstudium. *Zeitschrift für Pädagogische Psychologie, 25*(2), 105–114. https://doi.org/10.1024/1010-0652/a000038

Künsting, J., Neuber, V. & Lipowsky, F. (2016). Teacher self-efficacy as a long-term predictor of instructional quality in the classroom. *European Journal of Psychology of Education, 31*(3), 299–322. https://doi.org/10.1007/s10212-015-0272-7

Kunter, M. (2011). Motivation als Teil der professionellen Kompetenz – Forschungsbefunde zum Enthusiasmus von Lehrkräften. In M. Kunter, J. Baumert, W. Blum, U. Klusmann, S. Krauss & M. Neubrand (Hrsg.), *Professionelle Kompetenz von Lehrkräften: Ergebnisse des Forschungsprogramms COACTIV* (S. 259–276). Waxmann.

Kunter, M. (2013). Motivation as an Aspect of Professional Competence: Research Findings on Teacher Enthusiasm. In M. Kunter, J. Baumert, W. Blum, U. Klusmann, S. Krauss & M. Neubrand (Hrsg.), *Mathematics Teacher Education: Bd. 8. Cognitive Activation in the Mathematics Classroom and Professional Competence of Teachers: Results from the COACTIV Project* (S. 273–289). Springer. https://doi.org/10.1007/978-1-4614-5149-5_13

Kunter, M. & Baumert, J. (2011). Das COACTIV-Forschungsprogramm zur Untersuchung professioneller Kompetenz von Lehrkräften – Zusammenfassung und Diskussion. In M.

Kunter, J. Baumert, W. Blum, U. Klusmann, S. Krauss & M. Neubrand (Hrsg.), *Professionelle Kompetenz von Lehrkräften: Ergebnisse des Forschungsprogramms COACTIV* (S. 345–366). Waxmann.

Kunter, M., Baumert, J., Blum, W., Klusmann, U., Krauss, S. & Neubrand, M. (Hrsg.). (2011). *Professionelle Kompetenz von Lehrkräften: Ergebnisse des Forschungsprogramms COACTIV*. Waxmann.

Kunter, M., Baumert, J., Blum, W., Klusmann, U., Krauss, S. & Neubrand, M. (Hrsg.). (2013). *Mathematics Teacher Education: Bd. 8. Cognitive Activation in the Mathematics Classroom and Professional Competence of Teachers: Results from the COACTIV Project*. Springer. https://doi.org/10.1007/978-1-4614-5149-5

Kunter, M., Frenzel, A. C., Nagy, G., Baumert, J. & Pekrun, R. (2011). Teacher enthusiasm: Dimensionality and context specificity. *Contemporary Educational Psychology, 36*(4), 289–301. https://doi.org/10.1016/j.cedpsych.2011.07.001

Kunter, M. & Holzberger, D. (2014). Loving teaching: Research on teacher´s intrinsic orientations. In P. W. Richardson, S. A. Karabenick & H. M. G. Watt (Hrsg.), *Teacher Motivation: Theory and practice* (S. 83–99). Routledge.

Kunter, M., Kleickmann, T., Klusmann, U. & Richter, D. (2011). Die Entwicklung professioneller Kompetenz von Lehrkräften. In M. Kunter, J. Baumert, W. Blum, U. Klusmann, S. Krauss & M. Neubrand (Hrsg.), *Professionelle Kompetenz von Lehrkräften: Ergebnisse des Forschungsprogramms COACTIV* (S. 55–69). Waxmann.

Kunter, M., Klusmann, U., Baumert, J., Richter, D., Voss, T. & Hachfeld, A. (2013). Professional competence of teachers: Effects on instructional quality and student development. *Journal of Educational Psychology, 105*(3), 805–820. https://doi.org/10.1037/a0032583

Kunter, M., Kunina-Habenicht, O., Baumert, J., Dicke, T., Holzberger, D., Lohse-Bossenz, H., Leutner, D., Schulze-Stocker, F. & Terhart, E. (2017). Bildungswissenschaftliches Wissen und professionelle Kompetenz in der Lehramtsausbildung: Ergebnisse des Projekts BilWiss. In C. Gräsel & K. Trempler (Hrsg.), *Entwicklung von Professionalität pädagogischen Personals: Interdisziplinäre Betrachtungen, Befunde und Perspektiven* (S. 37–54). Springer VS.

Kunter, M. & Pohlmann, B. (2015). Lehrer. In E. Wild & J. Möller (Hrsg.), *Pädagogische Psychologie* (2. Aufl., S. 261–281). Springer.

Kunter, M. & Trautwein, U. (2013). *Psychologie des Unterrichts*. Ferdinand Schöningh.

Kunter, M., Tsai, Y.-M., Klusmann, U., Brunner, M., Krauss, S. & Baumert, J. (2008). Students' and mathematics teachers' perceptions of teacher enthusiasm and instruction. *Learning and Instruction, 18*(5), 468–482. https://doi.org/10.1016/j.learninstruc.2008.06.008

Kunter, M. & Voss, T. (2011). Modell der Unterrichtsqualität in COACTIV: Eine multikriteriale Analyse. In M. Kunter, J. Baumert, W. Blum, U. Klusmann, S. Krauss & M. Neubrand (Hrsg.), *Professionelle Kompetenz von Lehrkräften: Ergebnisse des Forschungsprogramms COACTIV* (S. 85–114). Waxmann.

Kyriacou, C. (2001). Teacher Stress: Directions for future research. *Educational Review, 53*(1), 27–35. https://doi.org/10.1080/00131910120033628

Landis, J. R. & Koch, G. G. (1977). The Measurement of Observer Agreement for Categorical Data. *Biometrics, 33*(1), 159–174. https://doi.org/10.2307/2529310

Lange, A. H. d., Taris, T. W., Kompier, M. A. J., Houtman, I. L. D. & Bongers, P. M. (2004). The relationships between work characteristics and mental health: examining normal, reversed and reciprocal relationships in a 4-wave study. *Work & Stress, 18*(2), 149–166. https://doi.org/10.1080/02678370412331270860

Laschke, C. & Blömeke, S. (Hrsg.). (2014). *Teacher Education and Development Study: Learning to Teach Mathematics (TEDS-M 2008). Dokumentation der Erhebungsinstrumente.* Waxmann.

Lauermann, F. & König, J. (2016). Teachers' professional competence and wellbeing: Understanding the links between general pedagogical knowledge, self-efficacy and burnout. *Learning and Instruction, 45*, 9–19. https://doi.org/10.1016/j.learninstruc.2016.06.006

Lazarides, R., Fauth, B., Gaspard, H. & Göllner, R. (2021). Teacher self-efficacy and enthusiasm: Relations to changes in student-perceived teaching quality at the beginning of secondary education. *Learning and Instruction, 73*, 101435. https://doi.org/10.1016/j.learninstruc.2020.101435

Lazarus, R. S. & Folkman, S. (1984). *Stress, appraisal, and coping.* Springer.

Lazarus, R. S. & Folkman, S. (1987). Transactional theory and research on emotions and coping. *European Journal of Personality, 1*(3), 141–169. https://doi.org/10.1002/per.2410010304

Lehr, D. (2014). Belastung und Beanspruchung im Lehrerberuf – Gesundheitliche Situation und Evidenz für Risikofaktoren. In E. Terhart, H. Bennewitz & M. Rothland (Hrsg.), *Handbuch der Forschung zum Lehrerberuf* (2. Aufl., S. 947–967). Waxmann.

Lehr, D., Schmitz, E. & Hillert, A. (2008). Bewältigungsmuster und psychische Gesundheit. *Zeitschrift für Arbeits- und Organisationspsychologie A&O, 52*(1), 3–16. https://doi.org/10.1026/0932-4089.52.1.3

Leroy, H., Anseel, F., Dimitrova, N. G. & Sels, L. (2013). Mindfulness, authentic functioning, and work engagement: A growth modeling approach. *Journal of Vocational Behavior, 82*(3), 238–247. https://doi.org/10.1016/j.jvb.2013.01.012

Letzel, S., Beutel, T., Bogner, K., Becker, J., Claus, A., Schöne, K., Riechmann-Wolf, M., Wehrwein, N. & Rose, D.-M. (2019). *Gesundheitsbericht über die staatlichen Bediensteten im Schuldienst in Rheinland-Pfalz.* Institut für Lehrergesundheit. https://www.unimedizin-mainz.de/typo3temp/secure_downloads/27472/0/69398b8770bbebb094ff012510d8c7ca681e74de/2018-11-21_Gesundheitsbericht_inkl._Cover_2016_2017_final.pdf

Lin, S., Hsiao, Y.-Y. & Wang, M. (2014). Test Review: The Profile of Mood States 2nd Edition. *Journal of Psychoeducational Assessment, 32*(3), 273–277. https://doi.org/10.1177/0734282913505995

Lipowsky, F. (2015). Unterricht. In E. Wild & J. Möller (Hrsg.), *Pädagogische Psychologie* (2. Aufl., S. 69–106). Springer.

Lipowsky, F., Rakoczy, K., Pauli, C., Drollinger-Vetter, B., Klieme, E. & Reusser, K. (2009). Quality of geometry instruction and its short-term impact on students' understanding of the Pythagorean Theorem. *Learning and Instruction, 19*(6), 527–537. https://doi.org/10.1016/j.learninstruc.2008.11.001

Löwen, K., Baumert, J., Kunter, M., Krauss, S. & Brunner, M. (2011). Methodische Grundlagen des Forschungsprogramms. In M. Kunter, J. Baumert, W. Blum, U. Klusmann, S. Krauss & M. Neubrand (Hrsg.), *Professionelle Kompetenz von Lehrkräften: Ergebnisse des Forschungsprogramms COACTIV* (S. 69–83). Waxmann.

MacKinnon, D. P., Lockwood, C. M., Hoffman, J. M., West, S. G. & Sheets, V. (2002). A comparison of methods to test mediation and other intervening variable effects. *Psychological Methods, 7*(1), 83–104. https://doi.org/10.1037//1082-989X.7.1.83

Mahler, D. (2017). *Professional competence of teachers: Structure, development, and the significance for students' performance.* Dissertation. https://macau.uni-kiel.de/receive/diss_mods_00020742

Mahler, D., Großschedl, J. & Harms, U. (2017a). Opportunities to Learn for Teachers' Self-Efficacy and Enthusiasm. *Education Research International*, 1–17. https://doi.org/10.1155/2017/4698371

Mahler, D., Großschedl, J. & Harms, U. (2017b). Using doubly latent multilevel analysis to elucidate relationships between science teachers' professional knowledge and students' performance. *International Journal of Science Education, 39*(2), 213–237. https://doi.org/10.1080/09500693.2016.1276641

Mahler, D., Großschedl, J. & Harms, U. (2018). Does motivation matter? – The relationship between teachers' self-efficacy and enthusiasm and students' performance. *PLoS ONE, 13*(11), 1–18. https://doi.org/10.1371/journal.pone.0207252

Martinek, D. (2012). Autonomie und Druck im Lehrberuf. *Zeitschrift für Bildungsforschung, 2*(1), 23–40. https://doi.org/10.1007/s35834-012-0025-5

Marx, C., Goeze, A., Voss, T., Hoehne, V., Klotz, V. K. & Schrader, J. (2017). Pädagogisch-psychologisches Wissen von Lehrkräften aus Schule und Erwachsenenbildung: Entwicklung und Erprobung eines Testinstruments. *Zeitschrift für Erziehungswissenschaften, 20*(S1), 165–200. https://doi.org/10.1007/s11618-017-0733-7

Maslach, C. & Jackson, S. E. (1981). The measurement of experienced burnout. *Journal of Organizational Behavior, 2*(2), 99–113. https://doi.org/10.1002/job.4030020205

Maslach, C., Jackson, S. E. & Leiter, M. P. (1997). The Maslach Burnout Inventory Manual. In C. P. Zalaquett & R. J. Wood (Hrsg.), *Evaluating stress: A book of resources* (S. 191–218). The Scarecrow Press.

Maslach, C. & Leiter, M. P. (1999). Teacher Burnout: A research agenda. In R. Vandenberghe & M. Huberman (Hrsg.), *Understanding and Preventing Teacher Burnout: A Sourcebook of international research and practice* (S. 295–303). Cambridge University Press.

Maslach, C., Schaufeli, W. B. & Leiter, M. P. (2001). Job Burnout. *Annual Review of Psychology, 52*, 397–422.

Maslow, A. H. (1954). *Motivation and personality.* Harper.

Mayr, J. (2010). Selektieren und/oder qualifizieren? Empirische Befunde zur Frage, wie man gute Lehrpersonen bekommt. In J. Abel & G. Faust-Siehl (Hrsg.), *Wirkt Lehrerbildung? Antworten aus der empirischen Forschung* (S. 1–20). Waxmann.

Mayr, J. (2011). Der Persönlichkeitsansatz in der Lehrerforschung: Konzepte, Befunde und Folgerungen. In E. Terhart, H. Bennewitz & M. Rothland (Hrsg.), *Handbuch der Forschung zum Lehrerberuf* (S. 125–148). Waxmann.

Mayr, J. (2014). Der Persönlichkeitsansatz in der Forschung zum Lehrerberuf: Konzepte, Befunde und Folgerungen. In E. Terhart, H. Bennewitz & M. Rothland (Hrsg.), *Handbuch der Forschung zum Lehrerberuf* (2. Aufl., S. 189–215). Waxmann.

Mayring, P. (1991). *Psychologie des Glücks.* Kohlhammer.

McNair, D. M., Lorr, M. & Droppelman, L. F. (1971). *Profile of Mood States (POMS) Manual.* Education and Industrial Testing Service.

McNair, D. M., Lorr, M. & Droppelman, L. F. (1992). *Profile of Mood States (POMS) – Revised Manual.* Education and Industrial Testing Service.

Messner, H. & Reusser, K. (2000). Die berufliche Entwicklung von Lehrpersonen als lebenslanger Prozess. *Beiträge zur Lehrerbildung, 18*(2), 157–171.

Meyer, H. (2018). *Was ist guter Unterricht?* (13. Auflage). Cornelsen.

Milius, M. & Nitz, S. (2018). Der Einfluss motivationaler Orientierung auf die Unterrichtsqualität und das Wohlbefinden von Biologielehrkräften. *Erkenntnisweg Biologiedidaktik*, 137–148.

Miller, A., Ramirez, E. & Murdock, T. (2017). The influence of teachers' self-efficacy on perceptions: Perceived teacher competence and respect and student effort and achievement. *Teaching and Teacher Education, 64*, 260–269. https://doi.org/10.1016/j.tate.2017.02.008

Moller, A. C., Ryan, R. M. & Deci, E. L. (2006). Self-Determination Theory and Public Policy: Improving the Quality of Consumer Decisions without Using Coercion. *American Marketing Association, 25*, 104–116.

Murray, H. G. (2007). Low-inference Teaching Behaviors and College Teaching Effectiveness: Recent Devolopments and Controversies. In R. P. Perry & J. C. Smart (Hrsg.), *The Scholarship of Teaching and Learning in Higher Education: An Evidence-Based Perspective* (S. 145–200). Springer.

Neugebauer, M. (2013). Wer entscheidet sich für ein Lehramtsstudium – und warum? Eine empirische Überprüfung der These von der Negativselektion in den Lehrerberuf. *Zeitschrift für Erziehungswissenschaften, 16*(1), 157–184. https://doi.org/10.1007/s11618-013-0343-y

Neuhaus, B. J. & Vogt, H. (2005). Dimensionen zur Beschreibung verschiedener Biologielehrertypen auf Grundlage ihrer Einstellung zum Biologieunterricht. *Zeitschrift für Didaktik der Naturwissenschaften, 11*, 73–84.

Nieskens, B. (2009). *Wer interessiert sich für den Lehrerberuf – und wer nicht? Berufswahl im Spannungsfeld von subjektiver und objektiver Passung*. Cuvillier.

Nieskens, B., Rupprecht, S. & Erbring, S. (2012). Was hält Lehrkräfte gesund? Ergebnisse der Gesundheitsforschung für Lehrkräfte und Schulen. In DAK-Gesundheit & Unfallkasse Nordrhein-Westfalen (Hrsg.), *Handbuch Lehrergesundheit: Impulse für die Entwicklung guter gesunder Schulen* (S. 41–96). Carl Link.

Nitz, S. & Hoppe, A. (2014). *Reciprocal and dynamic relationships of teachers' personal resources, work engagement, and instructional quality: A resource-oriented approach: DFG-Projektantrag ResohlUt. Unveröffentliches Dokument.*

Norddeutscher Rundfunk. (2018). *Was ist der perfekte Lehrer?* NDR – Newcomernews. Schüler machen Schlagzeilen. https://www.ndr.de/fernsehen/Was-ist-der-perfekte-Lehrer,newcomerlaage108.html

Oei, T. P. & Burrow, T. (2000). Alcohol expectancy and drinking refusal self-efficacy. *Addictive Behaviors, 25*(4), 499–507. https://doi.org/10.1016/S0306-4603(99)00044-1

Oser, F. (2001). Modelle der Wirksamkeit in der Lehrer- und Lehrerinnenausbildung. In F. Oser & J. Oelkers (Hrsg.), *Die Wirksamkeit der Lehrerbildungssysteme: Von der Allrounderbildung zur Ausbildung professioneller Standards* (S. 67–96). Rüegger.

Oser, F. & Baeriswyl, F. J. (2001). Choreographies of Teaching: Bridging Instruction to Learning. In V. Richardson (Hrsg.), *Handbook of Research on Teaching* (4. Aufl., S. 1031–1065). American Educational Research Association.

Pädagogisches Landesinstitut Rheinland-Pfalz. (2021). *Fortbildung-Online: Veranstaltungskatalog*. https://evewa.bildung-rp.de/veranstaltungskatalog/

Park, S. & Chen, Y.-C. (2012). Mapping out the integration of the components of pedagogical content knowledge (PCK): Examples from high school biology classrooms. *Journal of Research in Science Teaching, 49*(7), 922–941. https://doi.org/10.1002/tea.21022

Park, S., Jang, J.-Y., Chen, Y.-C. & Jung, J. (2011). Is Pedagogical Content Knowledge (PCK) Necessary for Reformed Science Teaching? Evidence from an Empirical Study. *Research in Science Education, 41*(2), 245–260. https://doi.org/10.1007/s11165-009-9163-8

Park, S. & Oliver, J. S. (2008). Revisiting the Conceptualisation of Pedagogical Content Knowledge (PCK): PCK as a Conceptual Tool to Understand Teachers as Professionals. *Research in Science Education, 38*(3), 261–284. https://doi.org/10.1007/s11165-007-9049-6

Paulick, I., Retelsdorf, J. & Möller, J. (2013). Motivation for choosing teacher education: Associations with teachers' achievement goals and instructional practices. *International Journal of Educational Research, 61*, 60–70. https://doi.org/10.1016/j.ijer.2013.04.001

Pekrun, R. (2006). The Control-Value Theory of Achievement Emotions: Assumptions, Corollaries, and Implications for Educational Research and Practice. *Educational Psychology Review, 18*(4), 315–341. https://doi.org/10.1007/s10648-006-9029-9

Pekrun, R. (2017). Achievement Emotions. In A. J. Elliot, C. Dweck & D. S. Yeager (Hrsg.), *Handbook of competence and motivation: Theory and application* (S. 251–271). Guilford Press.

Pianta, R. C. & Hamre, B. K. (2009). Conceptualization, Measurement, and Improvement of Classroom Processes: Standardized Observation Can Leverage Capacity. *Educational Researcher, 38*(2), 109–119. https://doi.org/10.3102/0013189X09332374

Pohlmann, B. & Möller, J. (2010). Fragebogen zur Erfassung der Motivation für die Wahl des Lehramtsstudiums (FEMOLA). *Zeitschrift für Pädagogische Psychologie, 24*(1), 73–84. https://doi.org/10.1024/1010-0652/a000005

Praetorius, A.-K. (2012). *Messung von Unterrichtsqualität durch Ratings.* Dissertation. Waxmann.

Praetorius, A.-K. & Charalambous, C. Y. (2018). Classroom observation frameworks for studying instructional quality: looking back and looking forward. *ZDM, 50*(3), 535–553. https://doi.org/10.1007/s11858-018-0946-0

Praetorius, A.-K., Herrmann, C., Gerlach, E., Zülsdorf-Kersting, M., Heinitz, B. & Nehring, A. (2020). Unterrichtsqualität in den Fachdidaktiken im deutschsprachigen Raum – zwischen Generik und Fachspezifik. *Unterrichtswissenschaft, 48*(3), 409–446. https://doi.org/10.1007/s42010-020-00082-8

Praetorius, A.-K., Lauermann, F., Klassen, R. M., Dickhäuser, O., Janke, S. & Dresel, M. (2017). Longitudinal relations between teaching-related motivations and student-reported teaching quality. *Teaching and Teacher Education, 65*, 241–254. https://doi.org/10.1016/j.tate.2017.03.023

Praetorius, A.-K., Pauli, C., Reusser, K., Rakoczy, K. & Klieme, E. (2014). One lesson is all you need? Stability of instructional quality across lessons. *Learning and Instruction, 31*, 2–12. https://doi.org/10.1016/j.learninstruc.2013.12.002

Preisfeld, A. (2019). Die Bedeutung der Fachlichkeit in der Lehramtsausbildung in Biologie: Die Vernetzung universitären Fachwissens mit schulischen Anforderungen im Praxissemester. In M. Degeling, N. Franken, S. Freund, S. Greiten, D. Neuhaus & J. Schellenbach-Zell (Hrsg.), *Herausforderung Kohärenz: Praxisphasen in der universitären*

Lehrerbildung: Bildungswissenschaftliche und fachdidaktische Perspektiven (S. 97–120). Klinkhardt.

Rabe, T., Meinhardt, C. & Krey, O. (2012). Entwicklung eines Instruments zur Erhebung von Selbstwirksamkeitserwartungen in physikdidaktischen Handlungsfeldern. *Zeitschrift für Didaktik der Naturwissenschaften, 18*, 293–315.

Rakoczy, K. & Pauli, C. (2006). Hoch inferentes Rating: Beurteilung der Qualität unterrichtlicher Prozesse. In I. Hugener, C. Pauli & K. Reusser (Hrsg.), *Materialien zur Bildungsforschung: Bd. 15. Dokumentation der Erhebungs- und Auswertungsinstrumente zur schweizerisch-deutschen Videostudie „Unterrichtsqualität, Lernverhalten und mathematisches Verständnis": Teil 3 Videoanalysen* (S. 206–233). GFPF.

Reichhart, B. (2018). *Lehrerprofessionalität im Bereich der politischen Bildung: Eine Studie zu motivationalen Orientierungen und Überzeugungen im Sachunterricht*. Dissertation. Springer VS. https://doi.org/10.1007/978-3-658-19708-7

Reusser, K. (2008). Empirisch fundierte Didaktik—didaktisch fundierte Unterrichtsforschung. *Zeitschrift für Erziehungswissenschaften, 10*(9), 219–237. https://doi.org/10.1007/978-3-531-91775-7_15

Rheinberg, F. & Vollmeyer, R. (2018). *Motivation* (9. Auflage). Kohlhammer.

Richardson, P. W. & Watt, H. M. G. (2005). 'I've decided to become a teacher': Influences on career change. *Teaching and Teacher Education, 21*(5), 475–489. https://doi.org/10.1016/j.tate.2005.03.007

Richter, D. (2011). Lernen im Beruf. In M. Kunter, J. Baumert, W. Blum, U. Klusmann, S. Krauss & M. Neubrand (Hrsg.), *Professionelle Kompetenz von Lehrkräften: Ergebnisse des Forschungsprogramms COACTIV* (S. 317–327). Waxmann.

Richter, D., Kunter, M., Lüdtke, O., Klusmann, U., Anders, Y. & Baumert, J. (2013). How different mentoring approaches affect beginning teachers' development in the first years of practice. *Teaching and Teacher Education, 36*, 166–177.

Richter, D., Stanat, P. & Pant, H. A. (2014). Die Rolle der Lehrkraft für die Unterrichtsqualität und den Lernerfolg von Schülerinnen und Schülern. *Zeitschrift für Pädagogik, 60*(2), 181–183.

Riggs, I. M. & Enochs, L. G. (1990). Toward the development of an elementary teacher's science teaching efficacy belief instrument. *Science Education, 74*(6), 625–637. https://doi.org/10.1002/sce.3730740605

Röhrle, B. (2018). *Wohlbefinden / Well-being*. Bundeszentrale für gesundheitliche Aufklärung. https://www.leitbegriffe.bzga.de/alphabetisches-verzeichnis/wohlbefinden-well-being/

Roness, D. (2011). Still Motivated? The Motivation for Teaching during the Second Year in the Profession. *Teaching and Teacher Education, 27*(3), 628–638.

Rosenshine, B. (1970). Enthusiastic Teaching: A Research Review. *The School Review, 78*(4), 499–514.

Rothland, M. (2013). „Riskante" Berufswahlmotive und Überzeugungen von Lehramtsstudierenden. *Erziehung und Unterricht, 1–2*, 71–80.

Rothland, M. (2014). Warum entscheiden sich Studierende für den Lehrerberuf? Interessen, Orientierung und Berufswahlmotive angehender Lehrkräfte im Spiegel der empirischen Forschung. In E. Terhart, H. Bennewitz & M. Rothland (Hrsg.), *Handbuch der Forschung zum Lehrerberuf* (2. Aufl., 268–295). Waxmann.

Rudow, B. (1999). Stress and Burnout in the Teaching Profession: European Studies, Issues, and Research Perspectives. In M. Huberman & R. Vandenberghe (Hrsg.), *The Jacobs Foundation series on adolescence. Understanding and preventing teacher burnout: A sourcebook of international research and practice* (S. 38–58). Cambridge University Press.

Ryan, R. M. & Deci, E. L. (2000a). Intrinsic and Extrinsic Motivations: Classic Definitions and New Directions. *Contemporary Educational Psychology, 25*(1), 54–67. https://doi.org/10.1006/ceps.1999.1020

Ryan, R. M. & Deci, E. L. (2000b). Self-determination theory and the facilitation of intrinsic motivation, social development, and well-being. *American Psychologist, 55*(1), 68–78. https://doi.org/10.1037//0003-066X.55.1.68

Ryan, R. M. & Deci, E. L. (2020). Intrinsic and extrinsic motivation from a self-determination theory perspective: Definitions, theory, practices, and future directions. *Contemporary Educational Psychology, 61.* https://doi.org/10.1016/j.cedpsych.2020.101860

Salmela-Aro, K. & Upadyaya, K. (2014). School burnout and engagement in the context of demands-resources model. *The British journal of educational psychology, 84,* 137–151. https://doi.org/10.1111/bjep.12018

Sandmann, A. (2007). Theorien und Methoden der Expertiseforschung in biologiedidaktischen Studien. In D. Krüger & H. Vogt (Hrsg.), *Theorien in der biologiedidaktischen Forschung: Ein Handbuch für Lehramtsstudenten und Doktoranden* (S. 231–242). Springer.

Saris, W. E., Satorra, A. & van der Veld, W. M. (2009). Testing Structural Equation Models or Detection of Misspecifications? *Structural Equation Modeling: A Multidisciplinary Journal, 16*(4), 561–582. https://doi.org/10.1080/10705510903203433

Schaarschmidt, U. (2005). *Halbtagsjobber? Psychische Gesundheit im Lehrerberuf – Analyse eines veränderungsbedürftigen Zustandes* (2. Auflage). Beltz.

Schaarschmidt, U., Arold, H. & Kieschke, U. (2002). *Die Bewältigung psychischer Anforderungen durch Lehrkräft.* Universität Potsdam. https://www.bug-nrw.de/fileadmin/web/Lehrergesundheit/Schaarschmidt-2000%20stress-bei-lehrern.pdf

Schaarschmidt, U. & Fischer, A. W. (1997). AVEM – ein diagnostisches Instrument zur Differenzierung von Typen gesundheitsrelevanten Verhaltens und Erlebens gegenüber der Arbeit. *Zeitschrift für Differentielle und Diagnostische Psychologie, 18,* 151–163.

Schaarschmidt, U. & Fischer, A. W. (2001). *Bewältigungsmuster im Beruf: Persönlichkeitsunterschiede in der Auseinandersetzung mit der Arbeitsbelastung.* Vandenhoeck & Ruprecht.

Schaarschmidt, U. & Fischer, A. W. (2008). *Arbeitsbezogenes Verhaltens- und Erlebensmuster.* Pearson.

Schaarschmidt, U. & Kieschke, U. (2013). Beanspruchungsmuster im Lehrerberuf Ergebnisse und Schlussfolgerungen aus der Potsdamer Lehrerstudie. In M. Rothland (Hrsg.), *Belastung und Beanspruchung im Lehrerberuf: Modelle – Befunde – Interventionen* (2. Aufl., S. 81–98). Springer VS.

Schaarschmidt, U., Kieschke, U. & Fischer, A. W. (2017). *Lehrereignung: Voraussetzungen erkennen – Kompetenzen fördern – Bedingungen gestalten.* Kohlhammer.

Scharfenberg, J. (2020). *Warum Lehrerin, warum Lehrer werden? Motive und Selbstkonzept von Lehramtsstudierenden im internationalen Vergleich.* Klinkhardt. https://doi.org/10.35468/5759

Schaufeli, W. B., Bakker, A. B. & Salanova, M. (2006). The Measurement of Work Engagement With a Short Questionnaire. *Educational and Psychological Measurement, 66*(4), 701–716. https://doi.org/10.1177/0013164405282471

Schermelleh-Engel, K., Moosbrugger, H. & Müller, H. (2003). Evaluating the Fit of Structural Equation Models: Tests of Significance and Descriptive Goodness-of-Fit Measures. *Methods of Psychological Research Online, 8*(2), 23–74.

Schermelleh-Engel, K. & Werner, C. (2009). *Item Parceling: Bildung von Testteilen oder Item-Päckchen.* Goethe-Universität Frankfurt. https://www.psychologie.uzh.ch/dam/jcr:ffffffff-b371-2797-0000-00000ed9f491/item_parceling.pdf

Schiefele, U. (2008). Lernmotivation und Interesse. In W. Schneider & M. Hasselhorn (Hrsg.), *Handbuch der Psychologie: Bd. 10. Handbuch der pädagogischen Psychologie* (S. 38–49). Hogrefe.

Schiefele, U. & Schaffner, E. (2015). Motivation. In E. Wild & J. Möller (Hrsg.), *Pädagogische Psychologie* (2. Aufl., S. 153–175). Springer. https://doi.org/10.1007/978-3-642-41291-2

Schmelzing, S., Fuchs, C., Wüsten, S., Sandmann, A. & Neuhaus, B. J. (2009). Entwicklung und Evaluation eines Instruments zur Erfassung des fachdidaktischen Reflexionswissens von Biologielehrkräften. *Lehrerbildung auf dem Prüfstand, 2*(1), 57–81.

Schmitz, G. S. & Schwarzer, R. (2000). Selbstwirksamkeitserwartung von Lehrern: Längsschnittbefunde mit einem neuen Instrument. *Zeitschrift für Pädagogische Psychologie, 14*(1), 12–25.

Schmitz, G. S. & Schwarzer, R. (2002). Individuelle und kollektive Selbstwirksamkeitserwartung von Lehrern. *Zeitschrift für Pädagogik*(Beiheft 44), 192–214.

Schüle, C., Besa, K.-S., Denger, C., Feßler, F. & Arnold, K.-H. (2014). Lehrerbelastung und Berufswahlmotivation: ein ressourcentheoretischer Ansatz. *Lehrerbildung auf dem Prüfstand, 7*(2), 175–189.

Schüle, C., Schriek, J., Besa, K.-S. & Arnold, K.-H. (2016). Der Zusammenhang der Theorie des geplanten Verhaltens mit der selbstberichteten Individualisierungspraxis von Lehrpersonen. *Empirische Sonderpädagogik, 2*, 140–152.

Schürmann, L., Gaschler, R. & Quaiser-Pohl, C. (2020). Motivation theory in the school context: differences in preservice and practicing teachers' experience, opinion, and knowledge. *European Journal of Psychology of Education.* Vorab-Onlinepublikation. https://doi.org/10.1007/s10212-020-00496-z

Schuster, B. (2017). *Pädagogische Psychologie: Lernen, Motivation und Umgang mit Auffälligkeiten.* Springer. https://doi.org/10.1007/978-3-662-48392-3

Schwarzer, R. & Hallum, S. (2008). Perceived Teacher Self-Efficacy as a Predictor of Job Stress and Burnout: Mediation Analyses. *Applied Psychology, 57*, 152–171. https://doi.org/10.1111/j.1464-0597.2008.00359.x

Schwarzer, R. & Jerusalem, M. (2002). Das Konzept der Selbstwirksamkeit. *Zeitschrift für Pädagogik*(Beiheft 44), 28–53.

Searight, H. R. & Montone, K. (2020). Profile of Mood States. In V. Zeigler-Hill & T. K. Shackelford (Hrsg.), *Encyclopedia of Personality and Individual Differences* (S. 4057–4062). Springer. https://doi.org/10.1007/978-3-319-24612-3_63

Sedlmeier, P. & Renkewitz, F. (2018). *Forschungsmethoden und Statistik für Psychologen und Sozialwissenschaftler* (3. Auflage). Pearson.

Seibt, R., Galle, M. & Dutschke, D. (2007). Psychische Gesundheit im Lehrerberuf. *Prävention und Gesundheitsförderung, 2*(4), 228–234. https://doi.org/10.1007/s11553-007-0082-0

Seidel, T. & Shavelson, R. J. (2007). Teaching Effectiveness Research in the Past Decade: The Role of Theory and Research Design in Disentangling Meta-Analysis Results. *Review of Educational Research, 77*(4), 454–499. https://doi.org/10.3102/003465430731 0317

Sekretariat der Kultusministerkonferenz. (2002). *Aufgaben von Lehrerinnen und Lehrern heute – Fachleute für das Lernen: Beschluss der Kultusministerkonferenz vom 05.10.2000*. https://www.kmk.org/fileadmin/Dateien/veroeffentlichungen_beschlu esse/2000/2000_10_05-Bremer-Erkl-Lehrerbildung.pdf

Shulman, L. S. (1986). Those Who Understand: Knowledge Growth in Teaching. *Educational Researcher, 15*(2), 4–14.

Sikula, J. P., Buttery, T. & Guyton, E. (Hrsg.). (1996). *Handbook of research on teacher education: A project of the Association of Teacher Educators* (2. Auflage). Macmillan.

Simbula, S., Guglielmi, D. & Schaufeli, W. B. (2011). A three-wave study of job resources, self-efficacy, and work engagement among Italian schoolteachers. *European Journal of Work and Organizational Psychology, 20*(3), 285–304. https://doi.org/10.1080/135943 20903513916

Sivo, S. A., Fan, X., Witta, E. L. & Willse, J. T. (2006). The Search for „Optimal" Cutoff Properties: Fit Index Criteria in Structural Equation Modeling. *The Journal of Experimental Education, 74*(3), 267–288.

Skaalvik, E. M. & Skaalvik, S. (2011). Teacher job satisfaction and motivation to leave the teaching profession: Relations with school context, feeling of belonging, and emotional exhaustion. *Teaching and Teacher Education, 27*(6), 1029–1038. https://doi.org/10.1016/j.tate.2011.04.001

Skaalvik, E. M. & Skaalvik, S. (2016). Teacher Stress and Teacher Self-Efficacy as Predictors of Engagement, Emotional Exhaustion, and Motivation to Leave the Teaching Profession. *Creative Education, 07*(13), 1785–1799. https://doi.org/10.4236/ce.2016.713182

Sonnentag, S. (2003). Recovery, work engagement, and proactive behavior: a new look at the interface between nonwork and work. *The Journal of applied psychology, 88*(3), 518–528. https://doi.org/10.1037/0021-9010.88.3.518

Sonnentag, S. (2015). Dynamics of Well-Being. *Annual Review of Organizational Psychology and Organizational Behavior, 2*(1), 261–293. https://doi.org/10.1146/annurev-org psych-032414-111347

Stangl, W. (2021). *Rosenthal-Effekt: Online-Enzyklopädie aus den Wissenschaften Psychologie und Pädagogik*. https://lexikon.stangl.eu/7260/rosenthal-effekt/

Steel, P., Schmidt, J. & Shultz, J. (2008). Refining the relationship between personality and subjective well-being. *Psychological Bulletin, 134*(1), 138–161. https://doi.org/10.1037/0033-2909.134.1.138

Steffensky, M. & Neuhaus, B. J. (2018). Unterrichtsqualität im naturwissenschaftlichen Unterricht. In D. Krüger, I. Parchmann & H. Schecker (Hrsg.), *Theorien in der naturwissenschaftsdidaktischen Forschung* (S. 299–313). Springer.

Streeter, B. B. (1986). The Effects of Training Experienced Teachers in Enthusiasm on Students' Attitudes Toward Reading. *Reading Psychology, 7*(4), 249–259. https://doi.org/10.1080/0270271860070403

Suryani, A., Watt, H. M. G. & Richardson, P. W. (2016). Students´motivations to become teachers: FIT-Choice findings from Indonesia. *International Journal of Quantitative Research in Education, 3*(3), 179–203.

Tepner, O., Borowski, A., Dollny, S., Fischer, H. E., Jüttner, M., Kirschner, S., Leutner, D., Neuhaus, B. J., Sandmann, A., Sumfleth, E., Thillmann, H. & Wirth, J. (2012). Modell zur Entwicklung von Testitems zur Erfassung des Professionswissens von Lehrkräften in den Naturwissenschaften. *Zeitschrift für Didaktik der Naturwissenschaften, 18*, 7–28.

Terhart, E. (2002). *Standards für die Lehrerbildung: eine Expertise für die Kultusministerkonferenz.* Westfälische Wilhelms-Universität. https://www.researchgate.net/publication/27657358_Standards_fur_die_Lehrerbildung_eine_Expertise_fur_die_Kultusministerkonferenz

Terhart, E. (2007). Was wissen wir über gute Lehrer? Ergebnisse aus der empirischen Lehrerforschung. *Friedrich Jahresheft, 25*, 20–24.

Terhart, E. (2011). Lehrerberuf und Professionalität. Gewandeltes Begriffsverständnis – neue Herausforderungen. *Zeitschrift für Pädagogik*(57), 202–224.

Terhart, E., Bennewitz, H. & Rothland, M. (Hrsg.). (2014). *Handbuch der Forschung zum Lehrerberuf* (2. Auflage). Waxmann.

Terry, P., Lane, A. & Fogarty, G. (2003). Construct validity of the Profile of Mood States—Adolescents for use with adults. *Psychology of Sport and Exercise, 4*(2), 125–139. https://doi.org/10.1016/S1469-0292(01)00035-8

Thonhauser, J. (2011). Professionelle Kompetenz von Lehrkräften. Ergebnisse des Forschungsprogramms COACTIV. *Zeitschrift für Bildungsforschung, 1*(3), 249–253. https://doi.org/10.1007/s35834-011-0017-x

Thoresen, C. J., Kaplan, S. A., Barsky, A. P., Warren, C. R. & Chermont, K. de (2003). The affective underpinnings of job perceptions and attitudes: a meta-analytic review and integration. *Psychological Bulletin, 129*(6), 914–945. https://doi.org/10.1037/0033-2909.129.6.914

Tschannen-Moran, M. & Hoy, A. W. (2001). Teacher efficacy: capturing an elusive construct. *Teaching and Teacher Education, 17*, 783–805.

Tschannen-Moran, M., Hoy, A. W. & Hoy, W. K. (1998). Teacher Efficacy: Its Meaning and Measure. *Review of Educational Research, 68*(2), 202–248. https://doi.org/10.3102/00346543068002202

Turner, K. & Thielking, M. (2019). Teacher wellbeing: Its effects on teaching practice and student learning. *Issues in Educational Research, 29*(3), 938–960.

Ulich, K. (2004). *„Ich will Lehrer/in werden": Eine Untersuchung zu den Berufsmotiven von Studierenden.* Beltz.

Unterbrink, T., Hack, A., Pfeifer, R., Buhl-Griesshaber, V., Müller, U., Wesche, H., Frommhold, M., Scheuch, K., Seibt, R., Wirsching, M. & Bauer, J. (2007). Burnout and effort-reward-imbalance in a sample of 949 German teachers. *International archives of occupational and environmental health, 80*(5), 433–441. https://doi.org/10.1007/s00420-007-0169-0

Unterbrink, T., Zimmermann, L., Pfeifer, R., Wirsching, M., Brähler, E. & Bauer, J. (2008). Parameters influencing health variables in a sample of 949 German teachers. *International archives of occupational and environmental health, 82*(1), 117–123. https://doi.org/10.1007/s00420-008-0336-y

Upadyaya, K., Vartiainen, M. & Salmela-Aro, K. (2016). From job demands and resources to work engagement, burnout, life satisfaction, depressive symptoms, and occupational health. *Burnout Research, 3*(4), 101–108. https://doi.org/10.1016/j.burn.2016.10.001

Urhahne, D. (2006). Ich will Biologielehrer(-in) werden! – Berufswahlmotive von Lehramtsstudierenden der Biologie. *Zeitschrift für Didaktik der Naturwissenschaften, 12*, 111–125.

Usher, E. L. & Pajares, F. (2008). Sources of Self-Efficacy in School: Critical Review of the Literature and Future Directions. *Review of Educational Research, 78*(4), 751–796. https://doi.org/10.3102/0034654308321456

van den Heuvel, M., Demerouti, E., Bakker, A. B. & Schaufeli, W. B. (2010). Personal Resources and Work Engagement in the Face of Change. In J. Houdmont, S. Leka & R. R. Sinclair (Hrsg.), *Contemporary occupational health psychology: Global perspectives on research and practice* (S. 124–150). Wiley-Blackwell.

Vera, M., Le Blanc, P. M., Taris, T. W. & Salanova, M. (2014). Patterns of engagement: the relationship between efficacy beliefs and task engagement at the individual versus collective level. *Journal of Applied Social Psychology, 44*(2), 133–144. https://doi.org/10.1111/jasp.12219

Virtanen, T. E., Vaaland, G. S. & Ertesvåg, S. K. (2019). Associations between observed patterns of classroom interactions and teacher wellbeing in lower secondary school. *Teaching and Teacher Education, 77*, 240–252. https://doi.org/10.1016/j.tate.2018.10.013

Vogelsang, C. (2014). *Validierung eines Instruments zur Erfassung der professionellen Handlungskompetenz von (angehenden) Physiklehrkräften: Zusammenhangsanalysen zwischen Lehrerkompetenz und Lehrerperformanz.* Dissertation. Logos.

Vogelsang, C. & Reinhold, P. (2013). Gemessene Kompetenz und Unterrichtsqualität. Überprüfung der Validität eines Kompetenztests mit Hilfe der Unterrichtsvideografie. In U. Riegel & K. Macha (Hrsg.), *Videobasierte Kompetenzforschung in den Fachdidaktiken* (S. 319–334). Waxmann.

Voss, T., Kleickmann, T., Kunter, M. & Hachfeld, A. (2011). Überzeugungen von Mathematiklehrkräften. In M. Kunter, J. Baumert, W. Blum, U. Klusmann, S. Krauss & M. Neubrand (Hrsg.), *Professionelle Kompetenz von Lehrkräften: Ergebnisse des Forschungsprogramms COACTIV* (S. 235–258). Waxmann.

Voss, T., Kunina-Habenicht, O., Hoehne, V. & Kunter, M. (2015). Stichwort Pädagogisches Wissen von Lehrkräften: Empirische Zugänge und Befunde. *Zeitschrift für Erziehungswissenschaften, 18*(2), 187–223. https://doi.org/10.1007/s11618-015-0626-6

Voss, T. & Kunter, M. (2011). Pädagogisch-psychologisches Wissen von Lehrkräften. In M. Kunter, J. Baumert, W. Blum, U. Klusmann, S. Krauss & M. Neubrand (Hrsg.), *Professionelle Kompetenz von Lehrkräften: Ergebnisse des Forschungsprogramms COACTIV* (S. 193–213). Waxmann.

Voss, T., Kunter, M., Seiz, J., Hoehne, V. & Baumert, J. (2014). Die Bedeutung des pädagogisch-psychologischen Wissens von angehenden Lehrkräften für die Unterrichtsqualität. *Zeitschrift für Pädagogik, 60*(2), 184–201.

Walberg, H. J. (1981). A psychological theory of educational productivity. In F. H. Farley & N. J. Gordon (Hrsg.), *Fundamental studies in educational research* (S. 19–34). Swets & Zeitlinger.

Watt, H. M. G. & Richardson, P. W. (2007). Motivational Factors Influencing Teaching as a Career Choice: Development and Validation of the FIT-Choice Scale. *The Journal of Experimental Education, 75*(3), 167–202. https://doi.org/10.3200/JEXE.75.3.167-202

Watt, H. M. G. & Richardson, P. W. (2008). Motivations, perceptions, and aspirations concerning teaching as a career for different types of beginning teachers. *Learning and Instruction, 18*(5), 408–428. https://doi.org/10.1016/j.learninstruc.2008.06.002

Watt, H. M. G., Richardson, P. W., Klusmann, U., Kunter, M., Beyer, B., Trautwein, U. & Baumert, J. (2012). Motivations for choosing teaching as a career: An international comparison using the FIT-Choice scale. *Teaching and Teacher Education, 28*(6), 791–805. https://doi.org/10.1016/j.tate.2012.03.003

Wayne, A. J. & Youngs, P. (2003). Teacher Characteristics and Student Achievement Gains: A Review. *Review of Educational Research, 73*(1), 89–122. https://doi.org/10.3102/00346543073001089

Weinert, F. E. (Hrsg.). (2001a). *Beltz Pädagogik. Leistungsmessungen in Schulen.* Beltz.

Weinert, F. E. (2001b). Vergleichende Leistungsmessung in Schulen – eine umstrittene Selbstverständlichkeit. In F. E. Weinert (Hrsg.), *Beltz Pädagogik. Leistungsmessungen in Schulen* (S. 17–31). Beltz.

Weinert, F. E., Schrader, F.-W. & Helmke, A. (1989). Quality of instruction and achievement outcomes. *International Journal of Educational Research, 13*(8), 895–914. https://doi.org/10.1016/0883-0355(89)90072-4

Weiß, S., Lerche, T. & Kiel, E. (2011). Der Lehrberuf: Attraktiv für die Falschen? *Lehrerbildung auf dem Prüfstand, 4*(2), 349–367.

Werner, C. (2015). *Strukturgleichungsmodelle mit R und lavaan analysieren: Kurzeinführung.* Universität Zürich. https://www.psychologie.uzh.ch/dam/jcr:ffffffff-b371-2797-ffff-ffffeb61aa16/einfuehrung_lavaan_cswerner.pdf

Weschenfelder, E. (2014). *Professionelle Kompetenz von Politiklehrkräften: Eine Studie zu Wissen und Überzeugungen.* Dissertation. Springer VS. https://doi.org/10.1007/978-3-658-04193-9

Wigfield, A. & Eccles, J. S. (2000). Expectancy-Value Theory of Achievement Motivation. *Contemporary Educational Psychology, 25*(1), 68–81. https://doi.org/10.1006/ceps.1999.1015

Wigfield, A., Rosenzweig, E. O. & Eccles, J. S. (2017). Achievment Values: Interactions, Interventions and Future Directions. In A. J. Elliot, C. Dweck & D. S. Yeager (Hrsg.), *Handbook of competence and motivation: Theory and application* (S. 116–134). Guilford Press.

Wirth, R. & Seibert, N. (2011). PArcours – ein eignungsdiagnostisches Verfahren für Lehramtsstudierende der Universität Passau. *Lehrerbildung auf dem Prüfstand, 4*(1), 47–62.

Wiza, S. (2014). *Motive für die Studien- und Berufswahl von Lehramtsstudierenden: eine qualitative Wiederholungsmessung* [Dissertation]. Universität Duisburg-Essen, Duisburg-Essen. https://duepublico2.uni-due.de/servlets/MCRFileNodeServlet/duepublico_derivate_00037808/MotiveSW.pdf

Wömmel, K. (2016). *Enthusiasmus: Untersuchung eines mehrdimensionalen Konstrukts im Umfeld musikalischer Bildung.* Dissertation. Springer VS.

World Health Organization. (2020). *Constitution of the World Health Organization.* https://www.who.int/about/who-we-are/constitution

Wüsten, S. (2010). *Allgemeine und fachspezifische Merkmale der Unterrichtsqualität im Fach Biologie: Eine Video- und Interventionsstudie.* Dissertation. Logos.

Wüsten, S., Schmelzing, S., Sandmann, A. & Neuhaus, B. J. (2010). Sachstrukturdiagramme – Eine Methode zur Erfassung inhaltsspezifischer Merkmale der Unterrichtsqualität im Biologieunterricht. *Zeitschrift für Didaktik der Naturwissenschaften, 16*, 23–39.

Xanthopoulou, D., Bakker, A. B., Demerouti, E. & Schaufeli, W. B. (2007). The role of personal resources in the job demands-resources model. *International Journal of Stress Management, 14*(2), 121–141. https://doi.org/10.1037/1072-5245.14.2.121

Zinke, A. F. (2013). *The Relationship Between Shared Leadership, Teacher Self-Efficacy, and Student Achievement.* Dissertation. University of Southern Mississippi. https://aquila.usm.edu/cgi/viewcontent.cgi?article=1242&context=dissertationsiteraturverzeichnis

Printed in the United States
by Baker & Taylor Publisher Services